纺织服装高等教育"十三五"部委级规划教材

染整概论

RANZHENG GAILUN

宋慧君 刘宏喜 主编
俞显芳 张 伟 参编

U0377394

东华大学出版社

·上海·

内容提要

本书概要地介绍了纺织纤维的基本结构与主要化学性能,纱线与织物的基本知识,各类纤维纺织物的染整加工工艺、加工原理和常用机械设备,以及染整清洁生产基本知识与措施,注重理论与生产实践的结合;同时,还介绍了一些新型纺织纤维的结构与性能,以及染整加工的新工艺。

本书是职业教育教材,可作为高等纺织院校、高等职业技术学院、中等职业学校的染整技术专业"染整概论"课程的教学用书,以及纺织工程专业"染整工艺学"课程的教学用书,也可供印染企业、纺织企业的工程技术人员和管理人员学习参考。

图书在版编目(CIP)数据

染整概论/宋慧君,刘宏喜主编.—上海:东华大学出版社,2017.8

ISBN 978-7-5669-1269-5

Ⅰ.①染⋯ Ⅱ.①宋⋯ ②刘⋯ Ⅲ.①染整—概论 Ⅳ.①TS19

中国版本图书馆 CIP 数据核字(2017)第 202592 号

责任编辑:张 静
封面设计:魏依东

出 版:东华大学出版社(上海市延安西路 1882 号,200051)
本 社 网 址:http://www.dhupress.net
天猫旗舰店:http://dhdx.tmall.com
营 销 中 心:021-62193056 62373056 62379558
印 刷:句容市排印厂
开 本:787 mm×1 092 mm 1/16
印 张:12.75
字 数:319 千字
版 次:2017 年 8 月第 1 版
印 次:2017 年 8 月第 1 次印刷
书 号:ISBN 978-7-5669-1269-5
定 价:33.00 元

前　言

　　纺织工业是国民经济的支柱产业,丰富了市场,美化了人民生活,并在出口创汇中占有重要地位。纺织品染整加工是纺织工业中的一个重要组成部分,其目的是改善纺织品的外观和服用性能,提高纺织品的使用价值,或者赋予纺织品特殊功能,提高纺织品的附加价值,满足人民生活的衣着和装饰需要,满足工业、农业和国防建设的需要,还可以为国家创收外汇。

　　染整加工主要是通过化学或物理化学方法,利用各种机械设备,对纺织品进行处理的过程,其内容包括前处理、染色、印花和整理。随着染整技术的迅速发展,纺织品的加工工艺发生了根本性的变化。冷轧堆、短流程等节能加工技术,以及电脑测配色、电脑分色制版等计算机技术,已大量应用于染整加工,喷墨印花技术也迅速发展,对减轻印染加工的劳动强度、提高生产效率和产品质量发挥了重要作用。

　　本教材由河南工程学院宋慧君任第一主编,由广东职业技术学院刘宏喜任第二主编。全书共分七个模块,模块一、六由河南工程学院俞显芳编写,模块二、五由河南工程学院宋慧君编写,模块三由盐城工业职业技术学院张伟编写,模块四、七由广东职业技术学院刘宏喜编写。

　　本书在编写过程中参考了许多教材和专业期刊杂志,尤其是印染界前辈和同行发表的相关著作和论文,在此谨向他们表示衷心的感谢。

　　由于编者水平有限,书中难免有不妥之处,恳请读者原谅并批评指正。

编　者

目 录

模块一 纺织纤维的结构和主要化学性能

【知识点】

1. 天然纤维素纤维的结构和主要化学性能；
2. 再生纤维素纤维的结构和主要化学性能；
3. 蛋白质纤维的结构和主要化学性能；
4. 合成纤维的结构和主要化学性能。

【项目目标】

1. 会根据纤维的结构，推断纤维主要物理和化学性能；
2. 会根据纤维的结构特点，利用新手段来改善纤维性能上的缺陷。

任务一　概　　述

纺织品是人类一生都离不开的物品。它不仅满足人们的日常衣着、修饰和室内外装饰的需要，还可用于工农业生产和国防建设等方面。

纤维是纺织工业的基础，所有的纺织品都是以纤维为原料，经过纺纱、织造和染整加工而制成的。纤维不仅影响织物的手感、质地、外观，还影响织物的性能，在染整加工过程中往往决定着所需要的配方、生产流程和工艺条件等。作为纺织纤维，必须具有足以纺纱的细度、长度、强度、柔韧性和抱合性，以及符合各种用途要求的光泽性、绝缘性、透气性、吸湿性、回弹性、延伸性、耐水性、耐化学药品性和可染性。

纺织纤维的长度一般用毫米（mm）、厘米（cm）、米（m）度量，而直径常用微米（μm）表示。就外形而言，其长度往往是直径的几千倍。比如棉和羊毛的长径比为 2 000∶1～5 000∶1。这些用于纺织工业的纤维，其长度一般大于 10 mm。

所有的纺织纤维都属于高分子化合物（简称高聚物），其相对分子质量很大，一般在 10^4～10^7 之间。在结构上，它们是由许多基本结构单元通过共价键连接而成的。从形状上讲，都属于线形大分子。

纺织纤维的种类很多，根据纤维的来源把它们分成两类，即天然纤维和化学纤维。天然纤维是指所有在自然界中以纤维形式存在的物质，包括植物纤维、动物纤维和矿物纤维三种类型。植物纤维是从植物的种籽、果实、茎、叶等部位得到的纤维，包括种子纤维、韧皮纤维、叶纤维、果实纤维。植物纤维的主要化学成分是纤维素，故也称纤维素纤维。动物纤维是从动物的毛或昆虫的腺分泌物中得到的纤维，包括毛发纤维和腺体纤维。动物纤维的主要化学成分是蛋白质,故也称蛋白质纤维。矿物纤维是从纤维状结构的矿物岩石中获得的纤维,主要组成物质为各种氧化物,如二氧化硅、氧化铝、氧化镁等,其主要来源为各类石棉。化学纤维则是在自然界中不以纤维形式存在的物质,需通过物理和化学加工的方法,将其变成一种黏性的液态物质(纺丝液),再从一系列由不同形状的微孔组成的喷丝板中挤压出来,然后使这些从微孔中涌出的丝流硬化(即固化)而形成长丝,最后经洗涤、干燥、上油、卷曲、切割等工序转化成纤维的形式。化学纤维又分为再生纤维、改性纤维、合成纤维和无机纤维四种类型。再生纤维通常由自然界中复杂的高分子物组成,它们本身不能作为纺织纤维使用,但能通过化学和物理的方法转变成适合纺织工业的连续长丝。改性纤维也叫作变性纤维,是以化学或物理方法改进常规化学纤维的某些性能所得到的纤维,包括异形纤维、变形纤维、复合纤维、接枝纤维、共聚纤维等。合成纤维是以简单的有机物为原料,经过有机合成的方法得到高分子物,然后经纺丝加工而成纤维。无机纤维是以天然无机物或含碳高聚物纤维为原料,经人工抽丝或直接炭化而制成。常见纤维的分类如下:

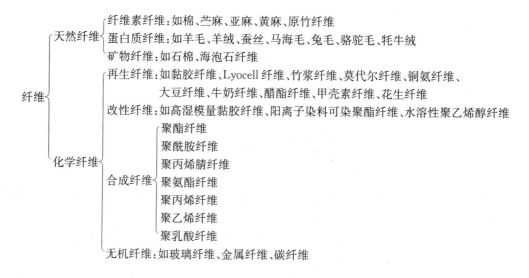

任务二 纤维素纤维的结构和主要化学性能

一、天然纤维素纤维的结构和主要化学性能

天然纤维素纤维是由植物体中自然形成的纤维形式,这类纤维也称为植物纤维,由于其化学组成是纤维素,所以一般称为纤维素纤维。纤维素纤维通常分为四种类型:种子纤维(棉花和木棉)、韧皮纤维(苎麻、亚麻和黄麻)、叶纤维(剑麻和菠萝纤维)和果实纤维(椰壳纤维)。

1. 棉纤维的结构和主要化学性能

棉纤维,是迄今为止最重要和使用最广泛的单一细胞的种子纤维,是从棉籽表皮上细胞突起生长而成的。一个成熟的棉桃内含5～6室,每室有6～8粒种子,每粒种子长10 000～15 000根纤维,每根纤维就是一个细胞,其成熟期约需80天。从棉籽上轧脱下来的棉纤维是一个上端封闭、下端敞开的干瘪的管状细胞,在显微镜下观察,成熟棉纤维纵向呈扁平带状,并具有天然扭曲;横截面呈腰子形或耳形,是由较薄的管状的初生胞壁、较厚的螺旋状的次生胞壁、较小的瘪缩的中空胞腔所构成,见图1-1和图1-2。

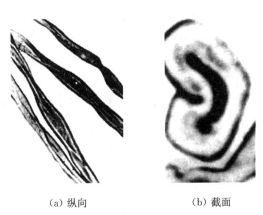

（a）纵向　　　　　　（b）截面

图 1-1　成熟棉纤维在显微镜中的形态

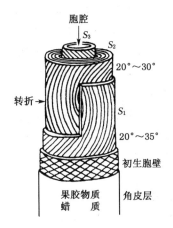

图 1-2　棉纤维形态结构模型示意图

初生胞壁内含有纤维素、蜡状物、果胶质、有机酸、蛋白质(含氮物)、非纤维素多糖物和灰分等;次生胞壁主要含有纤维素;胞腔内主要为蛋白质(含氮物)。未成熟的棉纤维,次生胞壁较薄,胞腔较大,纵向缺少正常的天然扭曲,机械性能和染色性能均比成熟棉纤维差。

棉纤维的化学组成中,90%左右为纤维素,是棉纤维的主体。此外,还含有一定量的非纤维素物质,称为纤维素共生物或纤维素衍生物。成熟棉纤维的化学组成见表1-1(以干燥纤维的质量百分比计)。

表 1-1　棉纤维的化学组成

成　分	纤维素	蛋白质	蜡状物质	灰　分	果胶质	其　他
含量(%)	88.0～96.5	1.0～1.9	0.4～1.2	0.7～1.6	0.4～1.2	0.5～0.8

上述除纤维素外的非纤维素物质产生物理性的疏水的阻挡层,能减轻纤维在生长期间由于外界环境的影响而受到的损害,并在纺织加工期间起润滑作用,保证纤维具有良好的纺纱性能;但蜡状物质、果胶质对水的润湿性不利,会妨碍随后的水的进一步润湿和化学加工。所以,在染整加工工艺中,第一步总是先对棉织物进行尽可能的、彻底的除杂洁净。

纤维素是一种多糖物质,分子式可写成$(C_6H_{10}O_5)_n$,由许多 β-d-葡萄糖剩基通过1,4-甙键连接而成的线形大分子,相邻的葡萄糖剩基相互倒置,剩基中的氢原子和羟基分布在剩基所处的平面的两侧,结构式可表示如下:

从结构式可以看出,每个葡萄糖剩基上,2,3,6位碳原子上各有一个自由羟基,具有一般羟基的性质;大分子左端的葡萄糖剩基上,2,3,4,6位碳原子上各有一个自由羟基;右端的葡萄糖剩基上,2,3,6位碳原子上各有一个自由羟基,1位碳原子上有一个潜在醛基,具有一定的还原性。棉纤维的聚合度(DP)比较大,大约为10 000。

天然棉纤维的长度为22～50 mm,直径为18～25 μm;结晶度约为70%;干强度为26.46～44.10 cN·tex^{-1},湿强度为29.11～52.92 cN·tex^{-1},弹性回复率(2%伸长)为75%;密度为1.54～1.56 g·cm^{-3};回潮率为8.5%～10.3%。由于纤维大分子中含有大量的羟基,所以具有良好的吸湿性,但不溶于水,只在水中溶胀。它不溶于有机溶剂,可溶于铜氨或铜乙二胺溶液。对酸较敏感,在酸的作用下,纤维素中的甙键水解断裂,使纤维的强度大大下降,甚至全部炭化。一般情况下,对碱是稳定的,在碱中只发生膨化,不产生水解,常温下不会对强力造成影响,因此染整加工中常用碱对棉进行练漂加工,如退浆、煮练、丝光、碱缩等。但这种稳定性是有条件的,是相对的。在有空气存在时,碱对纤维素的氧化起催化作用,会加速纤维素纤维降解,所以棉织物的高温煮练常采用隔绝空气或减少碱与棉的作用时间的措施,以减少对纤维的损伤。纤维素一般不受还原剂的影响,而氧化剂能使纤维素变性,尤其在碱存在的条件下。温度过高时,空气中的氧也能使纤维氧化生成氧化纤维素,从而损伤纤维。当然,在适当条件下,用氧化剂处理棉纤维,既能满足加工要求,又能保证纤维不受损伤。

2. 麻纤维的结构和主要化学性能

麻的种类很多,主要有苎麻、亚麻、黄麻、大麻、罗布麻等。作为衣用纺织纤维的主要是苎麻、亚麻和罗布麻。苎麻和亚麻是生长在韧皮植物上的纤维,也称为韧皮纤维,成束地分布在植物的韧皮层中。纤维束是由多根单纤维在纵向彼此穿插,由中间层相互连接起来,因此纤维束连续纵贯全茎,横向又绕全茎相互连接。单根纤维是一个厚壁、两端封闭、内有狭窄胞腔的长细胞,苎麻单纤维两端呈锤头形或分支,亚麻两端稍细、呈纺锤形(图1-3)。

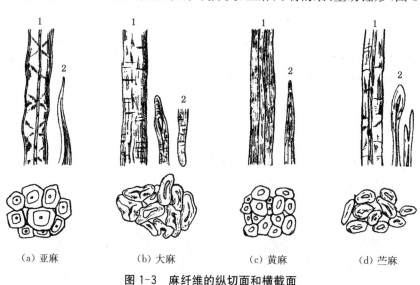

(a) 亚麻　　　　　(b) 大麻　　　　　(c) 黄麻　　　　　(d) 苎麻

图1-3　麻纤维的纵切面和横截面

1—中段　2—末段

麻纤维的主要化学成分与棉一样,也是纤维素,但含量较低。此外,还含有一定量的半纤维素、木质素和果胶等物质。苎麻除含有纤维素外,还含有半纤维素、木质素、果胶质、脂蜡质、水溶物、灰分等共生物,统称原麻胶质。其化学组成见表 1-2(以干燥纤维的质量百分比计)。

表 1-2　苎麻的化学组成

成　分	纤维素	半纤维素	木质素	果胶质	水溶物	脂蜡质	灰　分
含量(%)	65~75	14~16	0.8~1.5	4~5	4~8	0.5~1.0	2~5

原麻脱胶后,成为洁白、富有光泽的纤维。平均长度为 20~250 mm,细度为 4.44~8.89 dtex(4~8 旦),直径约 40 μm;纤维结晶度在 90% 左右;干强度为 46.75~65.27 cN·tex^{-1},湿强度为 51.16~78.50 cN·tex^{-1};弹性回复率(2% 伸长)为 58%;密度为 1.56 g·cm^{-3};回潮率为 7.8%。由于苎麻纤维有很高的结晶度、取向度和聚合度,因而断裂强度高,刚性大,断裂伸长小,弹性稍差;对碱、微生物和昆虫有较高的抵抗力,经久耐用;不易被冷酸破坏;吸湿放湿快,舒适凉爽,透气性好;着色能力比棉低;易折皱,耐磨性差;有刺痒感,经变性处理后可改善其性能。

亚麻的主要成分为纤维素,含量为 70%~80%。另外,还含有半纤维素、果胶、木质素、脂蜡质、氮化合物等。其化学组成见表 1-3(以干燥纤维的质量百分比计)。

表 1-3　亚麻的化学组成

成　分	纤维素	半纤维素	木质素	果胶质	脂蜡质	灰　分	含氮物质
含量(%)	70~80	12~15	2.5~5	1.4~5.7	1.2~1.8	0.8~1.3	0.3~1.6

这些杂质直接影响纤维的润湿性,并使其手感粗糙,色泽发黄,染色后色泽不鲜艳,染色牢度差。经脱胶和练漂处理后,亚麻纤维细而短,手感柔软,近似棉纤维,其凉爽感仅次于苎麻。亚麻的聚合度为 18 000;平均长度为 17~25 mm,直径为 12~17 μm;干强度为 22.93~67.91 cN·tex^{-1},湿强度为 27.34~81.14 cN·tex^{-1};弹性回复率(2% 伸长)为 65%;密度为 1.5 g·cm^{-3};回潮率为 12%。纤维的吸湿和散热性均较好,断裂强度高,断裂伸长小,不易吸附灰尘,易洗易烫;耐碱但易被酸损伤;染色性能较差,上染率和固色率较低,色牢度差;可抗菌抑菌,抗紫外线。经接枝改性,可提高织物的弹性、柔韧性、尺寸稳定性;经酶处理,可使织物表面柔软光洁,减少刺痒感。

二、再生纤维素纤维的结构和主要化学性能

再生纤维素纤维通常由作为纺织纤维是无用的物质如木材、棉短绒、籽皮上的无用纤维等为原料,通过化学和物理的方法转变成适合纺织工业的连续长丝。再生纤维素纤维包括黏胶纤维、铜氨纤维、醋酯纤维和 Lyocell 纤维。

1. 黏胶纤维

黏胶纤维的生产通常由湿纺工艺完成。其经典的生产方法是:将从棉短绒中获得的纯纤维素加工成薄片状,或将从木头中获得的纯纤维素制成木浆,然后将精练和漂白后的薄片或木浆在 17.5% 的烧碱溶液中浸渍 1~4 h,使纤维素转换成碱纤维素。将碱纤维素粉碎,放置“老化”一定时间,使平均相对分子质量适当降低。“老化”后的碱纤维素用二硫化碳处理成纤维素黄酸钠,再将生成物溶解于 4%~6% 的烧碱溶液中形成黏胶溶液,保持一定温度,

放置一定时间,使之成熟,然后进行过滤、脱泡,即可纺丝。

纺丝时,将黏胶溶液压入多孔喷丝头,挤出细流,进入含有硫酸、硫酸钠和少量硫酸锌的凝固浴,在凝固浴中凝结成纤维。根据最终用途,可通过改变喷丝头孔径大小和截丝长短,生产出不同直径、不同长度的黏胶纤维。然后,经水洗、脱硫、水洗、漂白、水洗、酸洗、水洗、上油、干燥等后处理,获得具有光泽、手感柔软的细丝。最后,多根细丝合股成纱,制成最终产品。

黏胶纤维的聚合度为 250～400,结晶度为 25％～30％,具有许多与棉相同的化学性能,但比棉更易发生化学反应。它广泛用于棉、羊毛或其他任何人造纺织纤维的混纺。黏胶纤维质地细密柔软,手感光滑,悬垂好,吸湿强,上染率高,透气性好,因此穿着舒适。其最大的缺点是浸湿后强力下降和尺寸稳定性差。对酸、碱、氧化剂都比较敏感,浓碱下发生剧烈膨化甚至溶解,所以印染加工中要尽量避免使用强碱条件。

2. Lyocell 纤维

Lyocell 是将木浆溶解在无毒、无腐蚀性的有机溶剂 NMMO(N-甲基吗啉-N-氧化物,又称为氧化胺)中纺丝得到的再生纤维素纤维的通用名称,国内将其称为"天丝"。Lyocell 纤维的注册商标名称为 Newcell(Akzo Nobel),Tencel(Acordis)和 Lenzing Lyocell (Lenzing)。Newcell 是长丝,而其他两种是短纤维。

Lyocel 具有丝一样的光泽,独特的柔软光滑手感,极佳的机械性能,较高的干强度和湿强度,比棉稍大的延伸性;良好的吸湿性、悬垂性,穿着舒适性;高的尺寸稳定性和低的洗涤收缩性;染色性好,上染率高,透染性好;耐碱性好,室温下对酸较稳定;可与棉、羊毛、蚕丝和其他纤维混纺;具有原纤化的趋向,因而可给予织物一个白色、霜样或起绒的外观,或特殊表面效果,诸如桃皮织物的柔软手感或陈旧外观。

3. 醋酯纤维

醋酯纤维属于再生纤维素纤维,可用棉短绒或纯化的木浆生产。具有疏水性和热塑性,其悬垂性良好,易洗涤;具有柔软的手感,一定的回复性;耐稀酸溶液,对碱溶液敏感,能用分散染料染色。醋酯纤维有两种:二醋酯和三醋酯纤维。二醋酯纤维和三醋酯纤维的制造原料一样,但二醋酯纤维比三醋酯纤维亲水、柔软,强力比黏胶纤维低,湿强力更低,延伸度较高。它主要用于生产装饰织物、经缎和塔夫绸等服装面料;大部分香烟的过滤嘴由纤维素二醋酯纤维制成。三醋酯纤维比二醋酯纤维疏水,耐化学药品性能较好,对热水和稀碱较稳定,染色温度接近沸点,可干热定形和湿热定形,机械性能与二醋酯纤维相似,但湿强力下降少;具有挺爽厚实的手感,定形性好;作为纺织品的应用更具多样性,如内衣、裙子、宽松裤、布料、桌布和装饰织物等。

4. 竹浆纤维

目前生产的竹纤维有两种:一种为天然竹纤维(也称原竹纤维);另一种为竹浆纤维(属再生纤维素纤维)。天然竹纤维大多以纤维束存在,在物理-机械和化学加工过程中不破坏竹材的纤维素结构,只去除纤维素束内外的杂质(木质素、多戊糖、竹粉和果胶等),保留天然竹纤维素的形态、分子结构和聚集态结构。原竹纤维有较高的强度,吸湿排汗性好,具有很好的抗菌性能和抗紫外线功能,制成服装具有凉爽舒适性。但原竹纤维在纤维提取过程中保留纤维束状态,长度差异大,短者约 2 cm,最长的与竹节相近(约 30 cm),纤维较粗,离散度大,手感稍有粗硬感。

竹浆纤维的纺丝工艺与黏胶纤维的纺丝工艺相似,主要包括:竹浆粕→粉碎→浸渍→碱化→黄化→初溶解→溶解→头道过滤→二道过滤→熟成→纺前过滤→纺丝→塑化→水洗→切断→精练→烘干→打包。

竹浆纤维的横向和纵向形态如图1-4所示。

(a)截面SEM图(500倍)

(b)等离子刻蚀后截面SEM图(1 500倍)

(c)纵向SEM图(1 000倍)

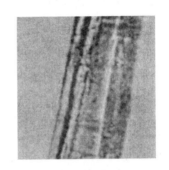

(d)纵向光学显微镜图片(400倍)

图1-4 竹浆纤维的横向和纵向形态

竹浆纤维主要由纤维素、木质素、聚戊糖、果胶质、灰分组成,其中纤维素含量约50%。纤维初始模量大,尺寸稳定性好,抗皱性强;具有较高的吸湿性、渗透性、放湿性和透气性;手感柔软,悬垂性好,穿着舒适凉爽;染色均匀,透染性好,色牢度高;具有抗菌防臭的功能;可与其他纤维混纺或交织,加工高档且有特殊功能的纺织面料。

任务三 蛋白质纤维的结构和主要化学性能

所谓蛋白质纤维是指其基本组成物质为蛋白质的一类纤维。天然蛋白质纤维有动物毛发和蚕丝等,如羊毛、驼毛、牛毛、马毛、桑蚕丝、柞蚕丝等,其中以羊毛和桑蚕丝的地位最为重要。

蛋白质是相对分子质量很高的有机含氮高分子物,结构较复杂,但组成元素并不很多,主要有碳、氢、氧、氮等。大多数蛋白质还含有少量的硫,少数蛋白质尚含有磷、铁、铜、锌、碘等。蛋白质完全水解后的最终产物是氨基酸,而且在水解过程中羧基、氨基是等摩尔增加的,所以蛋白质的基本组成单位是氨基酸。天然蛋白质中的氨基酸主要有20种左右。它们

的共同特点都是 α-氨基酸。可用下列通式表示：

$$H_2N—CH—COOH$$
$$|$$
$$R$$

存在于羊毛、蚕丝蛋白质中的各种 α-氨基酸结构的区别在于侧基 R，蛋白质的许多性质与侧基 R 密切相关。蛋白质可视作是由氨基酸彼此通过氨基与羧基脱水缩合并以酰胺键（肽键）连接起来的大分子。

例：

$$H_2N—CH—COOH + H_2N—CH—COOH \xrightarrow{-H_2O} H_2N—CH—CONH—CH—COOH$$
$$|\qquad\qquad\qquad|\qquad\qquad\qquad\qquad|\qquad\qquad|$$
$$R_1\qquad\qquad\qquad R_2\qquad\qquad\qquad\qquad R_1\qquad\qquad R_2$$

蛋白质结构中的酰胺键称为肽键，由肽键相连接的缩氨酸叫做肽。两个氨基酸脱去一个分子的水称为二肽，二肽继续与一个氨基酸缩合则成三肽，以此类推可获得多肽。因而，可将蛋白质分子看作是由大量氨基酸以一定顺序首尾连接所形成的多肽。多肽的长链为蛋白质的骨架，也称为主链，又称多缩氨酸链，是由 —NH—C—CO— 连接而成的。这样，在

$$|$$
$$R$$

蛋白质分子的主链上就含有大量的支链 R。

不同的蛋白质，其支链 R 不同。主链及支链上各种基团间的相互作用，形成氢键、盐式键、二硫键、疏水键等，使蛋白质的多肽链在空间按一定几何形状折叠卷曲或扩张伸展。蛋白质分子中除末端的氨基和羧基外，支链上还含有大量的酸性和碱性基团，因而蛋白质具有酸、碱两性性质，可进行下列反应：

$$N^+H_3—P—COOH \underset{H^+}{\overset{OH^-}{\rightleftharpoons}} NH_2—P—COOH \underset{H^+}{\overset{OH^-}{\rightleftharpoons}} NH_2—P—COO^-$$

$$\Updownarrow$$

$$N^+H_3—P—COO^-$$

式中："P"为多缩氨酸链。

由于蛋白质分子中的氨基和羧基的数量不同，电离度不同，因此其酸、碱性不相等。调整溶液的 pH 值，使蛋白质分子上的正、负电荷相等，此时的 pH 值为该蛋白质的等电点。

一、羊毛的结构和主要化学性能

羊毛是天然蛋白质纤维，是世界上动物性纤维中产量最高的，具有突出重要的地位。一根完整的羊毛，包括毛干、毛根和毛尖三部分。它一般呈现为由根部至尖部逐渐变细、具有螺旋卷曲的形状。在显微镜下可看出，羊毛的形态结构可分为三层（图 1-5）：

（1）鳞片覆盖层。由透明的扁平鳞片细胞组成角质外层，包覆在毛干的外部，是羊毛纤维的外壳。根部连接毛干，梢端向外展开，并指向毛尖。有保护毛干的作用，但在水中揉搓时会产生较大的毡缩。

（2）皮质层。由纺锤形细胞组成，形成纤维柔软而可塑的主体，决定着羊毛的物理、机

械和化学性能，并对某些染料有较好的接受能力。

（3）髓质层。是由内部充满空气、结构疏松的薄膜细胞所组成的中心腔道。

羊毛纤维一般不溶于水，但在水中有较强的吸湿性能，并在吸湿的同时发生各向异性溶胀，直径增加18％，长度增加1％～2％。在沸水或蒸汽中发生剧烈膨化，肽键和支链交键发生水解，导致机械性能发生变化；当温度达到200℃时，纤维会完全水解；同一温度条件下，水的作用大于蒸汽的作用。羊毛能抗弱酸，在低温、稀酸特别是弱酸条件下，羊毛纤维仅发生膨化，鳞片增厚，强度增加；但随着酸的浓度的增加、作用温度的提高以及作用时间的延长，羊毛受损伤程度增加；酸浓一定时，加入中性无机盐会加剧羊毛的损伤。羊毛对碱性物质极为敏感，在一定的条件下，碱对主链肽键的水解起催化作用，并能使盐式键、二硫键等交键断裂，纤维强度下降。还原剂主要破坏羊毛中的二硫键，还能破坏盐式键，使纤维强度下降，并产生过缩现象；在碱性溶液中，损伤

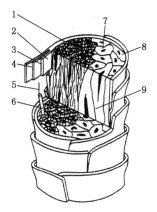

图1-5　羊毛的形态结构模型

1—正皮质　2—内表皮层
3—次外表皮层
4—鳞片外表皮层
5—微原纤　6—原纤
7—细胞核残余　8—偏皮质
9—细胞膜和胞间物质

更严重。羊毛对氧化剂较敏感，特别是含氯氧化剂，高温下作用更剧烈，破坏作用较大，不宜于漂白；双氧水对羊毛作用较缓和，常用于漂白，但要控制条件；用含卤素的氧化剂破坏羊毛的部分鳞片层，可降低缩绒性能，获得防毡缩的效果。

羊毛比棉略轻，具有良好的折皱回复能力和高的回弹性。羊毛的高回弹性和螺旋卷曲的形状，导致毛纱蓬松，从而在纤维缝隙之间吸附空气，有助于形成一个绝缘层，因而具有保暖性。

将受到张力的羊毛在常温湿气或冷水中处理，纤维形变可完全回复；若将受到张力的羊毛在热水或蒸汽中处理很短时间，然后去除负荷，并放在蒸汽中任其收缩，则纤维可收缩到比原来长度还短，甚至只有原长的1/3，这种现象称为"过缩"；若将受到张力的羊毛在热水或蒸汽中处理一定时间，然后去除负荷，则纤维不能回复到原来的长度，但在更高温度条件下再处理，纤维仍可重新收缩，此现象称为"暂定"；如果受到张力的羊毛在热水或蒸汽中处理更长时间（1～2 h），然后去除负荷，即使再经蒸汽处理，也仅能使纤维稍微收缩，其长度仍可超过原长的30％，这种现象称为"永定"。

羊毛纤维的过缩和定形，是由于在外力、湿、热的作用下，使大分子肽链的构象发生了变化，原来的肽链间的交键被拆散，由于处理时间不同，在新的位置上重新建立起新的交键的数量、稳定程度不同，因而产生不同的后果。

羊毛属于蛋白质纤维，不经防蛀处理易受蛀虫和地毯甲虫侵蚀，但能抗霉变和细菌。

二、蚕丝的结构和性能

蚕丝具有明亮的光泽、平滑和柔软的手感、较好的吸湿性能以及轻盈的外观等，是一种高档纺织原料，其织物可轻薄如纱或厚实丰满，除用于穿着外，还可用于装饰等。

蚕丝有桑蚕丝和柞蚕丝两类。各种蚕丝中，桑蚕丝的产量最高，应用最广泛，其次是柞蚕丝。蚕丝是由蚕腹部丝腺体合成的液体，经吐丝口分泌出两股单丝，经丝胶黏在一起，组

成一根茧丝。桑蚕丝的茧丝横截面如图1-6所示,柞蚕丝的茧丝横截面如图1-7所示。生丝的组成见表1-4(以干燥纤维的质量百分比计)。

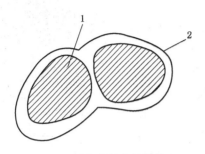

图1-6　桑蚕丝的茧丝横截面

1—丝素　2—丝胶

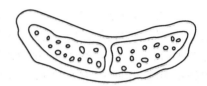

图1-7　柞蚕丝的茧丝横截面

表1-4　生丝的化学组成

含量(%)	丝　素	丝　胶	无机物	蜡质物	碳水化合物	色　素
桑蚕丝	70~80	20~30	0.7~1.7	0.4~0.8	1.2~1.6	0.2
柞蚕丝	79.6~81.3	11.9~12.6	1.5~2.3	0.9~1.4	1.35	

丝胶和丝素所含的主要氨基酸的种类相似,但含量不同。丝胶的分子链排列较疏松,分子间作用力小,吸湿性比丝素高。低于60℃,丝胶发生有限溶胀;高于60℃,丝胶溶解度迅速增加,部分溶解;100℃沸煮一定时间,可完全脱胶。柞蚕丝的丝胶含量比桑蚕丝低,它在水、酸、碱溶液中的溶解度也低。为了获得柔软的手感和良好的光泽,需要去除生丝中的丝胶即脱胶。脱胶后的生丝其主要成分是丝素。

在纺织纤维中,丝素的耐光性最差,耐热性较高,弹性较低。耐碱性很差,经碱处理,纤维强度显著下降。耐酸性较好,用浓硫酸经室温短时间处理后马上水洗,会产生显著收缩,利用此性质可生产双绉织物;有机酸在常温下不损伤纤维,但能增加丝重,提高丝的光泽,改善手感,同时赋予织物丝鸣的特殊效果。

四、大豆蛋白纤维

大豆蛋白纤维是再生的植物蛋白纤维,是以大豆浆粕为原料并经湿法纺丝而成。纤维具有良好的吸湿性、导湿性、透气性;手感柔软、滑爽,光泽柔和,悬垂性好;干、湿强度高,尺寸稳定性好,抗皱性好;对酸稳定,染色性能好,色牢度高,具有较强的抗菌抑菌性和抗紫外线性能。可与其他纤维进行混纺、交织,制作高档的服装面料和家纺面料。

任务四　合成纤维的结构和主要化学性能

合成纤维是由结构简单、主要从石油中提取的有机化合物通过聚合反应得到的。它们与天然纤维不同,尤其是染色性能差异很大,每一种合成纤维都需要相应的染色技术。最早出现并工业化生产的合成纤维是 1940 年推出的锦纶 66,随后是锦纶 6;第二次世界大战后,相继出现了涤纶、腈纶、维纶;1957 年开始生产丙纶、氯纶、氨纶等;20 世纪 70 年代以后,各种性能的新合纤迅速发展,以适应市场的不同需求。所有的合成纤维都可通过加热熔融或用适当的溶剂制成纺丝液,然后在一定压力下经喷丝头压出细流,且在一定介质中凝固成形,最后经拉伸、加捻、干燥、上油、卷曲、切割等后处理得到所需纤维。通过改变喷丝头的孔的形状使纤维具有不同的横切面,如圆形、三角形、五叶形、扁平形、中空形等。非圆形横切面的纤维或中空纤维制成的织物可具有天然纤维的自然外观,并可改善纤维的抱合力、手感、吸湿性、透气性、蓬松性、弹性、抗起球性等。

一、聚酯纤维

用于生产纺织纤维的聚酯聚合物,最重要的两种是:聚对苯二甲酸乙二醇酯纤维——PET 聚酯纤维;聚对苯二甲酸-1,4-环己二甲酯纤维——PCDT 聚酯纤维。聚酯纤维是目前产量最大的合成纤维。其大分子中无支链,不含亲水性基团,只有极性很小的酯基,因而结构紧密,疏水性强,具有较高的断裂强力、较低的回潮率、较高的初始模量和良好的折皱回复性,延伸度略低于锦纶。染色性能较差,易积聚静电,易沾污,易起球,易燃。对化学试剂的稳定性好,在弱酸中,即使煮沸也不会发生严重损伤;在强酸如氢氟酸或 30% 盐酸中,室温下也较稳定,因而耐酸性良好;对弱碱的稳定性较好,但在强碱溶液中,特别是高温条件下,纤维大分子会发生水解断裂,且水解反应能一直进行下去,所以稳定性较差。可利用聚酯纤维在碱溶液中的碱剥皮现象,生产仿真丝产品。聚酯纤维也可通过改变纤维横切面的形态、在纤维分子结构中引入其他基团并改变工艺条件、降低纤维分子结构的规整性、使结晶区含量下降而无定形区增加等物理和化学的方法,改变纤维分子结构,以克服其天生的缺陷。

二、聚酰胺纤维

较著名的聚酰胺纤维是耐纶(锦纶),它是第一个取得成功而投入商品化生产的合成纤维。根据合成时单体的来源、种类不同,锦纶有多种,如锦纶 6、锦纶 66、锦纶 610 和锦纶 1010 等。工业上应用量最大的为锦纶 6 和锦纶 66。锦纶丝表面光滑、有光泽,强度高、弹性好,耐磨性优良;耐热性较好,热稳定性较差;易产生静电现象;耐碱性较好,耐酸性较差,不耐氧化剂;吸湿性在合成纤维中仅次于维纶,可用酸性染料、分散染料、阳离子染料染色。锦纶可通过改变横切面的形态、改变纤维分子结构如进行接枝或交联反应等方法,改善其可染性、手感、韧性和热稳定性等。

三、聚丙烯腈纤维

聚丙烯腈纤维包括腈纶和改性腈纶两类。腈纶一般由三种单体共聚而成。第一单体为丙烯腈,含量大于 85%,决定着纤维的物理化学性能;第二单体为中性单体,一般为酯类化合物,占 3%~12%,能减弱纤维大分子间的作用力,使纺丝液易于制备,改善纤维超分子结构,使纤维松弛,提高纤维弹性和热塑性,改善手感,利于染料分子的渗透;第三单体是含酸性基团或碱性基团的单体,占 1%~3%,可改善纤维染色性能。腈纶纤维具有令人满意的温暖和柔软的手感,用它生产的织物呈现出丝一般的光泽、手感和悬垂性;对酸、碱、氧化剂、还原剂的稳定性较高,具有好的弹性和高膨化力;耐光、耐气候性能好,耐霉菌、耐虫蛀性能优良;不耐高浓度强酸、强碱和少量极性有机溶剂。

四、氨纶

氨纶又称聚氨酯弹性纤维,是一种特殊的嵌段共聚物,由柔性链和刚性链两部分构成。柔性链由含量超过85%的非晶态的聚酯或聚醚组成,常温下处于无规则卷曲态,提供纤维弹性和延伸性;刚性链由晶态的芳香二异氰酸酯组成,在分子链间横向交联,起固定分子位置、阻止纤维链间相对滑移、赋予纤维强度的作用。柔性链和刚性链纵横交错,形成具有强大的分子间作用力的网状结构。具有优异的弹性和伸长率,对一般化学试剂较稳定,但对氯敏感,长时间接触氯气会使氨纶降解,失去弹性和伸长率。

五、新型纤维

新型纤维是指采用不同的技术生产的新型合成纤维。通过聚合物的物理和化学改性技术、纺丝技术、后加工技术、织造和后整理技术等,使合成纤维不仅具有天然纤维的各种特性,并在某些方面有所超越,赋予纺织面料高舒适性和多功能性。

1. 差别化纤维

差别化纤维是指通过物理改性、化学改性或工艺改性的方法,改善常规合成纤维的综合性能,提高其品质和档次。主要包括异形纤维、复合纤维、超细纤维、易染纤维、高吸水吸湿纤维、高收缩纤维、抗静电纤维等。

2. 功能性纤维

(1)抗菌防臭纤维

是将抗菌剂与聚合物共混纺丝或对纤维表面进行处理而得到的纤维。它能抑制和杀死细菌,阻止致病菌在纺织品上的繁殖以及细菌分解织物上的污物而产生臭味。

(2)防紫外线纤维

是指本身含有防紫外线添加剂或具有防紫外线破坏能力的纤维。可通过将紫外线吸收剂或紫外线屏蔽剂在聚合物聚合时加入或直接共混纺丝而得到。能有效地减少阳光中紫外线对人体皮肤的伤害,并具有阻挡热的作用。

(3)远红外纤维

是在纺丝原液中添加具有远红外放射能力的特殊的陶瓷粉末(如碳化锆等),再纺成丝。这种陶瓷粉末常温下能大量吸收人体和周围环境散发的热量转而向人体放射出远红外线,从而有效地阻止人体热量的损失。保温、蓄热效果很好,并具有活化细胞、促进皮下血液循环的保健功能。

(4)芳香纤维

是将香料与聚合物共混纺丝或将香料混入中空纤维的中空部分或混入复合纤维的芯部而得到。芳香纤维可释放香味、防臭、促进睡眠。

(5)变色纤维

是将一定条件下可变色的物质通过共聚、共混、交联、接枝等方法加入纤维中而制得。当其在外界光线变化、温度变化、遇到某些有毒有害物质或接触到辐射波时,会产生光敏变色、温敏变色、生化变色、辐射变色等现象。

（6）高效止血纤维

是指具有优良黏附性、柔软性和多孔性的纤维。它能紧密地与出血创面黏结，将出血创面的毛细管末端封闭，同时使血液迅速渗入多孔的纤维内，促进血小板的凝血作用，达到止血的目的。

3. 高性能纤维

是指具有高强度、高模量、耐高温、耐腐蚀、难燃烧、化学稳定性突出的纤维。比如高强度、高模量、难燃烧的碳纤维；耐热芳纶和高强度芳纶；超高强高模量聚乙烯纤维；耐高温，耐氢氟酸、王水、发烟硫酸、浓碱、双氧水等强腐蚀性试剂，电绝缘性和抗辐射性能良好，耐气候性能优良的聚四氟乙烯纤维等。

思考题：

1. 纤维素纤维的共生物有哪些？
2. 简述纤维素纤维的主要化学性能。
3. 简述再生纤维素纤维的类型及其特点。
4. 蛋白质的基本组成单元是什么？
5. 简述羊毛纤维的化学性能。
6. 简述涤纶纤维的结构特点及化学性能。
7. 简述腈纶纤维的化学结构及其组成单元的作用。
8. 为什么氨纶具有优异的弹性？
9. 功能性纤维主要有哪些？
10. 高性能纤维具有哪些特点？

纱线与织物的基本知识

【知识点】
1. 纱线的细度指标、纱线的捻度和捻向的表示方法；
2. 织物类别、纱线线密度、织物密度的表示方法；
3. 织物的基本组织与特点。

【项目目标】
1. 给出产品规格，能识别该产品所用经纬纱线的细度和经纬密度；
2. 会根据织物的外观确定织物的类型。

任务一　纱　　线

纱是由纤维纺成的细缕，可以捻线、织布。线是用两股或两股以上的单纱或丝合并、加捻而成，按合并股数可分为双股线、三股线等。

一、纱线的细度指标

纱线的细度指标有两类，即直接指标和间接指标。

1. 直接指标

纱线细度的主要直接指标是直径，其量度单位为"毫米"（mm）。

2. 间接指标

利用长度和质量间的关系来表示细度的指标，称为间接指标。间接指标有定长制和定重制两种。

（1）定长制

定长制以一定长度的纱线在公定回潮率时所具有的质量表示。它的数值愈大，表示纱线愈粗。定长制有特克斯制和旦尼尔制两种。

① 特克斯制。以 1 000 m 长的纱线在公定回潮率时的质量（g）表示，用 N_{tex} 表示。例如：1 000 m 长的棉纱在公定回潮率时的质量是 26 g，则该棉纱的细度为 26 tex。

② 旦尼尔制。以 9 000 m 长的纱线在公定回潮率时的质量（g）表示，用 N_d 表示。

（2）定重制

定重制以一定质量（g）的纱线在公定回潮率时所具有的长度（m）表示。它的数值愈大，表示纱线愈细。定重制有英制支数和公制支数两种。

① 英制支数。每磅(1 lb)纱线在公定回潮率时具有的长度,有若干个 840 yd,即为若干英支,用 N_e 表示。

② 公制支数。每克(1 g)纱线在公定回潮率时具有的长度,有若干米,即为若干公支,用 N_m 表示。

公制支数与英制支数的关系如下:

$$N_m = 1.715 \times N_e$$

$$N_e = 0.583 \times N_m$$

特克斯是我国线密度的法定计量单位,与其他单位之间的换算关系如下:

$$N_{tex} = \frac{1\,000}{N_m} = \frac{N_d}{9}$$

二、纱线的捻度和捻向

纺纱时加捻的目的是使纱中的纤维相互扭压并抱合在一起,增加纤维间的摩擦力,使纱受到拉伸等机械作用时,纤维不易产生滑脱而具有一定的强度。

纱线加捻时,两个截面的相对回转数称为捻回数。纱线单位长度内的捻回数称为捻度。纱线的强力起先随着捻度的增加而提高,当捻度达到一定数值时,纱线的强力达到最大值,继续增加捻度,强力反而下降。

捻向是指纱线加捻的方向。它是根据加捻后纤维在纱中或单纱在股线中倾斜方向而定的,有 Z 捻和 S 捻两种,如图 2-1 所示。

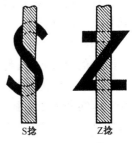

图 2-1　纱线捻向

股线的捻向按先后加捻的捻向为序依次用 Z、S 表示。如 ZS 表示单纱为 Z 捻,单纱合股为 S 捻;ZSZ 表示单纱为 Z 捻,单纱合并初捻为 S 捻,再合并复捻为 Z 捻。

任务二　织　　物

织物的种类很多,按使用原料成分,可分为纯纺织物、混纺织物和交织物。单纯地采用一种纤维纺织成的织物称为纯纺织物;用两种或两种以上不同纤维的纱线织成的织物称为混纺织物;用不同纤维的纱线分别做经、纬纱线织成的织物称为交织物。

织物按整理加工的不同进行分类,可分为坯布、漂布、色布、花布。未经染整加工的织物称为坯布;经过漂白的成品称为漂白织物,简称漂布;染成单种颜色的织物称为素色织物,简称色布;印有花纹者称为印花织物,简称花布。

织物按织造方法的不同可分为机织物、针织物和非织造布。

一、机织物

机织物是由互相垂直排列的两个系统的纱线在织机上按一定的浮沉规律互相交织而

成的。与布边平行(即纵向排列)的纱线称为经纱,与布边垂直(即横向排列)的纱线称为纬纱。

1. 匹长

一匹织物两端最外侧完整的纬纱之间的距离称为匹长,单位是"米"(m)。

2. 幅宽

织物最外侧的两根经纱间的距离称为幅宽,单位是"厘米"(cm)。

3. 厚度

织物在一定的压力下,正反两面间的垂直距离称为厚度,单位是"毫米"(mm)。

4. 纱线线密度

织物经、纬纱线的线密度采用特克斯表示。表示方法为:将织物经、纬纱线密度(N_{texJ},N_{texW})自左至右联写成 $N_{texJ} \times N_{texW}$。如:13×13 表示经、纬纱都是 13 tex 的单纱;$28 \times 2 \times 28 \times 2$ 表示经、纬纱都是由两根 28 tex 单纱并捻成的双股线;$14 \times 2 \times 28$ 表示经纱是由两根 14 tex 单纱并捻成的双股线,纬纱为 28 tex 的单纱。

5. 织物密度

织物密度是指沿织物纬向或经向单位长度内的纱线根数,有经密和纬密之分。经密又称经纱密度,是织物沿纬向单位长度内的经纱根数;纬密又称纬纱密度,是织物沿经向单位长度内的纬纱根数。

织物密度一般有两种表示方法:公制密度和英制密度。公制密度以 10 cm 织物内经(纬)纱的根数表示;英制密度以 1 in 织物内经(纬)纱的根数表示。习惯上将经密 M_J 和纬密 M_W 自左至右联写成 $M_J \times M_W$。如 236 根 /10 cm $\times$ 220 根 /10 cm 表示织物经密为 236 根 /10 cm,纬密为 220 根 /10 cm。同时表示织物经、纬纱线密度和经、纬密的方法为:自左向右联写成 $N_{texJ} \times N_{texW} \times M_J \times M_W$。大多数织物经、纬密的配置采用经密大于或等于纬密。

6. 织物紧度

织物紧度又称覆盖系数,有经纱紧度和纬纱紧度之分。织物经(纬)纱紧度是指经(纬)纱的直径与相邻两根经(纬)纱间的平均中心距离之比,以百分数表示。

7. 布重

布重是表示织物单位面积质量的指标,即面密度,常用每平方米织物的无浆干燥质量克数表示(g/m^2)。

8. 织物组织

机织物中经纬纱相互交织的规律称为织物组织。机织物是由经纬纱线沉浮交错连接成的一个整体,其经纬纱的交叉点称为组织点,经纱在纬纱之上的为经组织点或经浮点,纬纱在经纱之上的为纬组织点或纬浮点。织物中一根纱线上相邻两个组织点之间的纱线长度称为浮长,以一根经(纬)纱跨越的纬(经)纱根数表示。由于经组织点和纬组织点的排列分布不同而构成各种不同的织物组织。

当经组织点与纬组织点的沉浮规律达到重复时,形成一个组织循环,称为一个完全组织,所以一个完全组织中经纬纱根数是固定的。在一个完全组织内,相邻两根经(纬)纱上相应组织点间隔的纬(经)纱根数称为飞数。

在一个完全组织中,若一个系统纱线的每根纱线(经纱或纬纱)在一个单位组织循环内只与另一系统纱线交织一次,并且飞数为常数,称为基本组织或原组织。机织物的基本组织有平纹、斜纹和缎纹三种，又称三原组织。以三原组织为基础加以变化或联合使用几种组织，可得到各种各样的其他组织。

（1）平纹组织。平纹组织是最简单的织物组织，它是由两根经纱和两根纬纱组成一个循环，每根经（纬）纱在一根纬（经）纱上按一上一下规律来回交替，如图2-2所示。图中纵行表示经纱，横行表示纬纱，"■"表示经组织点，"□"表示纬组织点（以下各组织图相同）。平纹组织的交织点最多，织物正反面基本相同。棉织物中的细（平）布、粗（平）布、府绸、帆布等，毛织物中的派力司、凡立丁、法兰绒等，均属平纹组织。

图 2-2　平纹组织

（2）斜纹组织。一个完全组织内至少有三根经纱和三根纬纱相互交织，且布面上呈现连续的斜向纹路。斜纹的方向有左右两种，斜纹方向指向左上方者称为左斜纹；斜纹方向指向右上方者称为右斜纹。如斜纹织物组织为$\frac{2}{1}$（读作二上一下），分子代表一个组织循环中的经浮点数，分母代表纬浮点数，见图 2-3 中（a）和（b），（c）（d）为$\frac{2}{2}$（读作二上二下）斜纹组织，（e）（f）为$\frac{3}{1}$（读作三上一下）斜纹组织。

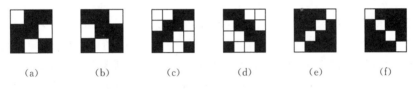

(a)　　　(b)　　　(c)　　　(d)　　　(e)　　　(f)

图 2-3　斜纹组织

（3）缎纹组织。缎纹组织的一组纱线单独浮点间的距离较远，织物表面由另一组纱线的较长浮点所覆盖。在一个完全组织内，每一根经纱上只有一个纬组织点的称为经面缎纹，如图 2-4（a）（b）所示；在一个完全组织内，每一根纬纱上只有一个经组织点的称为纬面缎纹，如图 2-4（c）（d）所示。

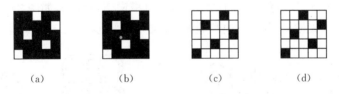

(a)　　　　(b)　　　　(c)　　　　(d)

图 2-4　缎纹组织

缎纹织物由于经纬纱交织的次数比斜纹组织少，比平纹组织更少，并有较长的经纱或纬纱浮在织物表面，因而质地柔软，表面光滑匀整、富有光泽，即有绸缎感，但反面粗糙、无光。

二、针织物

针织物是利用织针将纱线弯曲成线圈并相互串套而形成的织物。图 2-5 所示为纬平针织物的线圈结构，线圈由圈干 1－2－3－4－5 和延展线 5－6－7 组成，圈干的直线部分 1－2 和 4－5 为圈柱，弧线部分 2－3－4 为针编弧，延展线 5－6－7 为沉降弧，由它连接相邻的两个线圈。

在针织物中,线圈在横向连接的行列称为线圈横列,线圈在纵向串套的行列称为线圈纵行。同一横列中相邻两线圈对应点之间的距离称为圈距,通常以 A 表示。同一纵行中相邻两线圈对应点之间的距离称为圈高,通常以 B 表示。

单面针织物的外观有正反面之分。线圈圈柱覆盖于线圈圈弧的一面,称为正面;线圈圈弧覆盖于线圈圈柱的一面,称为反面。单面针织物的基本特征是线圈圈柱或线圈圈弧集中分布在针织物一面;而线圈圈柱或线圈圈弧分布在针织物两面的称为双面针织物。

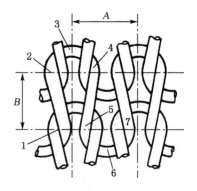

图 2-5　纬平针织物线圈结构

针织物分纬编织物和经编织物两大类。纬编针织物的横向线圈由同一根纱线连续弯曲而构成;经编针织物的横向线圈是由平行排列的经纱同时弯曲并互相串套而成。

针织物的组织有原组织、变化组织、花色组织三类。原组织又称基本组织,它是所有针织物组织的基础。例如:纬编针织物中,单面的有纬平组织,双面的有罗纹组织和双反面组织;经编针织物中,单面的有经平组织、编链组织、经缎组织,双面的有罗纹经平组织、罗纹经缎组织。变化组织是由两个或两个以上的基本组织复合而成的,即在一个基本组织的相邻线圈纵行之间配置另一个或另几个基本组织,以改变原有组织的结构与性能。例如:纬编针织物中,单面的有变化纬平组织,双面的有双罗纹组织等;经编针织物中,单面的有变化经平组织、变化经缎组织,双面的有双罗纹经平组织、双罗纹经缎组织等。花色组织是以上述组织为基础而派生出来的,它是利用线圈结构的改变,或者编入一些辅助纱线或其他原料,以形成具有显著花色效应和不同性能的花色针织物。这些不同组织的针织物,被广泛地应用于内衣、外衣、袜子、手套和工业用品。

下面介绍针织物常用的几种基本组织:

(1)纬平组织。纬平组织又称平针组织,它由连续的单元线圈相互穿套而成。其正面平坦均匀并成纵向条纹,如图 2-6(a)所示;反面有横向弧形线圈,如图 2-6(b)所示。其特点是横向的伸缩性比纵向大,但易卷边和脱散,主要用于汗衫、袜子、手套、运动衣等。

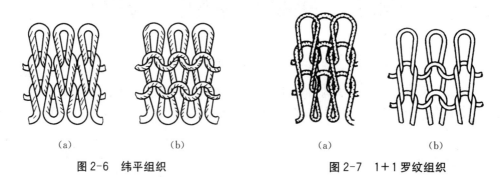

| (a) | (b) | (a) | (b) |

图 2-6　纬平组织　　　　图 2-7　1+1罗纹组织

(2)罗纹组织。罗纹组织由正面线圈纵行和反面线圈纵行以一定组合规律配置而成,其两面都有与纬平组织正面一样的线圈纵行,故又称双正面组织。罗纹组织种类很多,根据正反面线圈纵行数的不同配置,有 1+1,2+1,2+2 和 5+3 罗纹组织等。所谓 1+1

罗纹组织,是由一个正面线圈纵行和一个反面线圈纵行相间配置而成的,如图 2-7 所示,(a)为自由状态时的结构,(b)为横向拉伸时的结构。罗纹组织的横向具有高度的弹性和延伸性,不易卷边和脱散,通常用作袜口、领口、袖口、裤口、下摆等,也常用于弹力衫、弹力裤的编织。

（3）双反面组织。双反面组织是由正面线圈横列与反面线圈横列相互交替配置而成的,织物的正、反面外观都与纬平组织的反面相似,故称双反面组织。双反面组织因正反面线圈横列数的组合不同,有许多种类,例如 1+1,2+1,2+2 和 2+3 等双反面组织,图 2-8 为 1+1 双反面组织。双反面组织的纵向和横向伸缩性相接近,有很大弹性,但易脱散,常用于羊毛衫、围巾和袜品生产。

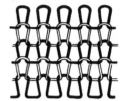

图 2-8　1+1 双反面组织

（4）经平组织。经平组织的结构为同一根纱线所形成的线圈轮流地排列在相邻的两个纵行线圈中,织物正反面具有相似的外观,如图 2-9 所示。这种组织在一个线圈断裂并受到横向拉伸时,则由断纱处开始,线圈沿纵向在逆编结方向相继脱散,使织物沿此纵行分成两片。

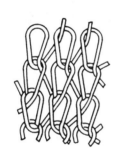

图 2-9　经平组织

图 2-10　经缎组织

（5）经缎组织。图 2-10 所示为经缎组织的一种。每根纱线先以一个方向有次序地移动若干针距,再以相反方向移动若干针距,如此循环编织而成,其表面具有横向条纹效应,当个别线圈断裂时,坯布沿线圈纵行在逆编结方向脱散,但不会分成两片。

三、非织造布

非织造布是由定向或随机排列的纤维通过摩擦、抱合或黏合,或者这些方法的组合而相互结合制成的片状物、纤网或絮垫,不包括纸、机织物、簇绒织物、带有缝编纱线的缝编织物以及湿法缩绒的毡制品。所用纤维可以是天然纤维或化学纤维,可以是短纤维、长丝或当场形成的纤维状物。

非织造材料的加工过程可分为以下四个阶段:

（1）纤维/原料的选择

基于成本、可加工性和纤网的最终性能要求,大多数天然纤维和化学纤维都可用于加工非织造材料。所用原料还包括黏合剂和后整理化学试剂。通常,应用黏合剂使纤网中的纤维间相互黏合以得到具有一定强度和完整结构的纤网。但是,一些黏合剂不仅可以用于黏合,在很多情况下,可以作为后整理试剂。

（2）成网

成网是将纤维形成松散的纤维网结构,此时所成的纤网强度很低。

（3）纤网加固

纤网形成后,通过相关的工艺方法对纤网所持松散纤维的加固称为纤网加固。它赋予纤网一定的物理机械性能和外观。

（4）后整理与成形

后整理旨在改善产品的结构和手感,有时也为了改变产品的性能,如透气性、吸收性和防护性。后整理方法可以分为两大类:机械方法和化学方法。机械后整理包括起皱、轧光、轧纹、收缩、打孔等,化学后整理包括染色、印花和功能整理等。经整理后,非织造材料通常在成形机器上转化成最终产品。

非织造布按其用途可分为:医用卫生及保健用非织造布,服装与制鞋、皮革（合成革）用非织造布,家用装饰非织造布,过滤、绝缘等工业用非织造布,土木工程、建筑、水利用非织造布,汽车工业用非织造布,农业和园艺用非织造布,包装材料、军工国防用非织造布,等。

非织造布按使用次数可分为两大类:一类是用即弃产品,即产品只用一次或几次就不再使用的非织造产品;一类是耐久型产品,这种产品要求维持一段较长的重复使用时间。

思考题:

1. 名词解释:

   捻度　捻向　机织物　针织物　非织造布

2. 纱线细度指标有哪些?

3. 纱线线密度怎样表示?

4. 什么叫织物密度? 织物密度怎样表示?

5. 机织物的基本组织有哪些?

前 处 理

【知识点】

1. 染整用水和表面活性剂；

2. 棉织物前处理；

3. 苎麻纤维脱胶和苎麻织物的练漂；

4. 羊毛的前处理；

5. 丝织物前处理；

6. 化学纤维织物的前处理。

【项目目标】

会根据产品要求设计棉织物、苎麻织物、羊毛、丝织物和化学纤维织物的前处理工艺。

任务一 染整用水和表面活性剂

知识点

1. 染整用水的质量要求；

2. 水质对染整加工的影响；

3. 表面活性剂的结构及基本性质；

4. 表面活性剂在印染行业中的作用。

技能点

1. 会根据染整加工工序的要求选择合适的水质；

2. 会根据染整加工工序的要求选择合适的表面活性剂。

一、染整用水

随着科技的发展，尽管出现了诸如溶剂煮练、超临界流体无水染色等无水染整技术，但由于技术及成本上的限制，这些技术并没有得到工业化应用。在目前的染整加工过程中，水仍然是不可或缺的重要溶剂和载体，因而染整用水是不可避免的。据统计，印染加工 1 000 m 织物的耗水量约为 20 t，其中练漂用水就占了一半以上。并不是所有的水都可以作为染整用水，必须符合一定的水质质量要求。

1. 水的分类

在不同的场合,水有不同的种类,其水质亦有明显的差别。比如根据水的来源可以分成地下水、地表水和自来水,根据水的硬度又可将水区分为硬水和软水两种。这里着重介绍按照硬度的分类方法。

水的硬度(也叫矿化度)是指溶解在水中的钙盐与镁盐含量的多少,含量多的,硬度大,反之则小。目前,水的硬度标准单位是 mmol/L(毫摩尔每升)。硬水与软水只是通俗上的叫法,并没有标准的量的概念。在生活中,行业内一般把硬度低于 3 mmol/L 的水称为较软的水,3~6 mmol/L 称为普通水,6~8 mmol/L 称为较硬的水,10 mmol/L 以上称为高硬水。其中,自来水以及自然界中的地表水和地下水等,都属于硬水。

硬水又分为暂时硬水和永久硬水。暂时硬水的硬度是由碳酸氢钙与碳酸氢镁引起的,经煮沸后可去除,这种硬度又叫碳酸盐硬度。永久硬水的硬度是由硫酸钙和硫酸镁等盐类物质引起的,经煮沸后不能去除。以上两种硬度合称为总硬度。

2. 染整用水的质量要求

(1) 水中的杂质

一般而言,纺织品染整用水的来源是天然水(包括地表水和地下水),含有以下两类杂质:

① 不溶性杂质。如悬浮物(泥沙)、胶体物(较少,硅、铝等化合物)等。可通过静置、絮凝澄清或过滤等方法去除。

② 可溶性杂质。这类杂质的种类很多,最常见的是溶于水中的钙、镁离子,以及重金属离子(如铁、锰等)。此类杂质较难处理。

(2) 染整用水的质量要求

一般情况下,印染生产用水的水质要求见表 3-1。

表 3-1　印染生产用水的水质要求

水 质 项 目	指　　　标
透明度(cm)	>30
色度(铂钴度)	≤10
pH 值	7~8
耗氧量(mg/L)	<10
铁含量(mg/L)	≤0.1
锰含量(mg/L)	≤0.1
悬浮物含量(mg/L)	<10
硬　度	① 水硬度<1.5 mmol/L,可全部用于生产。 ② 水硬度>1.5 mmol/L 且<3 mmol/L,大部分可用于生产,但溶解染料应使用硬度≤0.35 mmol/L 的软水,皂洗及碱液用水的硬度最高为 1.5 mmol/L。

不同的染整加工过程对水质的要求不同,要根据具体情况进行分析。如染色时,若水的

硬度太高,硬水中的 Ca^{2+} 和 Mg^{2+} 会与染料、助剂等化学品反应而产生沉淀,在织物上形成斑渍,影响产品质量,故染色用水必须采用 Ca^{2+} 和 Mg^{2+} 含量非常少的软水;而当采用 H_2O_2 漂白时可用硬水,因为硬水中的 Ca^{2+} 和 Mg^{2+} 可使 H_2O_2 的稳定性提高。

（3）水中杂质对染整加工的影响

如果在染整加工中采用不符合要求的水,会产生以下不良影响:

① 练漂加工中,Ca^{2+} 和 Mg^{2+} 消耗肥皂,生成的钙、镁皂附着在织物上会影响手感、色泽。

② 漂白时,重金属离子会影响白度、光泽。

③ 染色时,与阴离子染料生成沉淀,消耗染料,造成色斑,降低摩擦牢度,改变色光。

④ 对锅炉的影响:水垢使锅炉受热不均匀,造成爆炸。

3. 水的软化

对于某些特殊要求的染整加工需进行水的软化处理。目前,水的软化方法有:

（1）沉淀法

① 用石灰或纯碱处理,使水中的 Ca^{2+} 和 Mg^{2+} 生成沉淀而析出,过滤后即得软水,其中的锰、铁等离子也可除去。如:

$$Na_2CO_3 + Mg^{2+}(Ca^{2+}) \longrightarrow CaCO_3(MgCO_3) \downarrow + 2Na^+$$

由于 $MgCO_3$ 微溶于水,此种方法的软化程度不高。

② 用 Na_3PO_4 处理,PO_4^{3+} 与水中的 Ca^{2+} 和 Mg^{2+} 发生反应生成 $Ca_3(PO_4)_2$ 和 $Mg_3(PO_4)_2$ 沉淀,具有较好的软化效果。

（2）络合法

① 用多聚磷酸钠(如六偏磷酸钠)处理,可与水中的 Ca^{2+} 和 Mg^{2+} 形成稳定的水溶性络合物,有较好的软水效果。反应如下:

$$Na_4[Na_2(PO_3)_6] + Ca^{2+} \longrightarrow Na_4[Ca(PO_3)_6] + 2Na^+$$

② 用胺的醋酸衍生物(如 EDTA)处理,与 Ca^{2+},Fe^{2+} 和 Cu^{2+} 等离子生成稳定的水溶性螯合物,软化效果非常好,但成本较高。

（3）离子交换法

此法的原理为:用无机物或有机物组成一混合凝胶,形成交换剂核,四周包围两层不同电荷的双电层,水通过后可发生离子交换。

① 阳离子交换剂。含 H^+ 和 Na^+,能与水中的 Ca^{2+} 和 Mg^{2+} 离子交换。

② 阴离子交换剂。含碱性基因,能与水中的阴离子交换。

常用的离子交换剂有泡沸石、磺化煤和离子交换树脂三种,由于离子交换树脂具有机械强度较好、化学性质稳定及使用周期长等优点而成为工业中常用的软水助剂。

（4）其他方法

随着科技的发展,出现了电渗析法和磁化法等硬水软化方法。电渗析法是用直流电源作为动力,使水中的离子选择性地透过树脂交换膜而获得软水。磁化法是使水流过一个磁场,使钙、镁盐类分子间的引力减小,从而不易产生坚硬水垢。

二、表面活性剂

各种助剂的加入可以有效保证染整加工过程的顺利进行,助剂中用量最大的是表面活性剂,约占所有助剂总量的一半以上。比如染整加工环节中所使用的润湿渗透剂、分散剂、洗涤剂、匀染剂等,都属于表面活性剂。因此表面活性剂在染整加工中发挥着不可替代的作用,了解其结构、性质和作用原理对提高染整工序的质量有着非常重大的意义。

1. 表面活性剂的基本知识

表面活性剂是指加入很少量即能显著降低溶剂(一般为水)的表面张力,改变体系界面状态,从而产生润湿、乳化、起泡等一系列作用(或其反作用),以达到实际应用要求的一类物质。

表面活性剂是一种两亲分子,结构中既含有亲水基(极性的,比如羧酸、磺酸、硫酸、氨基或胺基及其盐,也可以是羟基、酰胺基、醚键等),又含有亲油基(又称为疏水基,非极性的,通常是 8 个碳原子以上的烃链),形成既亲水又亲油的结构。这种结构称为"双亲结构",表面活性剂分子因而也常被称作"双亲分子"。其结构如图 3-1 所示。

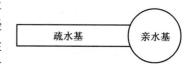

图 3-1　表面活性剂的结构示意图

表面活性剂的分类方法,目前普遍采用 ISO 分类法,按照这种方法可以将表面活性剂分为四大类:离子型表面活性剂、非离子型表面活性剂、结构混合型、特殊类型。

在我国,一般采用以离子类型或工业用途分类的方法。按离子类型可分为阴离子型、阳离子型、两性型和非离子型表面活性剂;按工业用途可分为润湿剂、渗透剂、匀染剂、固色剂、抗静电剂、分散剂、柔软剂等。这两种分类方法之间还存在一定的关系(表 3-2)。

表 3-2　表面活性剂以离子类型和工业用途两种分类法间的关系

类　型	定　义	用　途
阴离子型表面活性剂	电离产生具有活性作用的阴离子基团者	洗涤剂、渗透剂、润湿剂、乳化剂、分散剂等
阳离子型表面活性剂	电离产生具有活性作用的阳离子基团者	柔软剂、匀染剂、防水剂、固色剂、抗静电剂等
两性型表面活性剂	在水溶液中能产生电离,而具有表面活性作用的基团同时带有阴、阳离子	柔软剂、匀染剂、抗静电剂
非离子型表面活性剂	不电离,具有表面活性作用的基团不带电荷但能发生水化作用	匀染剂、乳化剂、分散剂等

2. 表面活性剂的基本性质

(1) 吸附性

所谓吸附,是指物质从一相内部迁移至界面,并聚集于界面的过程。由于表面活性剂的分子结构中含有亲水基和疏水基,因而在溶液中,它易于从内部迁移并聚集于溶液表面(或界面)而发生界面吸附。当发生表面活性剂吸附后,必然改变体系的界面状态,影响界面性质,从而产生一系列重要作用,如湿润、乳化、起泡、净洗等。

(2) 临界胶束浓度(CMC)

随着表面活性剂浓度的增加,其在溶液中的排列状态是不同的,如图 3-2 所示。

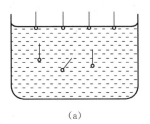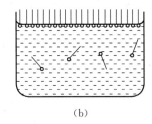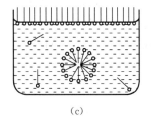

(a)　　　　　　　　　　　(b)　　　　　　　　　　　(c)

图 3-2　表面活性剂在水溶液中的排列状态

图 3-2(a)说明,当表面活性剂的浓度极稀时,表面活性剂分子或离子的含量极低,此时溶液相当于纯水溶液,水与空气几乎直接接触,接近于纯水状态。图 3-2(b)说明,随溶液浓度增加,溶液中表面活性剂分子或离子的数目增加,当浓度增大到一定程度时,空气和水的接触面就会完全被空气和表面活性剂、表面活性剂与水的接触面所取代。图 3-2(c)说明,继续增大表面活性剂的浓度,水中的表面活性剂相互聚集,疏水基相互靠拢,开始形成胶束。

表面活性剂在溶液中形成胶束时的浓度,称为临界胶束浓度,用"CMC"表示。表面活性剂的 CMC 是一个很重要的特征数据,表面活性剂的许多性能和应用条件都与 CMC 有关。如在表面活性剂 CMC 以上时,表面张力、渗透压、冰点、黏度、密度、可溶性、净洗力、光散射和颜色等性质,都会发生显著变化。实验表明:CMC 为一个窄的浓度范围,不是一个确定的数值。如离子型表面活性剂的 CMC 为 $10^{-3}\sim10^{-2}\mathrm{mol/L}$。

(3)亲水亲油平衡值(HLB)

表面活性剂都是由亲水基和亲油基两部分组成的,但良好的表面活性剂,其分子结构中亲水性和疏水性基团间的含量应该有适当的比例关系。反映表面活性剂分子结构中亲水性和疏水性的良好匹配,即亲水亲油间平衡关系的函数,叫亲水亲油平衡值(即 HLB 值)。

根据经验,将表面活性剂的 HLB 值范围限定为 0～40。一般,非离子型表面活性剂的 HLB 值为 0～20,离子型表面活性剂的 HLB 值为 1～40。HLB 值越大,亲水性越强;反之,疏水性越强。

通过 HLB 值,可以大体判断出表面活性剂的用途(表 3-3)。

表 3-3　表面活性剂的 HLB 值及其用途

HLB 值	用　　途	HLB 值	用　　途
1.5～3.0	消泡	8～18	O/W 型乳化剂
3.0～6.0	W/O 型乳化剂	13～15	净　洗
7～9.0	润湿、渗透	15～18	增　溶

3. 表面活性剂在印染行业中的作用

表面活性剂有很多用途,下面着重介绍其在印染行业中的主要用途,包括润湿渗透作用、乳化分散作用、起泡增溶作用及洗涤作用。

(1)润湿、渗透作用

润湿作用是指液体取代固体表面的气体而与固体接触并产生液-固界面的过程。

对于纺织品,由于纤维是一种多孔性的物质,具有巨大的表面积,使溶液沿着纤维迅速展开,渗入纤维的空隙,把空气取代出去,将空气-纤维表面(气固界面)的接触代之以液体-

纤维界面(液固界面)的接触,这个过程叫润湿。能使液体迅速均匀地在固体表面扩散展开的物质称为润湿剂。对于纺织品而言,润湿和渗透作用往往是同时产生的,凡是能促使织物表面润湿的物质,也就能促使织物内部渗透。从这种意义上讲,润湿剂也就是渗透剂。

液体与固体界面的接触有四种情况,如图 3-3 所示。

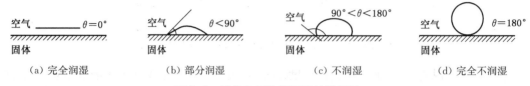

(a) 完全润湿　　　　(b) 部分润湿　　　　(c) 不润湿　　　　(d) 完全不润湿

图 3-3　液体与固体界面接触的情况

图中的 θ 为接触角,是指在固、液、气三相交界处,自固-液界面经过液体内部到气-液界面的夹角。接触角 θ 与润湿性之间存在如下的关系:

完全润湿:$\theta = 0°$;

部分润湿:$\theta < 90°$;

不润湿:$90° < \theta < 180°$;

完全不润湿:$\theta = 180°$。

接触角 θ 越小,润湿性越好。

润湿、渗透作用的大小与表面活性剂的离子类型及其结构等因素有关。常用的阴离子型表面活性剂有磺基琥珀酸辛酯钠盐、十二烷基苯磺酸钠、月桂醇硫酸酯钠盐、烷基萘磺酸钠、油酸丁酯硫酸化物等;非离子型表面活性剂有壬基苯酚、辛基苯酚与环氧乙烷的缩合物以及碳链较短的脂肪醇与环氧乙烷的缩合物。

商品润湿剂有渗透剂 T、拉开粉 BX、渗透剂 JFC、渗透剂 M(5881D)等。

(2) 乳化、分散作用

两种互不相溶的液体,一种液体以微滴状均匀分布于另一种液体中所形成的多相分散体系,称为乳状液,这种作用称为乳化作用。乳状液中,以微小液珠存在的一相称分散相(内相,不连续相),连成一片的另一相称为分散介质(外相,连续相)。一般来说,常见的乳状液的一相是水或水溶液("水"相),另一相是与水不相溶的有机相("油"相),是非极性的。

油水组成的乳状液有两种类型:

① 内相为水,外相为油——油包水型(W/O),用油稀释;

② 内相为油,外相为水——水包油型(O/W),用水稀释。

乳状液中起乳化作用的表面活性剂叫乳化剂。纺织工业中应用较普遍的是 O/W 型乳状液,所需乳化剂的 HLB 值在 8~18 之间;使用 W/O 型乳状液时,所需乳化剂的 HLB 值为 3~6。

不溶性固体颗粒以微粒状均匀分布于液相中所形成的分散体系,称悬浮液,分为分散介质(液相,连续相)和分散相(微粒状固体,不连续相)。能促使分散相均匀分布的物质称为分散剂。印染行业中常用的分散剂主要有萘系结构的阴离子型分散剂以及以聚氧乙烯醚作为亲水基的非离子型表面活性剂如烷基醚型、烷基酚型、吐温型和斯潘型。

商品分散剂有分散剂 N、分散剂 WA、分散剂 NNO、分散剂 IW、Sandozol KB 等。

(3) 起泡、增溶作用

广义上,由液体薄膜或固体薄膜隔离开的气泡聚集体称为泡沫。泡沫的产生,有时是有利的,有时是不利的。根据不同的需要,有时需强化起泡(起这种作用的表面活性剂为起泡剂或稳泡剂),有时则需减弱或消除泡沫(起这种作用的表面活性剂称消泡剂或抑泡剂)。

效果较好的起泡剂大多是一些阴离子型表面活性剂,如肥皂、烷基苯磺酸钠、脂肪醇硫酸酯盐。稳泡剂主要是脂肪酰胺、脂肪酸乙醇酰胺、N-烷基亚氨二乙酸钠盐、烷基甜菜碱磺酸、聚丙烯酸及其衍生物、蛋白质(特别是蛋白质的部分水解产物)。

消泡剂的品种较多,但根据类别,一般可以分为含硅和不含硅两大类。商品消泡剂有消泡剂 GP、消泡剂 RJ—03、消泡王 R、消泡剂 AR 9111 等。

在溶剂中完全不溶或者微溶的物质,借助于添加表面活性剂而得到溶解,成为热力学上稳定的溶液,这种现象称为增溶作用。被增溶的物质称为增溶溶解质,起这种作用的表面活性剂称为增溶剂。

增溶作用可应用于许多方面,比如:在日化工业,利用增溶作用生产化妆水和水溶性润发膏;在高分子材料行业,进行高分子乳液聚合;在印染工业的应用主要集中在洗涤和染色过程中。在洗涤过程中,增溶剂起去除油污的作用。常用的增溶剂是短链的烷基苯磺酸盐,如甲苯、二甲苯、对异丙基苯的磺酸盐。在染色过程中,表面活性剂的加入,使染料的溶解度增大,有利于染色的进行。

(4) 洗涤作用

洗涤就是从浸在某种介质(一般为水)中的固体表面除去异物或污垢的过程。在洗涤过程中,起主要作用的化学物质称为洗涤剂。洗涤剂分为合成洗涤剂和肥皂两大类。前者是用活性剂、助剂、有机螯合剂、防再沾污剂、消泡剂、漂白剂、荧光增白剂、防结块剂、酶、香料等配制而成;后者是用肥皂、碱性助剂等配制而成。肥皂是良好的洗涤剂,但在硬水中易生成不溶性的皂垢,难以漂洗。

国内常用的洗涤剂有肥皂、洗涤剂 209、胰加漂 T、雷米邦 A、洗涤剂 LS、传化去油灵 C-101 和 C-104 等。

任务二　棉织物前处理

知识点

1. 棉织物原布准备的内容;
2. 棉织物烧毛的目的、原理、设备和工艺;
3. 棉织物退浆的原因、方法和工艺;
4. 棉织物煮练的目的、设备和工艺;
5. 棉织物各种漂白方法的漂白原理及工艺、增白原理和工艺;
6. 棉织物前处理过程中的开幅、轧水和烘燥步骤;
7. 棉织物丝光的原理、方法、设备和工艺;
8. 棉织物高效短流程前处理的各种方法和工艺。

技能点

1. 会根据棉织物产品的要求选择并安排合理的前处理工艺流程;
2. 会根据前处理工艺流程选择合适的前处理设备,确定相应的工艺配方、工艺条件。

来自织造厂且未经染整加工的织物称为原包坯布,简称原布或坯布。原布中含有大量的杂质,包括棉纤维的天然杂质、经纱上的浆料以及污垢等。这些杂质的存在,使织物色泽发黄、手感粗糙,而且吸水性很差。棉织物的前处理包括:原布准备、烧毛、退浆、煮练、漂白、开幅、轧水、烘干和丝光等工序。其主要目的是去除各种杂质,提高织物的白度和吸水性,改善织物的外观,提高织物的内在质量,以满足后续染整加工的需要。

一、原布准备

　　原布准备包括检验、翻布(分批、分箱、打印)和缝头等工作。

1. 原布检验

　　为了加强管理,确保印染产品的质量和避免不必要的损失,原布进厂后,在进行练漂加工之前都要进行检验,以便发现问题,并及时采取措施,同时又能促进纺织厂进一步提高产品质量。原布检验的内容主要包括物理指标和外观疵点的检验。一般检验率为10%左右。物理指标检验包括原布的长度、幅宽、经纬纱的规格和密度、强力等。外观疵点检验主要是检验纺织过程中所形成的疵病,如缺经、断纬、跳纱、棉结、筘路、破洞、油污渍等;另外,还检查有无铜、铁片等杂物夹入织物。

2. 翻布(分批、分箱、打印)

　　染整生产的特点是批量大、品种多。为了避免混乱,便于管理,常将同规格、同工艺的原布划为一类,并进行分批、分箱。原则上,分批的数量应根据原布的情况和设备的容量而定。若采用绳状连续练漂加工,则以堆布池的容量为准;若采用平幅连续练漂加工,一般以10箱为一批。分箱应按照布箱大小、原布规格和便于运输而定,一般一箱为60~80匹。

　　印染加工的织物品种和工艺过程较多,为了在加工不同的品种或进行不同的工艺时便于识别和管理,避免将工艺和原布品种搞错,每箱布的两头要打上印记。印记一般打在离布头10~20 cm处,印记上标明原布品种、加工类别、批号、箱号、发布日期、翻布人代号等。打印用的印油必须耐酸、碱、氧化剂、还原剂等化学药品并耐高温,而且要快干,不沾污布匹。

　　另外,每箱布上都附有一张分箱卡(卷染布则每卷都有),注明织物的品种、批号、箱号等,以便于管理和检查。

3. 缝头

　　缝头是将翻好的布匹逐箱逐匹地用缝纫机连接起来,以适应印染生产连续加工的要求。缝头要求平直、坚牢、边齐,针脚均匀,不漏针、跳针,缝头两端的针脚应加密,加密长度为1~2 cm,以防开口和卷边。同时应注意织物正反面要一致、不漏缝等,如发现坯布开剪歪斜,应撕掉布头歪斜的部分再缝合,以防织物产生纬斜。

　　常用的缝头方法有平缝、环缝和假缝三种。平缝采用普通家用缝纫机,它的特点是使用灵活、方便,缝头坚牢,用线量少,适合于各种机台箱与箱之间的缝接,但布层重叠,易损伤轧辊并产生横档等疵病,因此,不适用于轧光、电光及卷染加工织物的缝接。环缝采用环缝式缝纫机(又称满罗式或切口式缝纫机),其特点是缝头平整、坚牢,不存在布层重叠的问题,适宜于一般中厚织物,尤其是卷染、印花、轧光、电光等加工的织物。假缝的缝接坚牢,用线也省,特别适用于稀薄织物的缝接,但同样存在布层重叠的现象。

二、烧毛

1. 烧毛目的

原布表面耸立着一层长短不一的绒毛,这层绒毛主要是由暴露在织物表面的纤维末端形成的。这层绒毛不仅影响织物的光洁度,使织物容易沾染灰尘,而且在印染加工中导致各种疵病的产生。除某些特殊品种(绒布)外,一般棉布都要进行烧毛。

2. 烧毛原理

烧毛就是将原布平幅迅速地通过烧毛机的火焰或擦过赤热的金属表面。此时,布面上的绒毛因靠近火焰或与赤热的金属表面接触且结构疏松,很快升温燃烧。而织物因其本身比较紧密、厚实且离火焰或赤热的金属表面较远,故升温较慢,当温度尚未达到织物的着火点时,它已经离开了火焰或赤热的金属表面。利用布身与绒毛升温速度不同的原理,即能达到既烧去绒毛又不损伤织物的目的。

3. 烧毛机

烧毛机有气体烧毛机、铜板烧毛机和圆筒烧毛机三种。气体烧毛机是将原布平幅迅速地通过可燃性气体火焰以烧去布面上的绒毛;铜板烧毛机是将织物在炽热、固定的弧形紫铜或合金板上迅速擦过,以烧去绒毛;圆筒烧毛机则由铜板烧毛机改进而来,以回转的炽热铸铁或铸铁合金的圆筒代替固定的铜板。后两种烧毛机有较多的缺点,目前在生产中使用较少。现将气体烧毛机及烧毛工艺等有关问题扼要介绍。

(1)气体烧毛机

气体烧毛机是目前使用最广泛的一种烧毛机,它具有设备结构简单、操作方便、劳动强度低、热源丰富、品种适应性强等优点。可用热源有:城市煤气、发生炉煤气、气化汽油气和液化丙烷等。可燃性气体必须与空气以适当的比例混合后才能完全燃烧,以获得较高的温度。

气体烧毛机通常由进布、刷毛、烧毛、灭火和落布等部分组成(图3-4)。

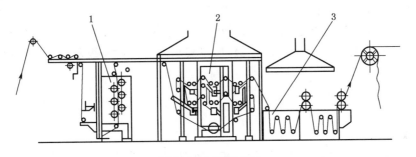

图 3-4　气体烧毛机

1—刷毛箱　2—气体烧毛机火口　3—灭火槽

织物经过导布装置进入烧毛机后,先经过刷毛箱刷毛,箱中有 4～8 只猪鬃或尼龙刷毛辊,其转动方向与织物行进方向相反,以除去纱头、夹入物等,并使绒毛竖立,利于烧毛。在加工低级棉织物时,还可以增加 1～2 对金钢砂辊和 1～2 把刮刀,以刷去布上的部分棉籽壳等杂质。接着,织物进入火口部分进行烧毛。一般气体烧毛机有 4～6 个火口,为了使双层布同时烧毛,火口也有多达 12 个的。烧毛火口是气体烧毛机的关键部件,直接影响烧毛的

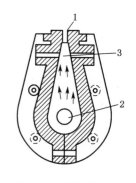

品质和烧毛效率。火口种类很多,目前常用的火口有火焰式和火焰辐射热混合式两种。此外还有双喷射式火口、火焰混合式火口、异型砖通道式火口等。火焰式火口又可分为狭缝式和多孔式。其中,狭缝式火口使用较早,并一直沿用至今,其结构如图3-5所示。

织物经烧毛后,布面温度较高,甚至黏有火星,如不及时降低织物表面温度和扑灭火星,就会造成织物的损伤,甚至引起火灾。因此,烧毛后,织物必须立即进行灭火。灭火装置通常由1～2格平洗槽组成,灭火方法通常有蒸汽喷雾灭火和浸渍槽灭火两种。前者适用于干态落布,后者多用于湿态落布。目前,以后者应用较为广泛。

图3-5 狭缝式火口

1—火口缝隙 2—可燃性气管
3—可燃性气体与空气混合器

(2)气体烧毛机烧毛工艺

① 工艺流程:进布→刷毛→烧毛→灭火。

② 工艺条件

a. 火焰温度:800～900 ℃。

b. 车速:厚重织物 60～80 m/min;一般织物 80～100 m/min;稀薄织物 100～150 m/min。

c. 烧毛次数:一般花布和具有正反面组织的织物,如斜纹、哔叽、卡其,以烧正面为主,如三正一反、四正两反;用于染色或漂白和不分正反面组织的织物,如平布、府绸,正反面的烧毛次数应相同,如二正二反或三正三反。

d. 火焰与布面的距离:厚重织物 0.5～0.8 cm;一般织物 0.8～1.0 cm;稀薄织物 1.0～1.2 cm。

4. 烧毛质量评定

烧毛质量的衡量标准,目前主要以去除绒毛程度来评定,但必须保证织物不受损伤(无破损,织物强力损失极小)。具体方法是将烧毛后的织物放在较好的光线下,并参考以下标准,目视评级:

1级——原布未经烧毛　　　2级——长毛较少　　　3级——长毛基本没有

4级——仅有短毛,且较整齐　　5级——烧毛净

一般织物的烧毛质量应达到3～4级,质量要求高的应达4级及以上,稀薄织物达3级即可。

三、退浆

1. 退浆原因

在织造过程中,经纱受到较大的张力和摩擦,易发生断裂。为了减少断经,提高织造效率和坯布质量,在织造前需要对经纱进行上浆处理,使纱线中纤维黏着抱合,并在纱线表面形成一层牢固的浆膜,使纱线变得紧密和光滑,从而提高纱线的断裂强度和耐磨损性。上浆率视织物品种不同而异,一般为 4%～8%,线织物可以不上浆或上浆率在 1%以下,紧密织物(如府绸类)上浆率可高达 8%～14%。近年来,高速织机的经纱上浆率有超过 14%的。所用浆料可分为天然浆料、变性浆料和合成浆料三类。

原布上浆料的存在,不利于后续的煮练和漂白加工。退浆过程是织物前处理的基础,该过程可去除原布上大部分的浆料,以利于煮练和漂白加工,同时也可以去除部分天然杂质。

2. 退浆方法

常用的退浆方法较多,有酶、碱、酸和氧化剂退浆等,可根据原布的品种、浆料组成情况、退浆要求和工厂设备,选用适当的退浆方法。退浆后,必须及时用热水洗净,因为淀粉的分解产物等杂质会重新凝结在织物上,严重妨碍以后的加工过程。

(1) 酶退浆

酶是一种高效、高度专一的生物催化剂。淀粉酶对淀粉的水解有高效催化作用,可用于淀粉和变性淀粉上浆织物的退浆。淀粉酶的退浆率高(可达90%),不会损伤纤维素纤维,但淀粉酶只对淀粉类浆料有退浆效果,对其他天然浆料和合成浆料没有退浆作用。

淀粉酶主要有 α-淀粉酶和 β-淀粉酶两种。α-淀粉酶可快速切断淀粉大分子链中的苷键,催化分解无一定规律,与酸对纤维素的水解作用很相似,形成的水解产物是糊精、麦芽糖和葡萄糖。它使淀粉糊的黏度很快降低,有很强的液化能力,又称为液化酶或糊精酶。β-淀粉酶从淀粉大分子链的非还原性末端顺次进行水解,产物为麦芽糖,又称糖化酶。β-淀粉酶对支链淀粉分枝处的 α-1,6-苷键无水解作用,因此对淀粉糊的黏度降低作用没有 α-淀粉酶来得快。在酶退浆中,使用的主要是 α-淀粉酶,尤其以胰酶和 BF-7658 淀粉酶的应用最广。胰酶是取自动物胰腺的淀粉酶,BF-7658 淀粉酶则是从枯草杆菌中分泌出来的菌酶。

淀粉酶催化淀粉水解的能力以"活度"表示。一般以 1 g 酶粉或 1 mL 酶液在特定条件下(60 ℃,pH 值为 6.0,1 h)转化淀粉的克数表示。如 BF-7658 淀粉酶的活度为 2 000,即 1 g BF-7658 淀粉酶在上述条件下可以转化淀粉 2 000 g;胰酶的活度为 600。温度、pH 值、金属离子等均能影响酶的活度。

酶退浆常用的工艺处方如下:

BF-7658 酶(活度 2 000)	1~2 g/L
活化剂(食盐)	2~5 g/L
渗透剂 JFC	1~2 g/L
pH 值	6.0~6.5

酶退浆工艺分以下三种:

① 保温堆置法。先将织物用热水(65~75 ℃)浸轧,使淀粉膨化,然后浸轧或喷淋退浆液,退浆液温度控制在 45~50 ℃,最后于 35~40 ℃条件下保温保湿堆置 2~4 h。

② 高温汽蒸法。先将织物在 65~75 ℃热水中浸轧一次,然后浸轧 45~50 ℃退浆液,堆置 20 min,最后于 100 ℃条件下汽蒸 2~3 min。

③ 热浴法。先将织物浸轧 65~75 ℃热水,然后浸轧 45~50 ℃退浆液,堆置 20 min,再于 95~98 ℃热水浴中浸渍 20~30 s,最后水洗。

(2) 碱退浆

淀粉和化学浆在热烧碱液的作用下,发生强烈膨化,与纤维的黏着变松,由凝胶状态变为溶胶状态,化学浆在热碱中溶解度增大,通过有效的水洗,容易从织物上洗去,同时热烧碱溶液能去除一部分天然杂质,尤其适用于含棉籽壳较多的棉布。用于退浆的碱大多是煮练废液,因此成本低,又不损伤纤维,所以此工艺为印染厂广泛使用。碱退浆的退浆率为 50%~70%,余下的浆料只能在煮练时进一步除去。

碱退浆时,碱液浓度、温度、堆置时间、设备和洗涤情况等直接影响退浆效果,因此工艺上必须严格控制。

（3）酸退浆

在适当的条件下，稀硫酸能使淀粉等浆料发生一定程度的水解，转化为水溶性较大的产物，从而易于从织物上脱落下来。由于稀硫酸对纤维素也有一定程度的破坏，因此为了在不损伤纤维的前提下达到较好的退浆效果，酸退浆通常与碱退浆或酶退浆联合使用，称之为酶-酸退浆或碱-酸退浆，退浆工艺是织物先经碱或酶退浆，并充分水洗及脱水，然后在稀硫酸溶液中（浓度 $4\sim6$ g/L，温度 $40\sim50$ ℃）浸轧，再保温保湿堆置 $45\sim60$ min，最后充分水洗。酸退浆时必须严格控制工艺条件，如酸浓度、酸液温度以及堆置时严防风干等。

酶-酸退浆或碱-酸退浆除了具有退浆作用外，还能使棉籽壳膨化，去除部分纤维素共生物（如灰分），对提高织物白度很有帮助。低级棉含杂较多，如采用这两种工艺，退浆效果优于单纯的碱或酶退浆。

（4）氧化剂退浆

在氧化剂的作用下，各种类型的浆料（包括淀粉浆和化学浆）能发生氧化、降解直至分子链断裂，溶解度增大，容易经水洗去除。用于退浆的氧化剂有双氧水、亚溴酸钠、过硫酸盐等。氧化剂退浆速度快、效率高，质地均匀，还有一定的漂白作用。但是强氧化剂对纤维素也有氧化作用，因此在工艺条件上应加以控制，使纤维强力尽量保持。

用于退浆的氧化剂中，亚溴酸钠是较好的一种，退浆液中含有效溴 $0.5\sim1.5$ g/L 和适量润湿剂，退浆液的 pH 值为 $9.5\sim10.5$，织物浸轧退浆液后于室温堆置约 0.5 h 即可。氧化剂退浆中，使用较广的是双氧水-烧碱退浆法，退浆液含双氧水 $4\sim6$ g/L，烧碱 $8\sim10$ g/L，润湿剂适量，织物浸轧退浆液后，于 $100\sim102$ ℃温度下汽蒸 $1\sim2$ min，然后用 $80\sim85$ ℃的热水洗净。氧化剂退浆主要用于 PVA 及其混合浆的退浆。

3. 退浆质量评定

退浆效果以退浆率表示，其计算式如下：

$$退浆率 = \frac{退浆前织物含浆率 - 退浆后织物含浆率}{退浆前织物含浆率} \times 100\%$$

生产中，一般要求退浆率在 80% 以上或残留浆相对于布重为 1% 以下，余下的残浆可在棉布煮练工艺中进一步去除。

四、煮练

1. 煮练目的

棉布经过退浆后，大部分的浆料及部分的天然杂质（蜡状物质、果胶物质、含氮物质、灰分、色素和棉籽壳等）已被除去，但残留下来的少量浆料和大部分天然杂质，使棉织物布面较黄、渗透性差，不能适应染色、印花加工的要求。煮练过程可以去除棉织物上的残留浆料和大部分天然杂质，使棉织物的吸水性提高，有利于印染加工中染料的渗透、扩散。

2. 煮练用剂

棉织物煮练以烧碱为主练剂。烧碱在较长时间的热作用下，可与织物上各类杂质作用，如脂肪蜡质被碱及其生成物皂化或乳化，果胶质生成果胶酸钠盐，含氮物质水解为可溶性物，棉籽壳膨化而容易洗掉，残余浆料进一步溶胀除去。为了加强烧碱的作用，可在煮练液中加入适量的表面活性剂、亚硫酸钠（或亚硫酸氢钠）、硅酸钠、磷酸钠等作为助练剂。加入适量表面活性剂可以提高织物的润湿性，以利于碱液的渗透。亚硫酸钠（或亚硫酸氢钠）具有还原作用，一方面，它能防止棉纤维在高温煮练时被空气氧化而形成氧化纤维素，导致织物的损伤；另一方面，它能使木质素变成可溶性的木质素磺酸钠而溶于烧碱溶液中。此外，亚硫酸钠在高温条件下，略有漂白作用，对提高棉布的白度有利。硅酸钠（俗称水玻璃或泡花碱），能吸附煮练液中的铁质，防止织物产生锈渍和锈斑；同时，它还能吸附棉纤维中天然杂质的分解物，防止这些分解产物重新沉积在织物上，从而提高了织物的润湿渗透性和白度。磷酸钠主要用于软化水，以去除煮练液中的钙、镁离子，提高煮练效果，并节省助剂用量。

3. 煮练设备和工艺

棉布煮练设备按煮练方式的不同可分为间歇式和连续式两种；按加工时织物的不同状态，可分为绳状和平幅两种。

（1）间歇式煮练

① 煮布锅煮练。煮布锅是一种使用较早的间歇式生产设备，有立式和卧式两种，织物以绳状形式进行加工。

这种设备煮练匀透，除杂效果好，特别是对一些结构紧密的织物如府绸类织物，效果更为明显。煮布锅煮练的品种适应性广，灵活性大，但由于它是间歇式生产，生产率较低，劳动强度高，适用于小批量生产，目前很少使用。

② 轧卷式汽蒸煮练。轧卷式汽蒸煮练机是间歇式生产设备，平幅织物浸轧煮练液后，在汽蒸室内汽蒸，接着进入可移动布卷汽蒸箱，并绕成布卷，待布卷绕至一定直径时，暂停运转，将汽蒸箱移开，并使布卷继续回转，汽蒸到规定的时间，再移至平洗机退卷、水洗。

轧卷式汽蒸煮练机结构简单，灵活性强，织物折痕较少，可适应多品种、小批量间歇生产，但布卷内外、中间及布的两边有练漂不匀现象，且劳动强度较高。

③ 冷轧堆煮练。冷轧堆煮练的工艺流程是在室温下浸轧煮练液→打卷→室温堆置→水洗。图 3-6 是冷轧堆工艺设备的示意图。首先将已浸轧工作液的织物在卷布器的布轴上打卷，再将布卷在室温下堆置 12～14 h，然后送至平洗机水洗。为了防止布面风干，布卷要用塑料薄膜等材料包裹，并保持布卷在堆置期间一直缓缓转动，以避免布卷上部溶液向下部滴渗而造成处理的不均匀。

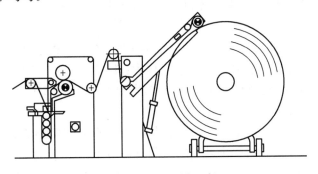

图 3-6 冷轧堆工艺设备

冷轧堆工艺适应性强,可用于退浆、煮练和漂白一步法的短流程加工或退浆后织物的煮练和漂白一步法加工以及退浆和煮练后织物的漂白加工。冷轧堆前处理工艺为室温堆置,不需要汽蒸,极大地节约了能源和设备的投资,而且适合于小批量和多品种的加工要求。但室温堆置时,工作液中化学试剂的浓度要比汽蒸堆置时高。

(2)连续式煮练

①J形箱式绳状连续汽蒸煮练。由于此机的汽蒸容布器呈"J"形,故称J形箱式绳状连续汽蒸练漂机(图3-7),一般双头进行加工,J形箱体呈一定倾斜度,箱内衬不锈钢皮,使其具有良好的光滑度。该机最大特点是快速,车速常为140 m/min,生产效率高。其煮练工艺流程为:轧碱→汽蒸→(轧碱→汽蒸)→水洗(2~3次)。

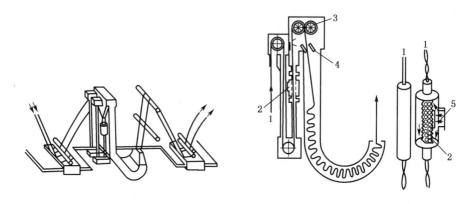

图3-7 J形箱式绳状连续汽蒸练漂机

1—织物 2—蒸汽加热器 3—导布辊 4—摆布器 5—饱和蒸汽

中等厚度的棉织物在绳状浸轧机上浸轧热碱液(烧碱25~30 g/L,表面活性剂3~4 g/L,轧余率120%~130%,温度70~80 ℃),然后由管形加热器通入饱和蒸汽,再由小孔分散喷射到织物上,使织物的温度迅速升到95~100 ℃;接着通过导布装置和摆布装置,织物均匀堆置于J形箱中,保温堆置1~1.5 h,使杂质与烧碱充分作用,以达到除杂的目的;最后,织物进入水洗槽水洗。为了使煮练效果更为匀透,在水洗前可再进行一次轧碱和汽蒸。

由于织物是以绳状进行加工,堆积于J形箱内沿其内壁滑动时极易产生擦伤和折痕,因此卡其等厚重织物不宜采用此机。另外,稀薄织物易产生纬斜和纬移,也不宜采用此机。

② 常压平幅连续汽蒸煮练。常压平幅连续汽蒸煮练设备类型有J形箱式、履带式、叠卷式、翻板式、R形汽蒸箱式等。其一般工艺流程为:轧碱→汽蒸→水洗。工艺条件控制在烧碱溶液浓度25~50 g/L,轧余率80%~90%,汽蒸温度100~102 ℃,汽蒸时间60~90 min,车速一般为40~100 m/min。

a.J形箱式平幅连续汽蒸煮练。J形箱式平幅连续汽蒸练漂机(图3-8)为单头平幅加工。它的主要机构和运转情况与绳状连续汽蒸设备相似,由浸轧装置、汽蒸容布箱及水洗部分组成,区别在于汽蒸箱中织物为平幅堆置。织物加热由饱和蒸汽通过平板加热器中的多孔加热板均匀地喷射到织物上而完成。由于J形箱中堆积的布层较厚,织物易产生横向折痕及擦伤,故对染色要求较高的品种不宜采用这种设备进行前处理。

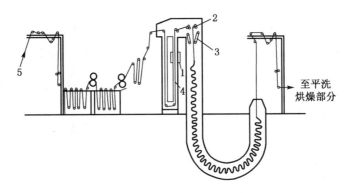

图 3-8　J 形箱式平幅连续汽蒸练漂机

1—蒸汽加热器　2—导布辊　3—摆布器　4—饱和蒸汽　5—织物

　　b. 履带式汽蒸煮练。履带式汽蒸箱有单层和多层两种。平幅织物浸轧碱液后进入箱内,先经蒸汽预热,再经摆布装置疏松地堆置在多孔的不锈钢履带上,缓缓向前运行;与此同时,继续汽蒸加热。织物堆积的布层较薄,因此,横向折痕、所受张力和摩擦都比 J 形箱小。目前,一般稀薄、厚重和紧密织物都采用该设备。

　　履带式汽蒸箱除采用多孔不锈钢板载运织物外,还可用间距很小的小辊筒来载运织物。也可将导辊与履带组合起来,构成导辊—履带式汽蒸箱,箱体上方有若干对上下导布辊,下方有松式履带,箱底还可贮液,如图 3-9 所示。

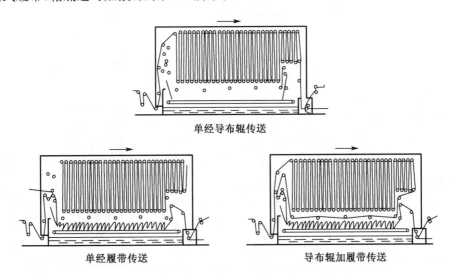

单经导布辊传送

单经履带传送　　　　　　　　　　　导布辊加履带传送

图 3-9　导辊-履带式汽蒸箱

　　织物可单用导布辊(紧式加工)或单用履带(松式加工),也可导布辊和履带合用,所以该设备使用较灵活。用两排小辊筒代替不锈钢板,构成双层导辊汽蒸箱(图 3-10)。这种设备的汽蒸作用时间可更长,更增大了灵活性。

　　c. 叠卷式汽蒸煮练。叠卷式汽蒸箱装有两个能连续运转的卷布辊,通过电气设备和机械作用,使两个卷布辊自动移位。布匹在汽蒸箱中先卷绕在一个卷布辊上,卷绕至一定数量以后,转到另一个卷布辊上,如此交替进行,从而延长布匹在汽蒸箱内的时间,以达到一定的煮练效果。叠卷式汽蒸练漂机加工的产品质量均匀、平整且不会擦伤,但在卷布辊调向操作中易产生少量经向折痕,不易去除。

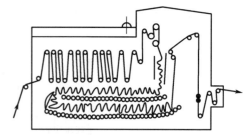

图 3-10 双层导辊汽蒸箱

d. 翻板式汽蒸煮练。翻板式汽蒸练漂机如图 3-11 所示。汽蒸箱上部有落布装置,中部有 4～6 对翻板,下部为 J 形槽。织物浸轧煮练液后进入汽蒸箱的汽蒸部分,经摆布装置平整地摆动,堆置于第一对处于水平位置的两块翻板上。待堆到一定时间后,靠气动装置使这一对翻板各自按顺、逆时针方向旋转 360°,织物则落到下一层翻板上。此时,第一对翻板回复到原来位置,继续受布,如此从上往下定时翻动。

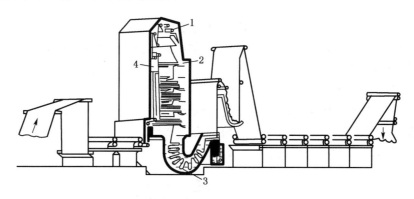

图 3-11 翻板式汽蒸练漂机

1—摆布器 2—翻板 3—浸泡箱 4—加热区

e. R 形汽蒸箱煮练。R 形汽蒸箱如图 3-12 所示。它由半圆形网状输送带和中心圆孔辊组成。在网状输送带与圆孔辊之间有一支撑板,开始进布时呈水平状态。受热织物经摆布装置按一定宽度规则地落下,堆置一定高度时,支撑板即绕中心按逆时针方向逐渐转动,板上的织物有条不紊地堆置在网状输送带上,并被圆孔辊和网状输送带夹持着前进。圆孔辊轴以下是煮沸溶液部分,可以贮放工作液或水,也可不放任何液体,对织物进行汽蒸。R 形汽蒸练漂机采用液体煮沸,煮练效果好,堆布整齐,出布顺利,但有时织物仍有横档印产生。

③ 高温高压平幅连续汽蒸煮练。高温高压平幅连续汽蒸练漂机由浸轧、汽蒸和平洗三个部分组成,如图 3-13 所示。烧碱用量为 35～45 g/L,煮练温度可达 128～132 ℃,因此可缩短煮练时间至 3～5 min。这种设备的关键是织物进出的密封口,由于机内温度高,织物连续运动,使封口装置不经久耐用。

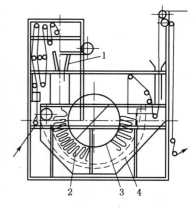

图 3-12 R 形汽蒸箱

1—落布架 2—织物
3—中心圆孔辊 4—网状传送带

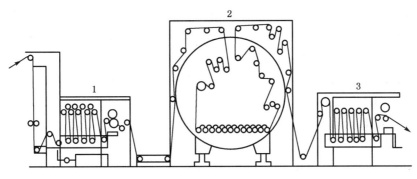

图 3-13 高温高压平幅连续汽蒸练漂机

1—浸轧槽 2—高温高压汽蒸箱 3—平洗槽

此外,常压卷染机、高温高压大染缸、常压溢流染色机、高温高压溢流喷射染色机等设备可以染色,也可以用来煮练,只要选用合适的工艺,均可以达到良好的煮练效果。

4. 煮练效果评定

棉布的煮练效果主要用毛细管效应(简称毛效)表示,即将棉布一端垂直浸在水中,测量30 min 内水上升的高度。煮练时对毛效的要求随品种而异,一般要求达到每30 min 水上升8~10 cm。

5. 生物酶精练

生物酶精练的目的主要是去除纤维中的天然杂质,为染色、印花和整理加工创造条件。棉织物的生物酶精练主要采用果胶酶。果胶酶作用于纤维中的果胶物质(果胶物质是高度酯化的聚半乳糖醛酸酯)时,使聚半乳糖醛酸酯水解。单独采用果胶酶的精练效果不尽如人意,一般在果胶酶精练液中加入适量的非离子表面活性剂,以有利于酶生物活性的发挥,提高生物精练效果。将相容性和协同效应好的生物酶混合使用,如果胶酶、脂肪酶和纤维素酶同时使用,精练后的织物吸水性增强,手感更好。用纤维素酶与果胶酶处理棉纤维,利用它们的协同效应,即果胶酶使棉纤维中的果胶分解,纤维素酶使初生胞壁中的纤维素大分子分解,将纤维表面杂质和部分初生胞壁去除,达到精练的目的。

纤维素酶用量要严格控制,只要加入纤维素酶,棉织物的强力都会受到不同程度的损伤。据资料报道,加入纤维素酶,棉机织物强力下降 13%~18%,棉针织物强力下降 18%~20%,棉毛巾织物强力下降 20%以上。

五、漂白

1. 概述

经过煮练,织物上大部分天然及人为杂质已经除去,毛细管效应显著提高,已能满足一些品种的加工要求。但对漂白织物及色泽鲜艳的浅色花布、色布类,还需要提高白度,因此需经过漂白,进一步除去织物上的色素,使织物更加洁白。另外,漂白可以继续去除煮练尚未去净的天然杂质,如棉籽壳等。

漂白剂主要有氧化型漂白剂和还原型漂白剂两大类。还原型漂白剂如亚硫酸钠、连二亚硫酸钠(保险粉)等,其漂白制品在空气中长久放置后,已被还原的色素会重新被氧化而复色,以致织物白度下降,所以已很少使用。氧化型漂白剂有多种,如次氯酸钠、过氧化氢、过醋酸、亚氯酸钠、过硼酸钠等,实际生产中应用较多的是前两种,并以过氧化氢的使用最为广泛。氧化型漂白剂主要通过氧化作用来破坏色素,因此在破坏色素的同时,还可能造成纤维的损伤。

漂白方法有浸漂、淋漂和轧漂三种,其中织物漂白以后者为主。漂白方式有平幅和绳状、单头和双头、松式和紧式、连续式和间歇式之分。

2. 过氧化氢漂白

(1)过氧化氢溶液性质

过氧化氢又称双氧水,分子式为"H_2O_2"。双氧水漂白简称氧漂。在碱性条件下,过氧化氢溶液的稳定性很差。因此,商品双氧水加酸呈弱酸性。

(2)漂白原理

过氧化氢的分解产物有 $HO\cdot$,$HO_2\cdot$,HO_2^-,OH^- 和 O_2。通常认为 HO_2^- 是起漂白作用的主要成分。双氧水催化分解产生的游离基,特别是活性高的 $HO\cdot$,会引起纤维的损伤。双氧水分解出的 O_2 无漂白能力;相反,如渗透到纤维内部,在高温碱性条件下,将引起棉织物的严重损伤。因此,在使用过氧化氢漂白时,为了获得良好的漂白效果,又不使纤维损伤过多,在漂液中一定要加入一定量的稳定剂。水玻璃是最常用的氧漂稳定剂,其稳定作用佳,织物白度好,对漂白液的 pH 值有缓冲作用,但处理不当,会产生硅垢,影响织物的手感。目前出现了许多非硅稳定剂,主要成分是金属离子的整合分散剂、高分子吸附剂等或它们的复配物。但非硅稳定剂的稳定作用和漂白效果有待提高,它们与硅酸钠配合使用,可减少硅酸钠的用量。

(3)漂白工艺

过氧化氢漂白方式比较灵活,既可连续化生产,也可在间歇设备上生产;可用汽蒸法漂白,也可用冷漂;可用绳状方式加工,也可用平幅加工。目前印染厂使用较多的是平幅汽蒸法,此法连续化程度、自动化程度、生产效率都较高,工艺流程简单,且不产生环境污染。

① 轧漂汽蒸工艺。工艺流程为:轧过氧化氢漂液→汽蒸→水洗。

漂液含过氧化氢(100%)2~5 g/L,用烧碱调节 pH 值至 10.5~10.8,加入适量稳定剂及润湿剂,室温浸轧漂液,95~100 ℃下汽蒸 45~60 min,然后水洗。

② 卷染机漂白工艺。在没有适当设备的情况下,对于小批量及厚重织物的氧漂,可在不锈钢的卷染机上进行。需要注意的是,蒸汽管也应采用不锈钢管。

工艺流程为:冷洗 1 道→漂白 8~10 道(95~98 ℃)→热洗 4 道(70~80 ℃,2 道后换水一次)→冷洗→上卷。

漂白液组成为:H_2O_2(100%)5~7 g/L,水玻璃(密度 1.4 g/cm³)10~20 g/L,润湿剂 2~4 g/L,pH 值 10.5~10.8。

③ 冷轧堆法。为适应小批量、多品种、多变化的要求,尤其是小型印染厂,在缺乏氧漂设备时,可使用冷漂法。此法漂液中的过氧化氢浓度较高,并加入过硫酸盐,织物轧漂液后,立即打卷用塑料膜包覆,以防水分蒸发,然后在室温下堆置。此法虽然时间长,生产效率低,但比较灵活。

漂液含过氧化氢(100%)10~12 g/L,水玻璃 25~30 g/L,过硫酸盐 7~10 g/L。用烧碱调节漂液 pH 值至 10.5~10.8,于室温浸轧,堆放 6~16 h,充分水洗。

棉织物采用过氧化氢漂白,有许多优点,例如产品的白度较高且不泛黄,手感较好,同时对退浆和煮练的要求较低,便于练漂过程的连续化。此外,采用过氧化氢漂白无公害,可改善劳动条件,无有害气体产生,有利于环境保护,是目前棉织物漂白的主要方法。

3. 次氯酸钠漂白

(1) 漂白原理

次氯酸钠是强碱弱酸盐,在水溶液中能水解,产生的 HClO 要电离,遇酸则会分解:

$$NaClO + H_2O \rightleftharpoons NaOH + HClO$$

$$HClO \rightleftharpoons H^+ + ClO^-$$

$$2HClO + 2H^+ \rightleftharpoons Cl_2 + 2H_2O$$

次氯酸钠溶液中各部分含量随 pH 值而变化,次氯酸钠漂白的主要成分是 HClO 和 Cl_2,在碱性条件下,则是 HClO 在起漂白作用。

(2) 漂白工艺

次氯酸钠漂白方式主要有淋漂及连续轧漂两种。淋漂是将织物均匀地堆在淋漂箱内,用泵将漂液循环不断地喷洒在织物上,常温下循环 1～1.5 h,再经水洗、淋酸、水洗。淋漂是非连续性生产,目前已很少使用。连续轧漂是在绳状连续练漂联合机上浸轧漂液,在堆布箱中堆置后经水洗、轧酸堆置、洗净,堆在堆布池中,等待开幅、轧水、烘干。

棉织物次氯酸钠绳状连续轧漂工艺流程为:轧漂液→堆置(→轧漂液→堆置)→水洗→轧酸液→堆置→水洗。

漂白液中次氯酸钠的量以有效氯表示。所谓有效氯,是指次氯酸钠溶液加酸后释放出氯气的数量。经平幅和汽蒸煮练,织物漂白液含有效氯 2～3 g/L,轧漂液后堆置 1 h 左右。低级棉织物含杂较高,浸轧时有效氯应提高 0.5 g/L。酸洗用硫酸,绳状织物的硫酸浓度为1～3 g/L,平幅织物为 2～3 g/L,轧酸后于 30～40 ℃下堆置 10～15 min。小型工厂也可在轧漂液后用人工堆布,堆在洗净并铺有鹅卵石的地面上,堆布时必须注意劳动保护。

棉织物经次氯酸钠漂白后,织物上尚有少量残余氯,一般采用还原剂进行脱氯。

次氯酸钠制造容易,成本低廉,次氯酸钠漂白操作方便,设备简单,但由于次氯酸钠漂白对环境保护不利,因此目前逐步被双氧水所替代。

4. 过醋酸漂白

(1) 漂白原理

过醋酸是由冰醋酸或醋酐与双氧水反应制得的。它是一种稳定的弱有机酸,具有较高的氧化性和反应性。在高温或 pH 值较高时,过醋酸会发生分解,重金属离子的存在会加速过醋酸的分解。

过醋酸的漂白原理目前尚不十分清楚,一般认为过醋酸分解而产生高活性的过氧羟基自由基,利用过氧羟基自由基与色素中的共轭体系作用,达到消色漂白的目的。

$$CH_3COOOH \longrightarrow CH_3CO \cdot + \cdot OOH$$

(2) 漂白工艺

漂液 pH 值升高,织物白度增加,pH 值达到 8 以上时,过醋酸不再起漂白作用。因此经常在漂液中加入缓冲剂使 pH 值稳定在 7 左右。温度升高,有利于织物白度的提高,但过醋酸在高温漂白时,会产生刺激性气体,故应有较好的通风条件。漂液浓度和漂白时间与温度、织物白度要求等有关。为了得到较高的白度,棉及含棉混纺织物的漂白工艺通常采用二步法,先用冷过醋酸漂白,然后用双氧水高温漂白。

5. 生物酶漂白

生物酶漂白目前尚处于开发阶段,研究最多的有三种酶,可以用于棉织物的漂白,包括漆酶、过氧化氢酶和葡萄糖氧化酶,但均处于研究阶段,不能大规模推广。

在生物酶漂白工艺中,比较典型的是诺维信公司提出的"氧漂生物净化工艺"。常用的无氯漂白剂为双氧水。这是一种环境友好型的漂白剂。织物在经过双氧水漂白后,通常需要用大苏打等还原剂去除残留在织物上的过氧化氢,避免后续染色过程中出现染斑和染花。将过氧化氢酶用于棉织物进行漂白,不仅可以去除织物上残留过氧化氢,还可直接染色,与传统的还原剂法相比,效率高,能增强织物的染色深度,节约用水,省去 2~4 次水洗,至少节省时间 0.5 h 左右。

过氧化氢酶去除残留过氧化氢的最佳工艺条件为:温度 20 ℃,pH 值 6~8,用酶量 4 mL,处理 15 min。

6. 漂白效果评定

棉织物的漂白以去除天然色素为主要目的,但在漂白过程中,棉纤维本身也可能受到损伤,所以在评定漂白效果时,既要考虑织物达到的外观质量(白度),又要兼顾纤维的内在质量(纤维强度)。织物的白度可在白度仪或测色仪上进行测量。织物的受损程度可通过织物在漂白前后的强力变化来衡量。这种方法虽然比较直观,但不能反映出纤维在漂白过程中所受到的潜在损伤。为了较全面地反映棉纤维的受损情况,可测定棉纤维在铜氨或乙二胺溶液中的黏度变化,也可测定碱煮后织物的强力变化,来进行衡量。

六、荧光增白

1. 增白原理

棉织物经过漂白以后,如白度未达到要求,除进行复漂进一步提高织物的白度外,还可以采用荧光增白剂进行增白。荧光增白剂能吸收紫外光线而释放出蓝紫色的可见光,与织物上反射出来的黄光混合而成为白光,从而使织物白度提高。由于用荧光增白剂处理后织物反射光的强度增大,所以亮度有所提高。荧光增白剂的增白效果随入射光源的变化而变化,入射光中紫外线含量越高,效果越显著。但荧光增白剂的作用只是光学上的增亮补色,并不能代替化学漂白。

2. 增白工艺

① 浸渍法:荧光增白剂 VBL 0.1%~0.3%(对织物重),元明粉 0%~20%(对织物重),浴比 1:20~1:40,pH 值 7~9,温度 20~40 ℃,时间 20~40 min。

② 浸轧法:荧光增白剂 VBL 0.5~3.0 g,拉开粉 0.25~0.5 g,加水合成 1 L,轧余率 70%,pH 值 8~9,温度 40~45 ℃。

③ 漂白与增白同浴:二浸二轧漂白增白液(轧余率 100%)→汽蒸(100 ℃,60 min)→皂洗→热水洗→冷水洗。

漂白增白液组成:H_2O_2(100%)5~7 g/L,水玻璃(密度 1.4 g/cm³)3~4 g/L,磷酸三钠 3~4 g/L,荧光增白剂 VBL 1.5~2.5 g/L,pH 值 10~11。

七、开幅、轧水和烘燥

开幅、轧水、烘燥简称开轧烘,它是将练漂加工后的绳状织物扩展成为平幅,再通过真空吸水或轧辊挤压,去除织物上的部分水分,最后烘燥,以适应丝光、染色、印花等后工序加工的需要。

1. 开幅

绳状织物扩展成平幅状态的工序叫开幅。开幅在开幅机上进行,开幅机有立式和卧式两种,其中以卧式应用较多。卧式开幅机是使绳状织物处于水平状态来进行开幅的,其结构如图 3-14 所示。

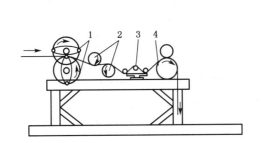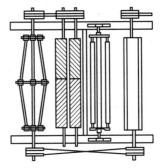

图 3-14　卧式开幅机

1—打手　2—螺纹扩幅辊　3—平衡导布器　4—牵引辊

开幅机的主要机构是快速回转的打手和具有螺纹的扩幅辊。打手和扩幅辊的回转方向与绳状织物行进的方向相反。打手是由转轴和两根稍呈弧形的铜管组成的,其功能是松展绳状织物。螺纹扩幅辊的作用是使织物平展,它是由铜或硬橡胶制成的硬质辊筒组成的,表面有自中心向左右两侧分展的螺纹。当织物在两只高速旋转的扩幅辊间穿过时,受到螺纹的摩擦,进一步将折皱展开,达到扩幅的目的。平衡导布器由三根导布辊组合而成,用来自动调整织物的运行位置,使织物平展后位置稳定。牵引辊一般由木质材料制成,它的功能是牵引织物前进。

2. 轧水

在烘燥前经过轧水,可以较大程度地消除前工序绳状加工带来的折皱,使湿态下的织物经重轧而变得平整;在流动水的冲击和轧辊的挤压下进一步去除织物中的杂质;使织物含水均匀一致,有利于烘干,降低能耗,提高效率。

轧水机由机架、水槽、轧辊和加压装置等主要部件组成。轧辊是轧车的主要部件,它对轧车的性能起决定性的作用。轧辊分软、硬辊两种,硬轧辊通常由硬橡胶或金属如钢铁、不锈钢等制成,软轧辊由软橡胶或纤维经高压压制而成。由传动设备直接拖动的轧辊称为主动轧辊,由主动轧辊摩擦带动的轧辊称为被动轧辊。通常,硬轧辊为主动轧辊,软轧辊为被动轧辊。硬、软轧辊相间组合,织物在两轧辊间穿过,经一定的压力作用而除去水分。

3. 烘燥

织物经过轧水后,还含有一定量的水分,这些水分必须通过烘燥设备提供的热能才能使之蒸发而去除。目前采用的烘燥设备有烘筒、红外线、热风等形式。烘筒烘燥机是使织物直接接触热的金属烘筒表面,通过热传导加热烘干织物。烘筒一般采用蒸汽加热,少数也可用可燃气体加热。红外线烘燥机是用红外线的辐射热对织物进行加热烘燥。红外线是一种不可见光,能产生高温。热风烘燥机是用热空气传热给织物,使织物内水分迅速蒸发的烘燥设备。织物经开幅、轧水后进行烘燥,一般都采用烘筒烘燥机,常用的为立式烘筒烘燥机,其结构如图 3-15 所示。

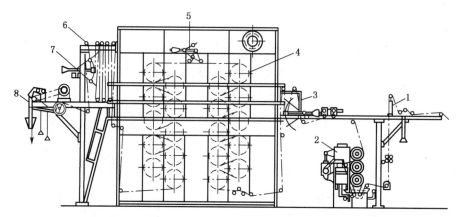

图 3-15 立式烘筒烘燥机

1—进布装置 2—浸渍槽 3,5,7—线速度调节装置 4—烘筒 6—透风装置 8—出布装置

八、丝光

1. 概述

纺织品在承受一定张力的状态下,借助浓烧碱的作用,并保持所需要的尺寸,可获得丝一般的光泽,这一过程被称为丝光。

丝光过程中,天然纤维素,也称纤维素Ⅰ,与烧碱作用,可生成碱纤维素。碱纤维素极不稳定,经水洗即水解并生成水合(水化)纤维素,再经脱水、烘干,得到丝光纤维素,即纤维素Ⅱ。

在整个丝光过程中,纤维素的变化可用下式表示:

$$\text{纤维素 Ⅰ} \xrightarrow{\text{NaOH}} \text{Na-纤维素} \xrightarrow{\text{H}_2\text{O}} \text{H}_2\text{O·纤维素} \xrightarrow{-\text{H}_2\text{O}} \text{纤维素 Ⅱ}$$
$$\text{(天然纤维素)} \qquad \text{(碱纤维素)} \qquad \text{(水合纤维素)} \qquad \text{(丝光纤维素)}$$

利用浓烧碱溶液在一定张力条件下处理棉织物,能获得良好丝光效果的根本原因在于:浓碱液能使棉纤维发生不可逆的剧烈溶胀。

棉织物丝光工序的安排按品种和要求的不同,有原布丝光、漂后丝光、漂前丝光、染后丝光等,常用的是漂后丝光。

2. 丝光棉的特点

经过丝光后的棉布主要有以下特点:

① 由于纤维的膨化,纤维排列更加整齐,对光线的反射更有规律,因而增进了光泽。

② 经过丝光处理后,纤维的晶区减少,无定形区增多,而染料及其他化学药品对纤维的作用发生在无定形区,所以丝光后染料的上染率和纤维的化学反应性能都有所提高。

③ 在丝光过程中,纤维大分子的排列趋向于整齐,取向度提高,同时纤维表面不均匀的

变形被消除,减少了薄弱环节。当受外力作用时,就能有更多的大分子均匀分担,因此断裂强度有所增加,断裂延伸度则下降。

④ 丝光有定形作用,可以消除绳状皱痕,更能满足染色和印花对半制品的质量要求。更主要的是,经过丝光后,织物伸缩变形的稳定性有了很大提高,大大降低了织物的缩水率。

3. 丝光方法

(1)干布丝光

传统的棉织物丝光通常都是将烘干、冷却后的织物在室温条件下用浓烧碱溶液处理,即室温下干布丝光。干布丝光工艺较易控制,质量也较稳定。但因要求烘干,能耗较大,生产周期较长。

(2)湿布丝光

湿布丝光可以省去丝光前的烘干工序,节省设备和能源。而且湿布丝光工艺中,因纤维膨化足,吸碱均匀,所以丝光比较均匀,产品质量较好。但湿布丝光对丝光前的轧水要求高,轧余率要低(50%～60%),且轧水要均匀,否则将影响丝光效果。湿布丝光时碱液易于冲淡,因此补充的碱液浓度要高,并要维持盛碱槽内碱液浓度均匀一致。

(3)热碱丝光

常规丝光工艺是室温丝光,在低温、高浓度的条件下,丝光碱液的黏度较大,渗透性较差。在丝光时,织物表面的纤维首先接触浓烧碱溶液而发生剧烈膨化,使织物结构变得紧密,更加阻碍了碱液向纤维内部的渗透,极易造成织物的表面丝光,厚重紧密织物丝光要获得均匀透彻的效果难度更大。采用热碱丝光,可以提高碱液的渗透性,改善丝光的效果。

热碱渗透性能较好,但膨化程度不如冷碱的效果好,鉴于以上原因,采用先热碱、后冷碱的丝光工艺,因为热碱的早先渗入,有利于冷浓碱液的继续渗入,使织物带有较多的碱量,产生均匀而有效的膨化,如配以其他条件(如张力、去碱等),可获得均匀而良好的丝光效果。

4. 丝光设备

棉织物丝光所用的设备有布铗丝光机、直辊丝光机和弯辊丝光机三种。阔幅织物用直辊丝光机,其他织物一般用布铗丝光机。弯辊丝光机目前已很少使用。

(1)布铗丝光机

布铗丝光机由轧碱装置、布铗链扩幅装置、吸碱装置、去碱箱、平洗槽等组成,如图3-16所示。

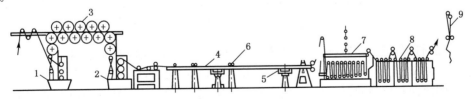

图 3-16 布铗丝光机

1,2—浸轧槽 3—绷布辊筒 4—布铗链扩幅装置 5—吸碱装置
6—冲洗去碱装置 7—去碱箱 8—平洗槽 9—落布装置

轧碱装置由轧车和绷布辊两部分组成,前后是两台三辊重型轧车,在它们中间装有绷布辊。前轧车用杠杆或油泵加压,后轧车用油泵加压。碱槽内装有导辊,实行多浸二轧的浸轧方式。为了降低碱液温度,碱槽通常有夹层,夹层中通冷流水冷却。为防止表面丝光,后碱槽的碱浓度高于前碱槽。为防止织物吸碱后收缩,后轧车的线速度略高于前轧车的线速度,给织物以适当的经向张力。绷布辊筒之间的距离宜近一些,织物沿绷布辊的包角尽量大一些。此外,还可以加扩幅装置。织物从前轧碱槽至后轧碱槽历时约 40~50 s。

布铗链扩幅装置主要由左右两排各自循环的布铗链组成。布铗链长度为 14~22 m,左、右两条环状布铗链各自敷设在两条轨道上,通过螺母套筒套在横向的倒顺丝杆上,摇动丝杆便可调节轨道间的距离。布铗链呈橄榄状,中间大,两头小。为了防止棉织物的纬纱发生歪斜,左、右布铗长链的速度可以分别调节,将纬纱维持在正常位置。

当织物在布铗链扩幅装置上扩幅并达到规定宽度后,将稀热碱液(70~80 ℃)冲淋到布面上,在冲淋器后面,紧贴在布的下面,有布满小孔或狭缝的平板真空吸水器,可使冲淋下的稀碱液透过织物。这样冲、吸配合(一般五冲五吸),有利于洗去织物上的烧碱。织物离开布铗时,布上碱液浓度低于 50 g/L。在布铗长链下面,有铁或水泥制的槽,可以贮放洗下的碱液,当槽中碱液浓度达到 50 g/L 左右时,用泵将碱液送到蒸碱室回收。

为了将织物上的烧碱进一步洗落下来,织物在经过扩幅淋洗后进入洗碱效率较高的去碱箱。箱内装有直接蒸汽加热管,部分蒸汽在织物上冷凝成水,并渗入织物内部,起着冲淡碱液和提高温度的作用。去碱箱的底部为倾斜状,内分成 8~10 格。洗液从箱的后部逆向逐格倒流,与织物运行方向相反,最后流入布铗长链下的碱槽中,供冲洗用。织物经去碱箱去碱后,每千克干织物含碱量可降至 5 g 以下,接着在平洗机上再以热水洗,必要时用稀酸中和,最后将织物用冷水清洗。丝光落布要求 pH 值为 7~8。

(2)直辊丝光机

直辊丝光机由进布装置、轧碱槽、重型轧辊、去碱槽、去碱箱与平洗槽等部分组成,如图 3-17 所示。

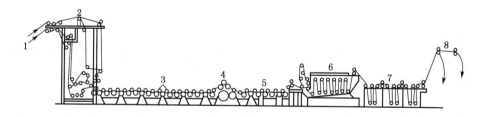

图 3-17　直辊丝光机

1—织物　2—进布装置　3—碱液浸轧槽　4—重型轧液槽
5—去碱槽　6—去碱箱　7—平洗装置　8—落布装置

织物先通过弯辊扩幅器,再进入丝光机的碱液浸轧槽。碱液浸轧槽内有许多上下交替相互轧压的直辊,上面一排直辊包有耐碱橡胶,穿布时可提起,运转时紧压在下排直辊上;下排直辊为耐腐蚀和耐磨的钢管辊,表面车制有细螺纹,起到阻止织物纬向收缩的作用。下排直辊浸没在浓碱中。由于织物是在排列紧密且上下辊相互紧压的直辊中通过,因此强迫它不发生严重的收缩。接着经重型轧辊轧去余碱,而后进入去碱槽。去碱槽与碱液浸轧槽的结构相似,也是由上、下两排直辊组成,下排直辊浸没在稀碱洗液中,以洗去织物上大量的碱液。最后,织物进入去碱箱和平洗槽以洗去残余的烧碱。

5. 丝光工艺

影响丝光效果的主要因素是碱液的浓度、温度、作用时间和对织物所施加的张力。

烧碱溶液的浓度对丝光质量影响最大,低于 105 g/L 时,无丝光作用;高于 280 g/L,丝光效果并无明显改善。实际生产中应综合考虑丝光棉各项性能和半制品的品质及成品的质量要求,确定烧碱的实际使用浓度,一般为 260～280 g/L。近年来,一些新型设备采用的烧碱浓度较高,达到 300～350 g/L。

烧碱和纤维素纤维的作用是一个放热反应,提高碱液温度有减弱纤维溶胀的作用,从而造成丝光效果降低。所以,丝光碱液以低温为好。但实际生产中不宜采用过低的温度,因保持较低的碱液温度需要大功率的冷却设备和电力消耗;另一方面,温度过低,碱液黏度显著增大,使碱液难于渗透到纱线和纤维的内部去,造成表面丝光。因此,实际生产中多采用室温丝光,夏天通常采用轧槽夹层通入冷流水使碱液冷却即可。

丝光作用时间 20 s 基本足够,延长时间对丝光效果虽有增进,但作用并不十分显著。另外,作用时间与碱液浓度和温度有关,浓度低时,应适当延长作用时间,故生产上一般采用50～60 s。

棉织物只有在适当张力的情况下防止织物的收缩,才能获得较好的光泽。虽然丝光时增加张力能提高织物的光泽和强度,但吸附性能和断裂延伸度却有所下降,因此工艺上要适当控制丝光时经、纬向的张力,兼顾织物的各项性能。一般纬向张力应使织物门幅达到坯布幅宽,甚至略为超过,经向张力以控制丝光前后织物无伸长为好。

6. 丝光效果的评定

（1）光泽

光泽是衡量丝光织物外观效果的主要指标。虽然可通过各种光泽仪进行测试,但由于织物品种繁多,组织规格复杂,尚无统一的理想测试手段,故目前多用目测评定。

（2）吸附性能

① 钡值法。钡值是衡量棉纤维吸附性能最常用的指标。钡值越高,表示纤维的吸附性能越好,丝光效果也就越好。因此通过钡值的测定,可评定丝光效果的好坏。丝光后棉织物的钡值一般为 135～150,通常未丝光棉布的钡值为 100。

$$钡值 = \frac{丝光棉纤维吸附\ Ba(OH)_2\ 的量}{未丝光棉纤维吸附\ Ba(OH)_2\ 的量} \times 100$$

② 染色测试法。钡值法测定丝光效果虽然精确,但较麻烦。用染色法则比较简单,它通过比色,可定量地了解织物丝光效果。具体操作是:将不同钡值（100～160）的织物,用一定浓度的直接蓝 2B 染液处理,制成一套色卡,然后用未知试样（丝光棉织物）的染色深度与色卡对比,定量地评定丝光后织物的钡值。

（3）尺寸稳定性

尺寸稳定性通常用缩水率来反映。

$$缩水率 = \frac{试前实测长 - 试后实测长}{试前实测长} \times 100\%$$

7. 棉针织物前处理过程

碱缩和丝光是棉织物碱处理的两种方法。纺织品在松弛状态下经受浓烧碱溶液的处理,结果使织物增厚、收缩并富有弹性,通常称为碱缩,多用于棉针织物的加工。

棉针织物的主要品种有汗布、棉毛布等。针织用纱在织造前不上浆,故针织物上不含浆料,无需进行退浆工序。在前处理过程中,一般也不进行烧毛,通常只进行煮练和漂白加工。台车织造的汗布还需要进行碱缩,以增加织物的密度和弹性。高档棉针织物要进行丝光。

(1)工艺流程

① 漂白汗布品种:坯布→ 碱缩→煮练→漂白→增白。

② 染色(印花)汗布品种:坯布→碱缩→煮练→漂白→(丝光)。

③ 染色(印花)棉毛品种:坯布→煮练→漂白→(丝光)。

(2)工艺条件

① 碱缩:织物浸轧 140～200 g/L 的碱液,室温堆置 5～20 min,堆置结束后,热水洗、冷水洗去碱。针织汗布的碱缩有坯布碱缩(干缩)和湿布碱缩(湿缩)两种方法。干缩时针织坯布先碱缩后煮练,工艺简单,但织物吸碱不匀。湿缩时针织坯布先煮练后碱缩,织物吸碱均匀,但由于织物把水分带入碱液,造成碱液浓度下降,碱液温度提高,从而影响碱缩效果。因此,实际生产多采用干缩。

② 煮练:针织物煮练以前主要采用煮布锅煮练和绳状汽蒸煮练等方法,目前较多采用在染色机中煮练。无论采用哪种方法,煮练的条件均应比一般棉机织物缓和些,目的是使织物上保留较多的蜡状物质,以免影响织物手感和造成缝纫破洞。

③ 漂白:针织物漂白工艺流程和条件与一般棉织物相似。对白度要求高的产品,还需要进行复漂及荧光增白处理。

④ 丝光:针织物丝光工艺流程和条件与一般棉织物相似,因棉针织物的组织比机织物松散,渗透性较好,因此丝光碱液浓度可稍低一些,一般为 220～280 g/L。棉针织物丝光所采用的设备有圆筒状丝光机和开幅丝光机。

九、高效短流程前处理工艺

1. 概述

退浆、煮练、漂白三道工序并不是截然隔离的,而是相互补充的。如碱退浆的同时,也有去除天然杂质、减轻煮练负担的作用;而煮练有进一步的退浆作用,对提高白度也有好处;漂白也有进一步去杂的作用。传统的三步法前处理工艺稳妥,重现性好,但机台多,能耗大,时间长,效率低,且印染产品常见的疵病如皱条、折痕、擦伤、斑渍、白度不匀、强度降低、泛黄、纬斜等,都与前处理三步法工艺较长有关。因此,缩短工艺流程、简化工艺设备、降低能耗、保证质量,是棉织物前处理发展的必然方向。把三步法前处理工艺缩短为二步或一步,这种工艺称为短流程前处理工艺。

涤/棉混纺织物的前处理几乎都采用短流程工艺。

2. 二步法前处理工艺

二步法前处理工艺分为织物先经退浆然后煮练、漂白合并,以及织物先经退浆、煮练合并再经常规漂白两种工艺。

(1)先经退浆再经碱氧—浴煮漂工艺

由于碱氧一浴中碱的浓度较高,这种工艺易使双氧水分解,需选用优异的双氧水稳定剂。另外,这种工艺的退浆和随后的洗涤必须充分,以最大限度地去除浆料和部分杂质,减轻碱氧一浴煮漂的负担。采用的设备有液下履带箱和履带式汽蒸箱。此法适用于含浆较重的纯棉厚重紧密织物,其工艺流程举例如下:

烧毛→浸轧退浆液→堆置(4～10 h)→90 ℃以上充分水洗→浸轧碱氧液→液下履带箱漂白(60 ℃,浸渍 20 min)→短蒸(100 ℃,2 min)→高效水洗→烘干。

(2) 织物先经退煮一浴再经常规漂白工艺

这种工艺是将退浆与煮练合并,然后漂白。由于漂白为常规工艺,对双氧水稳定剂的要求不高,一般稳定剂都可使用。而且,由于这种工艺中碱的浓度较低,双氧水的分解速度相对较慢,对纤维的损伤较小。但浆料在强碱浴中不易洗净,会影响退浆效果。因此,退浆后必须充分水洗。这种工艺适用于含浆率不高的纯棉中薄型织物和涤/棉混纺织物,其工艺流程举例如下:

烧毛→浸轧碱氧液及精练助剂→R 形汽蒸箱 100 ℃下汽蒸 60 min,进行退煮一浴处理→90 ℃以上高温水洗→浸轧双氧水漂液(pH 值为 10.5～10.8)→R 形汽蒸箱 100 ℃下汽蒸 50 min→高效水洗。

3. 一步法前处理工艺

一步法前处理工艺是将退浆、煮练、漂白三个工序并为一步,采用较高浓度的双氧水和烧碱,再配以其他高效助剂,通过冷轧堆或高温汽蒸加工,使半制品质量满足后加工要求。其工艺分为汽蒸一步法和冷轧堆一步法两种。

(1) 汽蒸一步法工艺

退煮漂汽蒸一步法工艺,由于在高浓度的碱和高温条件下进行,易造成双氧水快速分解,引起织物过度损伤。而降低烧碱或双氧水浓度,会影响退煮效果,尤其是对重浆和含杂量大的纯棉厚重织物有一定难度。因此,这种工艺适用于涤棉混纺织物和轻浆的中薄织物。

汽蒸一步法可利用印染厂现有的设备条件,如可在 R 形汽蒸箱或 L 形汽蒸箱上进行。

退煮漂汽蒸一步法工艺实例:

① 坯布

纯棉细布:29 tex×29 tex(20 英支×20 英支)

　　　　　　236 根/10 cm×236 根/10 cm(60 根/英寸×60 根/英寸)

② 工艺流程:烧毛→热水洗→浸轧碱氧液→汽蒸→热水洗→烘干。

③ 工艺条件

a. 浸轧工作液:二浸二轧(轧余率 105%～125%);

b. 汽蒸:温度 95～100 ℃,时间 60 min。

④ 工艺处方:NaOH(100%)18～25 g/L,H_2O_2(100%)9 g/L,稳定剂 XF-01 7 g/L,精练剂 DS 17 g/L。

(2) 冷轧堆一步法工艺

冷轧堆一步法工艺是室温条件下的碱氧一浴法工艺,由于温度较低,尽管碱浓度较高,但双氧水的反应速率仍然很慢,故需长时间的堆置才能使反应充分进行,使半制品达到质量要求。冷轧堆工艺的碱氧用量要比汽蒸工艺高出 50%～100%。由于作用条件温和,对纤维的损伤相对较小,因此该工艺广泛适用于各种棉织物。

冷轧堆前处理工艺实例:

① 坯布

纯棉织物:28 tex×28 tex(21 英支×21 英支)。

② 工艺流程:烧毛→蒸汽灭火→浸轧工作液→堆置→水洗→烘干。

③ 工艺条件

a. 浸轧工作液:多浸一轧(轧余率 100%～110%);

b. 打卷堆放:车速 40～45 m/min,转速 10 r/min,打卷后用塑料薄膜包严,在室温下堆放 20～22 h。

④ 工艺处方:NaOH(100%)38～40 g/L, H_2O_2(100%)18～20 g/L, Na_2SiO_3 8 g/L,络合剂 Securon 540 1 g/L,润湿乳化剂 Cottoclarin-OK 6 g/L。

由于短流程前处理工艺把前处理练漂工序的三步变为两步或一步,原三步所要除去的浆料、棉蜡、果胶质等杂质要集中在一步或二步中去除,因此必须采用强化方法,提高烧碱和双氧水用量。与常规氧漂工艺相比,OH^-浓度要提高 100 倍以上,双氧水用量也要提高 2.5～3 倍,同时还需添加各种高效助剂。因此,短流程前处理工艺一方面对棉蜡的乳化、提高油脂的皂化、半纤维素和含氮物质的水解、矿物质的溶解及浆料和木质素的溶胀十分有利;但另一方面,在强碱浴中双氧水的分解速率显著提高,增大了棉纤维损伤的危险性。所以,短流程前处理需严格掌握工艺条件。

任务三　苎麻纤维脱胶和苎麻织物的练漂

知识点

1. 苎麻纤维脱胶工艺;
2. 苎麻织物的练漂工艺。

技能点

1. 会根据产品设计苎麻纤维的脱胶工艺;
2. 会根据产品设计苎麻织物的练漂工艺。

麻纤维的种类很多,包括苎麻、大麻、亚麻、黄麻、剑麻、罗布麻、青麻、洋麻等。由于我国苎麻的产量较大,出口的麻织物中也以苎麻织物为主,故下面仅对苎麻的前处理加工过程进行简单介绍。

一、苎麻纤维脱胶

1. 脱胶的意义和方法

苎麻收割后,先从麻茎上剥取麻皮,然后从麻皮上刮去青皮得到苎麻韧皮,经晒干后就成为苎麻纺织厂的原料——原麻。原麻中除含有纤维素以外,还含有半纤维素、果胶质、木质素、脂蜡等非纤维素成分。原麻所含的非纤维素成分统称为麻胶,占原麻的 25%～35%。麻胶胶合着所有单纤维,使单纤维难以分离,并赋予纤维僵硬性,故纺纱前须除去原麻皮中的胶质,此过程称为脱胶。原麻经脱胶后的产品称为精干麻。

苎麻纤维脱胶的方法有四种:土法脱胶、微生物法、物理机械法和化学法。目前,应用最多是化学法脱胶。

2. 化学法脱胶工艺

通常将苎麻纤维的化学法脱胶分为预处理、碱液煮练和后处理三个阶段,而每个阶段又包括很多工序。

(1)预处理

预处理主要包括拆包、扎把和预浸等工序:

① 拆包、扎把:主要是为碱液煮练做好准备。把进入车间的麻包逐个解开,将每捆割开检验,然后把质量相近、洁净的麻束扎成 0.5～1.0 kg 的小把,再剔除各种杂质。

② 预浸:主要是为了去除原麻中的部分胶质,减轻煮练的负担,降低碱液消耗,提高煮练效果,并改善精干麻的质量。方法包括浸水、浸酸和预氯等,目前国内应用最广的是浸酸法。

浸酸一般是将生苎麻浸在按浴比 1:10 左右配制的浓度为 1.5～2 g/L 的稀硫酸预处理液中,浸渍 1～2 h,温度控制在 40～50 ℃。由于酸也会对纤维素产生水解作用,所以采用这种方法进行预处理时,浸酸浓度、温度及时间必须严格控制,另外浸酸后应及时进行冲洗和煮练。

(2)碱液煮练

碱液煮练是苎麻化学脱胶中最重要的环节,原麻中绝大部分胶质都是在这一过程中去除的,其原理与棉布煮练相似。煮练用剂主要包括烧碱、硅酸钠、亚硫酸氢钠、表面活性剂等,它们的作用等同于棉织物煮练。

苎麻煮练的工艺条件主要包括煮练的温度、时间和浴比。

① 煮练温度和时间:苎麻煮练分常压和高压煮练两种方法。目前多数工厂采用的是高压二煮法工艺,煮练的压力一般为 1.96×10^5 Pa(2 kgf/cm^2 左右),温度在 120 ℃左右,煮练的时间一般头煮为 1～2 h、二煮为 4～5 h。

② 煮练浴比:煮练锅中原麻的重量与溶液重量之比称为浴比。由于苎麻原麻中杂质含量高,一般采用较大的浴比,以使脱胶均匀,纤维松散,色泽浅淡。一般高压煮练浴比为1:10 左右,常压煮练为 1:15 左右。但浴比过大,将使产量降低,用碱量和能源消耗增加,相应地增加了生产成本。

(3)后处理

后处理的目的是进一步清除纤维中的残留杂质,使纤维柔软、松散、相互分离,以提高其可纺性,还可改善纤维的色泽及表面性能。后处理工艺包括:打纤、酸洗、水洗、(漂白、精练)、给油、脱水和烘干等。

① 打纤:利用机械的槌击和水的喷洗作用,将已被碱液破坏的胶质从纤维表面清除掉,使纤维相互分离而变得松散、柔软。

② 酸洗:用 1～2 g/L 的稀硫酸中和纤维上残余的碱液,并去除纤维上吸附的残胶等有色物质,使纤维松散,手感柔软,外观洁白。

③ 水洗:为了洗去纤维上的酸液,还可继续去除纤维上残留的胶质,使纤维清洁、柔软。

④ 漂白、精练:漂白和精练是选择性的工序,是否需要,要根据苎麻的用途来确定。

漂白除可提高纤维的白度外,兼可降低纤维中木质素和其他杂质的含量,从而进一步改善纤维的润湿性和柔软性,提高纤维的可纺性。苎麻漂白多采用次氯酸钠浸漂,工艺条件为:有效氯浓度 $1\sim1.5$ g/L,温度为室温,时间在 $30\sim45$ min,pH 值为 $9\sim11$。在漂白加工之后还必须进行脱氯处理,工厂一般采用酸洗,工艺参数为:$1.5\sim2.5$ g/L 硫酸,常温处理 $3\sim5$ min。

精练是将酸洗或漂白过的脱胶麻用稀烧碱及纯碱溶液,有时还加入肥皂、合成洗涤剂等进行煮练。精练后纤维中的残胶率进一步降低,白度也有所提高。

⑤ 给油:给油是将离心脱水后的麻纤维扯松,浸入已调制好的乳化液中,保持一定浴比,在一定温度下浸渍一段时间。在纤维烘干之前对其进行给油处理,可以改善纤维的表面状态,增加纤维的松散性及柔软程度,以适应梳纺工程的要求。

⑥ 脱水、烘干:把经过给油处理的麻纤维在离心脱水机中脱水,然后抖松、理顺,便可进行烘干。烘干通常在帘式烘干机上进行。规模较小的练麻厂也可采用阴干、晒干或烘房烘干等方法。

二、苎麻织物的练漂

苎麻织物的练漂,基本上与棉织物相似,是由烧毛、退浆、煮练、漂白和半丝光等工序组成。但与棉布相比较,苎麻布具有其自身的一些特性如强度高、延伸度低、易起皱、易擦伤、在碱存在的条件下更易受空气的氧化作用、对酸及氧化剂的作用较敏感等,所以进行苎麻织物的练漂时必须考虑以上各种因素。

1. 烧毛

苎麻布上的纤毛较粗,适合采用热容量较大的铜板烧毛机或圆筒烧毛机进行烧毛。但苎麻与合成纤维的混纺织物为防止烧毛时合成纤维熔融,应采用气体烧毛机。

2. 退浆、煮练

退浆方法应根据布上浆料的种类和性质进行选择,如为淀粉浆,可用酶退浆。苎麻煮练的条件应根据织物的组织结构选择,如对于厚重织物,可采用每升煮练液中含有 18 g 烧碱、7 g 纯碱,在 0.196 MPa 压力($120\sim130$ ℃)下,煮练 5 h;而对于稀薄织物,可在松式绳状练漂机上进行,每升煮练液中含有 5 g 烧碱、5 g 纯碱和 3 g 肥皂,浴比为 1:10,$95\sim100$ ℃,煮练 2 h。苎麻对酸、碱及氧化剂的抵抗力较差,故在制定工艺条件及操作中应加以注意。

由于苎麻纤维的硬度较大,所以加工方式应采取平幅加工而不宜采用绳状加工。苎麻织物的退浆、煮练设备有平幅连续练漂设备、卷染机、高温高压卷染机等。

3. 漂白

苎麻织物一般采用次氯酸钠在较稀的漂液(有效氯在 2 g/L 以下)和较长的时间条件下进行,氯漂后用 H_2O_2 脱氯,可获得良好的漂白效果。

苎麻织物漂白可以绳状或平幅进行。绳状漂白是浸轧每升含 1.8 g 有效氯的次氯酸钠溶液,然后堆置 1 h。平幅漂白可避免折皱条痕,且不易造成漂斑。

4. 半丝光

苎麻织物一般进行半丝光处理(烧碱浓度 $150\sim180$ g/L)。由于苎麻的结晶度和取向度都很高,吸附染料的能力比棉低得多,通过半丝光可明显提高纤维对染料的吸附能力,从而提高染料的上染率。如果进行常规丝光,苎麻渗透性大大提高,染料易渗透入纤维内部,使苎麻织物的表观得色量降低,并且织物强度下降,手感粗糙,效果反而不好,这也是苎麻织物丝光工艺与棉织物的不同之处。

任务四　羊毛前处理

知识点

　　1. 洗毛的目的、方法和工艺；

　　2. 炭化的目的、原理、方法和工艺。

技能点

　　1. 会根据产品选择合适的洗毛方法并设计工艺；

　　2. 会根据产品选择合适的炭化方法并设计工艺。

　　毛纤维是一种较为贵重的天然纺织原料，品种繁多，包括绵羊毛、山羊绒、骆驼毛、牦牛绒以及兔毛、兔绒等。在纺织工业所用的毛纤维中，应用量最大的是绵羊毛，即通常所称的羊毛。

　　从绵羊身上剪下的羊毛称为原毛。原毛除含有有效成分羊毛纤维外，还含有大量的杂质。杂质的种类、含量随绵羊的品种、生存条件、牧区情况和饲养条件的不同而存在差异，一般杂质的含量为40％～50％，有的甚至达到80％。根据杂质的性质不同，可以将其分为以下几类：

　　① 动物性杂质。如羊毛脂、羊汗、羊的排泄物等。

　　② 植物性杂质。如草屑、草籽、麻屑等。

　　③ 机械性杂质。如砂土、尘灰等。

　　④ 少量色素。

　　由于这些杂质的存在，原毛不能直接用于毛纺生产，必须经过练漂加工。原毛的练漂包括精练（也叫洗毛）、炭化、漂白等过程，以化学方法和机械方法相结合，除去羊毛纤维上存在的大部分动物性杂质、植物性杂质和少量色素，使其成为具有一定强度、洁净度、白度、松散度、柔软度的合格净毛，可用于后续的成条、纺纱、纺织、染整等一系列加工。

　　在羊毛的练漂加工中，漂白工序是选择性的工序，可根据产品的要求选择是否需要进行此工序，而精练（洗毛）和炭化这两个工序是必不可少的。本节主要对羊毛的精练（洗毛）和炭化这两个前处理工序进行介绍。

一、洗毛

1. 洗毛的目的

　　羊毛的精练加工过程又叫洗毛，其目的是为了除去原毛中的羊脂、羊汗等动物性杂质及砂土等机械性杂质。

2. 原毛中杂质的组成和性质

　　（1）羊脂

　　羊脂是羊脂肪腺的分泌物。它的成分、含量和化学性质随羊的品种、气候条件及饲养环境的不同而不同。羊脂主要是高级脂肪酸、脂肪醇和脂肪烃的混合物。

羊脂的熔点为 37～44 ℃,不溶于水,只能溶于有机溶剂,如乙醚、四氯化碳、丙酮、苯等。因此,洗毛时可采用有机溶剂洗除原毛中的羊脂,也可利用碱剂和表面活性剂,在高于羊脂熔点的条件下,通过皂化、乳化的方法将其去除。

(2) 羊汗

羊汗是由羊的汗腺分泌出来的物质,由各种脂肪酸钾盐和碳酸钾盐以及少量磷酸盐和含氮物质组成,其含量约为原毛重量的 5%～10%,羊汗能溶于水,易于洗除。采用乳化法有效去除羊脂的同时,羊汗可一起被洗除。

(3) 砂土等机械性杂质

砂土等机械性杂质的主要成分是氧化镁、氧化钙、氧化硅、氧化铁、氧化铝等无机含氧化合物,随羊毛品种不同,其含量也有较大差异,国产羊毛含机械性杂质较多。机械性杂质在洗毛过程中可与其他油污一起被剥离,并容易沉积在水底,也较易去除。

3. 洗毛的方法

原毛所含有的杂质中,羊汗主要是无机盐,可溶于水,易于去除;而羊脂不溶于水,难于去除,必须靠表面活性剂的乳化作用或有机溶剂才能去除。所以洗毛的任务主要是洗除羊脂。洗毛的方法有乳化法、溶剂法、羊汗法及冷冻法等,本节主要介绍应用最为普遍的乳化法。

所谓乳化法是指利用表面活性剂作为洗毛的主要成分,通过表面活性剂在水中的乳化、分散、增溶等作用,将羊脂从羊毛纤维上去除的过程。在羊脂被乳化去除的同时,羊汗和砂土等杂质也被洗除。

(1) 乳化法的分类

根据洗毛液 pH 值的不同,可以将乳化法分为碱性洗毛法、中性洗毛法和酸性洗毛法三种。

① 碱性洗毛法。洗液的 pH 值为 8～10 的乳化洗毛法叫碱性洗毛法,适用于含脂量高尤其是羊毛脂中脂肪酸的含量高的原毛洗涤。根据洗毛液中所使用的洗涤剂和助洗剂的不同,又可将碱性洗毛法分为皂碱洗毛法、轻碱洗毛法和铵碱洗毛法。

② 中性洗毛法。指洗液的 pH 值为 6.5～7.5 的乳化洗毛法。中性洗毛不但可减少羊毛纤维的受损,而且不易引起羊毛的毡结,洗净毛的白度、手感均较好,长期贮存不泛黄,是一种合理可行、发展较快的洗毛方法。

这种方法以合成洗涤剂为洗涤剂,以食盐和硫酸钠为助洗剂。如净洗剂 LS 0.05%～0.08%,元明粉 0.1%～0.3%,洗液温度 50～60 ℃。

③ 酸性洗毛法。即洗液的 pH 值为 5～6 的乳化洗毛法。洗涤剂应选用耐酸性较好的烷基磺酸钠(净洗剂 601)和烷基苯磺酸钠(ABS),用醋酸调节 pH 值。此种方法适用于羊毛脂含量低而机械性杂质含量高的羊毛,如我国高原地带所产的羊毛。

(2) 乳化洗毛工艺控制

① 洗毛用剂

主要包括洗涤剂和助洗剂两个部分。

a. 洗涤剂。主要有肥皂和合成洗涤剂两类。肥皂主要用于皂碱法中,虽然价格低,但由于肥皂不耐硬水,应用较少。现在大多采用合成洗涤剂,应用于洗毛的合成洗涤剂均为阴离子型表面活性剂和非离子型表面活性剂的复合体,常用的合成洗涤剂产品有净洗剂 601、净洗剂 LS、净洗剂 ABS、209 洗涤剂、平平加 O、TX-10 等。

b. 助洗剂。多为无机电解质,能帮助洗涤剂发挥更高的洗涤效果,并能适当降低洗毛用剂的应用成本。常用的助洗剂有纯碱、食盐、元明粉等。

洗涤剂和助洗剂的用量要根据羊脂的性质及含量确定。如含脂肪醇类多的羊毛脂比较难洗,洗毛液中应增加洗涤剂的用量;含脂肪酸多的羊毛脂,由于脂肪酸可以被碱皂化而除去一部分,故洗毛液中可增加助洗剂纯碱的用量。

② 洗毛工艺条件

a. 洗毛温度。单从洗涤效果来看,洗毛温度越高越好;但洗毛温度太高会影响羊毛纤维的强度和弹性,使羊毛受到损伤。所以洗毛的温度应该综合考虑,既要尽量减少对羊毛的损伤,又要充分发挥洗涤剂的作用。国内的耙式洗毛机一般由 3～5 个洗毛槽组成。第一个洗毛槽为浸渍槽,温度应控制在 50～60 ℃;第二、三个洗毛槽为洗涤槽,若为碱性洗毛,温度应控制在 50 ℃以下,若为中性洗毛,应控制在 50～60 ℃;后面的为漂洗槽,温度以控制在45～50 ℃为宜。

b. 洗毛液 pH 值。洗液的 pH 值应根据洗毛温度及洗液的浓度来确定。在洗毛过程中,要对洗液的 pH 值进行严格的监控,pH 值过高会对羊毛造成损伤。一般而言,当洗毛温度低于 50 ℃、pH 值低于 10 时,不会对羊毛造成严重损伤。

二、炭化

1. 炭化的目的和原理

在洗毛工序中,原毛中的动物性和机械性杂质已基本被去除,但仍残留有草籽、草屑、麻屑等植物性杂质。残余的植物性杂质,会对后续的梳毛、纺纱及染色工序造成影响,造成纺纱困难、毛纱质量下降、染浓色时疵点等疵病。炭化的目的就是将原毛中残留的植物性杂质去除掉。

炭化是一种化学处理方法,它是利用羊毛纤维和植物性杂质耐酸性能的不同(植物性杂质属纤维素纤维,其耐酸性很差;而羊毛纤维属于蛋白质纤维,其耐酸性较强),在酸性条件下将植物性杂质从原毛中分离出来。

2. 炭化方法和工艺

根据炭化时羊毛纤维所处的形态的不同,炭化可以分为散毛炭化、毛条炭化和匹炭化三种方法。这三种炭化方法的工艺流程基本上是一样的,为:浸水→脱水→浸酸→脱酸→焙烘(→轧炭)→水洗中和→烘干。

炭化的工艺必须严格控制,否则羊毛会受到严重的损伤。下面以散毛炭化为例介绍炭化的工艺。

（1）浸水

目的是使羊毛及植物性杂质被均匀润湿,以便于后续工序中均匀吸酸。通常是将羊毛在室温下于水中浸渍 20～30 min,水中也可以加入少量的平平加 O、烷基磺酸钠、JFC 等表面活性剂,以增进润湿效果。浸水后,要经过轧水或离心脱水处理,将羊毛的含水率控制在30%以下,以防止其对后续工序产生影响。为缩短工艺流程,也可将 JFC 等润湿剂直接加入酸中,省去浸水和脱水工序。

（2）浸酸

浸酸是炭化的核心工序。浸酸时,酸的用量、温度和时间必须严格控制。

① 酸的用量。一般,炭化时采用的酸为硫酸。实际生产中,硫酸的用量要根据羊毛所含的植物性杂质的情况及羊毛的粗细而定,一般控制在 45 g/L 以下。

② 浸酸温度和时间。实践证明,提高温度对植物性杂质的吸酸量几乎没有帮助,而提高温度却会加快对羊毛纤维的损伤,所以浸酸的温度通常为室温。

浸酸时间以植物性杂质吸酸量达到饱和为准,一般控制在 3～5 min。

(3) 脱酸

羊毛浸酸后,应将多余的酸液去除,否则残余的酸会在后续的烘干工序中严重损伤纤维。脱酸通常是在轧辊或离心脱水机上进行,脱酸后羊毛纤维的带液率一般控制在 34％～38％,含酸率不超过 6％。

(4) 焙烘

焙烘是在炭化焙烘机中进行的,分为烘干和焙烘两个阶段。烘干阶段主要是使羊毛纤维上的酸被浓缩,温度控制在 60～70 ℃。焙烘阶段是使植物性杂质脱水、炭化,温度较高,为 100～110 ℃。烘干和焙烘的时间不宜过长,分别为 1～2 min。

(5) 轧炭

此工序是散毛炭化法中所特有的。目的是对羊毛进行机械性的挤压、揉搓,使已炭化的植物性杂质粉碎脱落,再通过除杂装置使草炭与羊毛纤维分离而除去。轧炭过程是在轧炭除杂机中进行的。

(6) 水洗中和

目的是中和羊毛纤维上残余的酸,并进一步洗除炭化后的植物性杂质。其工艺流程为:清水洗→纯碱中和→清水洗。水洗中和后,羊毛纤维上的残酸量应控制在 1％～1.6％。

(7) 烘干

中和水洗后的羊毛应立即烘干,通常在帘式烘干机上,以 60～80 ℃的条件烘 4～6 min,烘至规定回潮率,且以低温、快速烘干为好。

任务五　丝织物前处理

知识点

1. 丝织物脱胶的目的、原理、方法和工艺;
2. 丝织物漂白剂的选择和工艺。

技能点

1. 会根据产品选择合适的脱胶方法并设计工艺;
2. 会根据产品要求选择合适的漂白剂,并对漂白工艺进行设计。

丝织物除蚕丝织物外还包括蚕丝与化纤丝的交织物和纯化纤丝织物。本节主要对蚕丝织物的前处理进行简单介绍。

蚕丝具有明亮的光泽、平滑和柔软的手感、较好的吸湿性能以及轻盈的外观等,是一种高级的纺织原料。蚕丝分为家蚕丝和野蚕丝两大类。家蚕丝又叫桑蚕丝,它是由室内饲养并以桑树叶为饲料的家蚕吐出的丝。野蚕丝是野外饲养的蚕吐出的丝,根据饲料的不同,可以将野蚕丝分为柞蚕丝、蓖麻蚕丝、木薯蚕丝等。目前,在各种蚕丝中,桑蚕丝的产量最高,其次是柞蚕丝。

蚕丝织物的前处理主要由精练(也叫脱胶)和漂白两道工序组成,下面以产量较大的桑蚕丝和柞蚕丝为例,介绍蚕丝织物的脱胶和漂白工序。

一、脱胶

1. 脱胶的目的及原理

未经脱胶处理的桑蚕丝叫生丝。生丝主要由丝素和丝胶组成,此外还含有少量的油蜡质、色素、灰分和碳水化合物。

蚕丝织物的精练就是去除丝胶以及附着在丝胶上的油蜡质、色素、灰分等杂质的过程。由于精练的关键是去除丝胶,附着在丝胶上的杂质将随丝胶的脱去而去除,故蚕丝织物的精练过程也叫脱胶。

蚕丝脱胶的原理主要是利用了丝素和丝胶分子二者在性质上的不同:丝素在水中不能溶解,丝胶则能在水中尤其是在近沸点温度的水中膨化、溶解;当有适当的助剂如酸、碱、酶、肥皂、合成洗涤剂存在的情况下,丝胶更容易被分解,而丝素则相当稳定。

蚕丝织物的脱胶实质上就是利用丝素和丝胶的这种结构上的差异以及对化学药剂稳定性不同的特性,在其他助剂(酸、碱、酶、肥皂、合成洗涤剂)的作用下除去丝胶及其他杂质的过程。

2. 脱胶工艺

根据所采用的脱胶用剂不同,可以将脱胶方法分为酸脱胶、碱脱胶、皂碱脱胶、酶脱胶、复合精练剂脱胶等。根据设备可分为精练槽脱胶、平幅连续精练机脱胶、星形架脱胶、高温高压脱胶。此部分仅对目前较常用的以及新出现的脱胶方法简单进行介绍。

(1) 皂碱法脱胶

皂碱法脱胶是一种传统的蚕丝织物精练方法,并沿用至今。常以肥皂为主练剂,以碳酸钠、磷酸三钠、硅酸钠和保险粉为助练剂,采用预处理→初练→复练→练后处理的工艺流程对蚕丝织物进行精练。这种方法的优点是工艺条件简单,便于操作,脱胶效果好,脱胶制品的手感柔软滑爽,富有弹性,光泽柔和。不足之处是若采用硬水脱胶,练液中的钙、镁盐容易与肥皂结合,黏附在纤维上,影响染色、印花和后整理加工,所以皂碱法脱胶最好采用软水。

为克服皂碱法脱胶的不足,将皂碱法进一步改进成为合成洗涤剂-碱法脱胶。合成洗涤剂-碱法脱胶就是利用合成洗涤剂做主练剂,以碳酸钠、磷酸三钠、硅酸钠和保险粉为助练剂的脱胶方法。合成洗涤剂一般采用阴离子型表面活性剂和非离子型表面活性剂的复配物,常用的有分散剂 WA、净洗剂 209、净洗剂 LS、雷米邦 A 等。

合成洗涤剂-碱法脱胶的工艺流程也为:预处理→初练→复练→练后处理。现以电力纺练白绸为例介绍各工序的工艺条件,见表3-4～表3-6。

表3-4　预处理工艺条件

工　艺	纯碱(g/L)	渗透剂 T(g/L)	温度(℃)	时间(min)	浴　比	pH 值
头桶用量	1	0.33	75	90	1:30	10
续桶用量	0.5	0.165	—	—	—	—

表 3-5 初练工艺条件

工艺	净洗剂 209 (g/L)	35%泡花碱 (g/L)	纯碱 (g/L)	保险粉 (g/L)	温度 (℃)	时间 (min)	浴比	pH 值
头桶用量	1.75	1.25	0.75	0.5	95~98	90	1:40	10
续桶用量	0.9	0.625	0.5	0.25				

表 3-6 复练工艺条件

工艺	平平加 O (g/L)	纯碱 (g/L)	保险粉 (g/L)	温度 (℃)	时间 (min)	浴比	pH 值
头桶用量	0.2	0.3	0.25	95~98	60	1:40	8.5~9
续桶用量	0.1	0.25	0.1				

练后处理主要包括水洗和脱水,其中水洗分为三道,其工艺条件分别为:
① 第一道水洗为高温水浴,95~98 ℃,20 min。
② 第二道水洗为中温水浴,70 ℃,20 min。
③ 第三道水洗为室温水洗,10 min。

(2) 酶脱胶

所谓的酶脱胶是指以蛋白质分解酶为主练剂的脱胶方法。目前国内用于蚕丝织物精练的酶主要有 ZS724、S114 和 1398 中性蛋白酶,209、2709 碱性蛋白酶和胰酶。其显著的优点是精练废水中的 COD 和 BOD 值很低,而且对丝织物作用温和,脱胶均匀,手感柔软。不足是由于酶的高度专一性,仅能分解丝胶,而对纤维中的天然杂质、油污和浸渍助剂等其他杂质不能去除,所以酶脱胶很少单独使用。在实际生产中一般采用酶精练与纯碱、肥皂或合成洗涤剂精练相结合的方法,如酶-皂碱法和酶-合成洗涤剂法等,其中以酶-合成洗涤剂法最为常用。

酶-合成洗涤剂法对丝织物进行脱胶处理的工艺流程为:预处理→酶脱胶→合成洗涤剂精练→练后处理。下面以斜纹绸为例介绍各工序的工艺条件(表 3-7~表 3-9)。

表 3-7 预处理工艺条件

因素	分散剂 WA (g/L)	纯碱 (g/L)	35%泡花碱 (g/L)	保险粉 (g/L)	磷酸钠 (g/L)	浴比	温度 (℃)	时间 (min)	pH 值
条件	0.25	0.5	1.5	0.25	0.5	1:50	98~100	50~60	9.5

表 3-8 酶脱胶工艺条件

因素	纯碱 (g/L)	2709 碱性蛋白酶 3 万活力单位(g/L)	浴比	温度 (℃)	时间 (min)	pH 值
条件	1.5	1	1:50	45±2	50~60	10

表 3-9　合成洗涤剂精练工艺条件

因素	分散剂 WA (g/L)	纯碱 (g/L)	35%泡花碱 (g/L)	保险粉 (g/L)	磷酸钠 (g/L)	浴比	温度 (℃)	时间 (min)	pH 值
条件	4	0.5	1.5	0.625	0.5	1∶50	98～100	50～60	9

练后处理同合成洗涤剂-碱法。

（3）复合精练剂脱胶

随着助剂及设备的发展，为了便于精练操作和提高精练质量，国内外推出了很多复合型精练剂，包括普通型复合精练剂、快速精练剂、高效精练剂等，现在发展最快的是快速精练剂。精练剂 EM-900 是目前最常用的一种快速精练剂，下面以 12103 真丝双绉织物为例说明其工艺（表 3-10 和表 3-11）。具体工艺流程为：初练→复练→练后处理。

表 3-10　初练工艺条件

因　素	精练剂 EM-900 (kg)	保险粉 (kg)	浴比	温度 (℃)	时间 (min)	pH 值
条　件	31	3.5	1∶30	98～100	45	练前:10.5 练后:9.8

表 3-11　复练工艺条件

因　素	精练剂 EM-900 (kg)	保险粉 (kg)	浴比	温度 (℃)	时间 (min)	pH 值
条　件	16	3.0	1∶30	98～100	45	练前:10.5 练后:9.7

练后处理同合成洗涤剂-碱法。

采用快速精练剂脱胶法，既能够使练后织物保持皂-碱法精练的手感风格，又能克服皂-碱法易产生灰伤、白雾等疵病的缺点，且精练效率非常高，整个流程仅需 90 min，是一种很有前途的脱胶方法。

二、漂白

蚕丝织物是否需要漂白要根据蚕丝的种类及最终产品的需求来确定。可用于蚕丝织物漂白的漂白剂有氧化性漂白剂和还原性漂白剂两大类。蚕丝织物经还原性漂白剂处理后，虽然白度得到提高，但在空气中长久放置后，会被氧化复色。所以对白度要求高的蚕丝织物一般采用氧化性漂白剂漂白，如过氧化氢、过硼酸钠、过碳酸钠和过醋酸，其中最常用的是过氧化氢。下面以柞蚕丝为例介绍蚕丝织物的过氧化氢漂白工艺。

工艺流程为：漂白→热水洗→温水洗→水洗；漂白工艺条件见表 3-12。

表 3-12　漂白工艺条件

因素	35%泡花碱(pH＝9～11) (g/L)	(28%～30%)过氧化氢 (g/L)	温度 (℃)	时间 (min)	浴比
条件	3～5	10～16	60～85	3～12	1：30～1：50

① 热水洗。温度 80～85 ℃,浴比 1：30～1：50,洗涤 2～3 次。
② 温水洗。温度 40～50 ℃,浴比 1：30～1：50,洗涤 1 次。

任务六　化学纤维织物前处理

知识点

　　1. 化学纤维的概念与分类;

　　2. 常见化学纤维和一些新型化学纤维的前处理工艺。

技能点

　　会设计常见化学纤维和一些新型化学纤维的前处理工艺。

一、再生纤维织物的前处理

1. 黏胶纤维织物的前处理

　　俗称的"人造棉"就是黏胶纤维的一种。黏胶纤维是以天然纤维素如木材等为原料,经过一定的化学加工制造而成的,所以黏胶纤维织物的前处理加工工序与棉织物基本相同,也包括烧毛、退浆、精练和漂白几个工序。可用气体烧毛机烧毛,与棉织物相比,黏胶织物的烧毛条件应该比较缓和一点。退浆是黏胶织物前处理的重点,黏胶坯布一般上淀粉浆,故多采用 BF7658 淀粉酶退浆,退浆的工艺同棉织物。纯黏胶织物一般不需要精练,必要时可用少量纯碱或肥皂轻煮。精练工艺举例如下:

　　　　　纯碱　　　　　　　　　　1 g/L(连桶追加 0.75 g/L)
　　　　　60%肥皂(或净洗剂 603)　　3～5 g/L(连桶追加 1.5 g/L)
　　　　　35%硅酸钠　　　　　　　　0.3 g/L(连桶追加 0.2 g/L)
　　　　　浴比　　　　　　　　　　1：30～1：35
　　　　　温度　　　　　　　　　　100 ℃
　　　　　时间　　　　　　　　　　60～90 min

　　黏胶织物经退浆、精练后已有较好的白度,一般不必漂白。如要求较高的白度,可用亚氯酸钠、过氧化氢或次氯酸钠进行漂白,漂白方式与棉织物基本相同。黏胶纤维织物具有较强的光泽,对染料的吸附量也较高,一般不进行丝光处理。

2. 天丝织物的前处理

　　天丝又叫 Loycell 纤维,商品名为 Tencel 纤维,是采用全新的溶剂纺丝工艺生产而成的100%纤维素纤维,是新一代绿色再生纤维素纤维。该纤维的湿模量大,易于原纤化。一方面,原纤化在染整加工中易产生死折痕、擦伤、露白等疵病;另一方面,原纤化会赋予天丝织物各种风格。所以,对于天丝织物来说,原纤化的控制是染整加工成败的关键。

天丝织物的前处理工艺流程为:烧毛→碱氧一浴退浆→原纤化→纤维素酶处理。

（1）烧毛

天丝在织造过程中由于机械摩擦会产生大量长的绒毛,这些长绒毛是产生初级原纤化的主要位置,在烧毛工序中必须彻底加以去除,否则会加重原纤化及纤维素酶洗的负担。烧毛采用二正二反气体烧毛,车速 70～80 m/min,使用预刷毛装置,烧毛质量应达到 4～5 级。

（2）退浆

天丝本身无杂质,在织造过程中施加了以淀粉或变性淀粉为主的浆料,可采用酶或碱氧一浴法退浆。碱氧一浴法一方面具有退浆的作用,另一方面具有氧化漂白的作用,有利于后续的染色过程,比较常用。退浆液的组成为:

烧碱（100%）	20 g/L
双氧水（100%）	7 g/L
GJ-101	10 g/L
精练剂 22	6～10 g/L

工艺条件为:40 ℃浸轧,轧余率 90%～100%,堆置 16～18 h。

（3）原纤化

原纤化的目的是在松弛和揉搓状态下,将纱线内部的短纤维末端尽量释放出来,因此暴露出来的绒毛则在以后的工序中用纤维素酶去除。

原纤化加工在气流染色机中进行,工作液组成及工艺条件为:

润滑剂 Cibafluid C	2～4 g/L
Na_2CO_3	2～5 g/L
温度	95 ℃～105 ℃
运转速度	300 m/min
时间	60～100 min

（4）纤维素酶处理

酶处理的目的是去除原纤化过程中所形成的绒毛,这一过程对光洁织物来说非常重要。以丹麦诺和诺德公司生产的纤维素酶为例,酶液的组成为:

Culousil P	3～5 g/L
润滑剂	2～3 g/L

在浴比 1∶10、pH 值 4.5～5.5、温度 60～65 ℃的条件下运转 45～60 min。酶处理完成后加入 2 g/L NaOH,使 pH 值在 9～10,然后升温至 80 ℃,运转 10～15 min,使酶失活,最后在 60 ℃下清洗。

3. Modal 纤维织物的前处理

Modal 纤维是第二代再生纤维素纤维,具有高湿模量、高强力。其前处理加工工序与黏胶织物基本相同,一般需烧毛、退浆、煮练、漂白等;不同的是由于 Modal 纤维具有高湿模量,可进行半丝光加工。现以 Modal 斜纹织物为例,介绍其前处理工艺。

工艺流程为:冷轧堆→烧毛→漂白→半丝光。

冷轧堆液组成为:

烧碱(100%)	35~45 g/L
双氧水(100%)	10~15 g/L
精练剂	8 g/L
渗透剂	2 g/L
螯合剂	1~2 g/L
稳定剂	6~8 g/L

多浸二轧(轧余率100%),旋转堆置24 h。烧毛采用二正二反气体烧毛机烧毛,车速100 m/min,烧毛等级4级。

漂液组成为:

双氧水(100%)	3~4 g/L
螯合剂	1~2 g/L
稳定剂	4~5 g/L
烧碱(100%)	0.6~0.9 g/L

pH值10.5,多浸一轧,轧余率90%,汽蒸100 ℃×45 min,汽蒸后充分清洗。

半丝光的烧碱浓度为110~120 g/L,车速35~40 m/min,透风50 s,扩幅至坯布幅宽,70 ℃热碱五冲五吸,直辊槽、701蒸箱和五格平洗,落布pH值7~7.5。

Modal纤维本身光泽很好,但半丝光后能提高织物的尺寸稳定性和染色得色量。

4. 大豆蛋白纤维织物的前处理

大豆蛋白纤维是采用化学、生物化学的方法从榨掉油脂的大豆渣中提取球状蛋白,通过添加功能性助剂,改变蛋白质空间结构,与聚乙烯醇进行共混复合,经湿法纺丝而成。大豆蛋白纤维织物布面杂质少,纺织厂织造时所上浆料是以淀粉为主的混合浆料。大豆蛋白纤维分子多为多肽聚合物,不耐强碱,其前处理工艺流程一般为:烧毛→退浆→漂白。

(1)烧毛

大豆蛋白纤维织物的抗起毛起球性好于纯羊毛等织物,但不及棉,而且大豆蛋白纤维织物的耐热性较差,因此必须控制好烧毛条件。火焰温度1 100 ℃,烧毛火口为一正一反,车速120 m/min。

(2)退浆

采用淀粉酶退浆的工艺为:淀粉酶2 g/L,pH值6.0~6.5,60~70 ℃下堆置40 min,热水洗,冷水洗。该工艺对纤维的损伤小。

(3)漂白

采用双氧水漂白,其工艺为:双氧水8 g/L,硅酸钠3 g/L,温度80 ℃,时间45 min。控制好条件,在提高白度的同时,尽量减少对纤维的损伤。

5. PLA纤维织物的前处理

从玉米、木薯等植物中提取淀粉,淀粉经酸分解得到葡萄糖,再经乳酸菌发酵生成乳酸,乳酸分子中具有反应性较高的羟基和羧基,在适当条件下合成的高纯度聚乳酸纤维,就是PLA 纤维。由于聚乳酸纤维的熔点很低,烧毛时纤维分子在高温下重新聚合,织物手感变硬,所以纯 PLA 纤维不宜进行烧毛工序。一般,其前处理工艺流程为:预定形(视织物规格而定)→精练。

(1)预定形

凡剖幅的针织物,预定形是必需的,是提高织物的尺寸稳定性、染色的匀染性和重现性的工序。由于 PLA 纤维的玻璃化温度(T_g)和熔融温度(T_m)较低,分别为 57 ℃和 175 ℃,因此其预定形温度应介于两者之间。工厂实践表明,前处理的预定形温度应控制在 130 ℃以下,定形时间控制在 30～45 s。

(2)精练

PLA 织物的精练主要是去除纤维上的油剂和浆料(机织物),可用碱剂和净洗剂除去。PLA 系脂肪族聚酯结构化合物,其耐碱性较差,只能在纯碱和温和的条件下进行。如在 1 g/L Kieraton MPF(BASF)和 1 g/L 纯碱的 40 ℃溶液中,快速升温至 60～70 ℃,处理 15 min,冷却至 50 ℃排液,然后洗净即可。如 PLA 织物坯布上有浆料,则可采用退浆和精练合并的工艺。

二、合成纤维织物的前处理

1. 涤纶织物的前处理

在合成纤维中,涤纶产品无论是数量还是品种,都占据主体地位。涤纶织物因产品的要求、风格及本身的不同,其染整加工工艺有较大差异,但其前处理加工过程一般都包括退浆精练、松弛、碱减量和预定形几个工序。

(1)退浆精练

涤纶本身不含有杂质,只是在合成过程中存在少量(约 3%以下)的低聚物,所以不像棉纤维那样需进行强烈的前处理。一般,退浆、精练一浴进行,目的是除去纤维制造时加入的油剂和织造时加入的浆料、着色染料及运输和储存过程中沾污的油剂和尘埃。

可用的精练工艺有精练槽间歇式退浆精练工艺、喷射溢流染色机退浆精练工艺、连续松式平幅水洗机精练工艺,其中目前国内常用的工艺是喷射溢流染色机退浆精练工艺。如涤双绉的精练工艺为:

精练剂	0.5 g/L
纯碱	2 g/L
30%烧碱	2 g/L
保险粉	1 g/L

浴比为 1∶10,于 80 ℃下处理 20 min。

随着助剂的发展,高性能的精练剂也是目前常用的。下面以汽巴公司的产品为例说明:

Ultravon GP/GPN	1～2 mL/L
Invadin NF	1～3 mL/L
Irgalen PS	0.5～1 mL/L
NaOH	调节 pH 值至 10～11

在喷射溢流染色机中,于 90 ℃下处理 20～30 min,然后温水洗 5 min,40 ℃下水洗 10 min,洗后烘干。

（2）松弛加工

充分松弛收缩是涤纶仿真丝绸获取优良风格的关键。松弛加工是将纤维纺丝、加捻、织造时所产生的扭力和内应力消除,并对加捻织物产生解捻作用而形成绉效应。

不同的松弛设备有不同的松弛工艺,松弛处理后,其产品风格也不尽相同。用于涤纶织物松弛的设备及相对应的松弛工艺有以下几种:间歇式浸渍槽、喷射溢流染色机、平幅汽蒸式松弛精练机、转笼式水洗机。对于大多数涤纶织物,精练和松弛加工是同步进行的。喷射溢流染色机是国内进行退浆、精练、松弛处理最广泛使用的设备。以涤纶双绉仿真丝织物为例,其高温高压喷射溢流染色机精练松弛起绉工艺处方为:

30%（36°Bé）NaOH	4%
Na_3PO_4	0.5%
去油精练剂	x
浴比	1：10～1：12
布速	300 m/min

工艺曲线如图 3-18 所示。

（3）预定形

预定形的目的是消除织物在前处理过程中产生的折皱及松弛退捻处理中形成的一些月牙边,稳定后续加工中的伸缩变化,改善涤纶大分子非晶区分子结构排列的均匀度,减少结晶缺陷,使后续的碱减量均匀性得以提高。

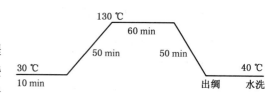

图 3-18　涤纶双绉仿真丝织物升温曲线

为了尽量避免绉效应消失而影响织物风格,一般要求:

① 定形幅宽:通常拉伸至比成品幅宽大 2～3 cm;

② 预定形温度:180～220 ℃;

③ 定形时间:20～30 s(若织物厚度和含湿率增加,则时间适当延长);

④ 定形张力:只要能达到织物平整度要求即可。

（4）碱减量加工

碱减量加工也是涤纶仿真丝绸的关键工艺之一。是将涤纶放置于热碱液中,利用碱对涤纶分子中酯键的水解作用,将涤纶纤维表面腐蚀而变得松弛,纤维本身重量随之减少,织物的弯曲及剪切特性发生明显变化,从而产生仿丝绸的效果。

碱减量加工的设备主要有精练槽、常压溢流减量机、高温高压喷射溢流染色机及连续式减量设备,其中前三种是间歇式设备。现以精练槽为例,介绍间歇式碱减量加工的工艺。

工艺流程为:坯绸准备→精练→预定形→S 码或圈码→钉襻→浸渍碱减量处理(95～98 ℃)→80 ℃热水洗→60 ℃热水洗→冷水洗→酸中和→水洗→脱水→烘干。

工艺处方:

30% NaOH	6～10 g/L
促进剂	0.5～1.5 g/L

浴比不小于 1 : 25,时间控制在 60 min 左右。

连续式碱减量加工工艺流程为:缝头进布→浸轧碱液→汽蒸→热水洗→皂洗→水洗→中和→水洗。

连续式碱减量时,碱的浓度一般较高,为 270～400 g/L,蒸箱温度为 110～130 ℃,织物运行速度约 18～20 m/min。

2. 锦纶织物的前处理

锦纶织物的前处理过程非常简单,一般包括精练、漂白、预定形等工序。精练可在卷染机上进行,工艺处方如下:

纯碱	5 g/L
613 净洗剂	5 g/L
渗透剂 JFC	2.5 g/L

工艺条件为:80～90 ℃处理 2 道,98～100 ℃处理 4 道,60 ℃水洗 2 道,室温水洗 1 道;如需漂白,可用 0.5～2 g/L 亚氯酸钠溶液,用醋酸调整其 pH 值为 3～4;然后在 80 ℃下处理 30～60 min,再充分水洗。预定形一般在针板式定形机上进行,预定形条件根据锦纶种类决定。

任务七　混纺和交织织物的前处理

知识点

1. 涤/棉混纺和交织织物的前处理工艺;
2. 涤/黏中长混纺和交织织物的前处理工艺;
3. 含氨纶弹性机织物的前处理工艺。

技能点

会设计常见混纺和交织物的前处理工艺。

一、涤/棉混纺和交织织物的前处理

涤/棉织物的前处理工序一般包括烧毛、退浆、煮练、漂白、丝光和热定形等。

涤/棉织物烧毛工序不但可以烧去织物表面绒毛,还可以改善涤纶的起毛、起球现象。涤棉织物一般采用气体烧毛机烧毛,烧毛时要求绒毛温度高于涤纶的燃烧温度(485 ℃),布身温度则低于 180 ℃。采取织物通过火口后吹冷风或在火口上织物包绕冷水辊筒,是降低布身温度的有效措施。

涤/棉织物的上浆,多采用 PVA、淀粉和 CMC 的混合浆料,退浆方法一般采用热碱退浆或氧化剂退浆。

涤/棉织物煮练的目的是除去棉纤维上的天然杂质和残留浆料,并去除涤纶上的油污。由于涤纶耐碱性较差,需采取比较温和的煮练工艺。涤/棉织物煮练工艺举例:浸轧煮练液(烧碱 8～10 g/L,渗透剂 2～5 g/L)→汽蒸(95～100 ℃)→热水洗→冷水洗。

涤/棉织物漂白主要是去除棉纤维中的天然色素,目前以氧漂为主,漂白剂用量比纯棉织物漂白相对低一些。

涤/棉织物丝光是针对其中的棉纤维组分进行的,工艺可参照棉织物丝光。由于涤纶不耐碱,涤/棉织物丝光的碱液浓度应适当降低,去碱箱温度相对低一点,为70~80℃。

涤/棉织物热定形是针对其中的涤纶组分进行的,工艺可参照纯涤纶织物热定形。涤棉织物热定形温度为180~200℃。

二、涤/黏中长混纺和交织织物的前处理

涤/黏织物的前处理工艺一般为:采用强火快速一正一反烧毛。如果烧毛不匀,将导致染色时上染不匀。采用高温、高压染色的织物,最好采用染后烧毛。烧毛后直接用过氧化氢进行一浴法前处理,不但退浆率高,而且还有煮练和漂白作用。退煮后在松式烘燥设备上烘干,再在SST短环烘燥热定形机上,在190℃和适当超喂条件下进行热定形。

三、含氨纶弹性机织物的前处理

含氨纶弹性机织物以棉/氨纶包芯纱纬弹织物为主,氨纶含量3%~10%,品种有弹力府绸、弹力纱卡、弹力牛仔布等。前处理时要考虑到氨纶的理化性能,尽量减少对氨纶的损伤,保持弹力织物形态的相对稳定。棉/氨纬弹织物前处理可以按以下工艺流程进行:

坯布检验→酶退浆(平幅松弛处理)→水洗烘干→预定形→冷轧堆(煮漂)→水洗烘干→烧毛→(复漂)→水洗烘干→丝光。

松弛处理是保证含氨纶弹性织物形态稳定,染整加工均匀,防止产生皱条、卷边,使幅宽、面密度等指标易于控制的关键工序。松弛处理主要有热水处理、汽蒸处理和溶剂煮练三种方式。

预定形是含氨纶弹性织物在染整加工中控制幅宽、稳定尺寸、防止织物起皱和卷边的一个十分重要的关键工序。预定形的工艺条件一般为:温度185~195℃,时间20~40 s。

烧毛安排在退煮后进行,是因为退煮后织物上的浆料已基本去除,纤维上的毛羽能完全冲出纱线,可以保证烧毛质量。烧毛用气体烧毛机,采取高温快速的工艺,车速在100 m/min以上,烧毛次数由织物的具体情况确定。

冷轧堆(煮漂)工艺条件一般为:烧碱(100%)30~35 g/L,双氧水15~18 g/L,冷堆20~24 h。

丝光是针对于棉纤维组分进行的,有利于织物尺寸稳定。丝光碱液浓度一般控制在180~200 g/L,丝光幅宽控制在成品幅宽的上限。织物离开布铗时,布上的碱液浓度控制在40~45 g/L,落布要求中性。

思考题:

1. 什么是水的硬度?硬水的单位和分类如何?
2. 水中有哪些杂质?水中杂质对染整加工有何影响?
3. 名词解释:表面活性剂,临界胶束浓度,HLB值,天丝,大豆蛋白纤维,PLA纤维。
4. 表面活性剂的结构特征是什么?画出表面活性剂的结构示意图。
5. 表面活性剂分为哪几类?在纺织染整中有哪些作用?

6. 棉织物前处理的目的是什么? 棉织物的前处理包括哪些工序?

7. 烧毛的主要目的和原理是什么? 写出棉织物用气体烧毛机烧毛的工艺。

8. 阐述酶退浆的退浆原理、优点及其局限性,并简单介绍几种退浆工艺。

9. 煮练的目的是什么?

10. 试比较平幅汽蒸煮练时,J形箱、履带式、叠卷式和 R 形液下汽蒸箱煮练的优缺点,并写出平幅汽蒸煮练的基本工艺处方和流程。

11. 漂白的目的是什么? 过氧化氢漂白方式有哪几种? 分别介绍其工艺。

12. 试比较丝光和碱缩的异同点。

13. 棉纤维经丝光处理后其性能上具有哪些特点?

14. 写出常用的丝光机种类,并写出布铗丝光的工艺条件。

15. 何为短流程前处理工艺? 高效短流程前处理工艺分哪几种类型? 查找一篇最新的棉织物前处理高效短流程方面的论文,并对论文作一简要的评述。

16. 苎麻纤维的化学脱胶工序和苎麻织物的练漂工序分别有哪些?

17. 苎麻织物的丝光工艺与棉织物的区别是什么?

18. 什么叫原毛? 原毛中含有哪些杂质?

19. 洗毛的目的是什么? 洗毛的方法有哪些? 常用的是哪种?

20. 什么是乳化洗毛法? 乳化洗毛法如何分类? 如何控制乳化洗毛法的工艺?

21. 简述炭化的目的及原理、炭化的工艺流程。

22. 何谓生丝? 简述生丝的组成及其对染整加工的影响。

23. 蚕丝织物脱胶的目的和原理是什么?

24. 蚕丝织物现在比较常用的脱胶方法有哪些? 分别说明其工艺流程。

25. 写出天丝织物前处理的工艺流程。原纤化和酶处理的目的分别是什么?

26. 能够使涤纶获得仿真丝绸风格的工艺有哪几种?

27. 简述涤纶织物预定形的目的和工艺要求。

28. 涤纶碱减量加工的目的是什么?

模块四 染 色

【知识点】

1. 染色和染色牢度的概念；
2. 常用染色机械和染色方法；
3. 各类染料的染色工艺原理；
4. 各类染料的染色方法和染色工艺条件的分析与控制方法；
5. 各类染料和常用助剂的主要性能；
6. 染色加工产品的质量检验控制方法。

【技能点】

1. 运用染色基本原理设计常见染色产品加工工艺；
2. 运用染色基本知识实施染色产品加工工艺；
3. 运用染色基本原理和知识简要分析和解决染色加工过程中的常见问题；
4. 具备染色车间生产现场组织管理的初步能力；
5. 会对染色成品的常见质量指标进行测试和评定。

任务一　染色基本知识

知识点

1. 染色、染料和染色牢度的概念；
2. 染色的基本过程；
3. 染料在纤维内的固着方式；
4. 染料的分类和命名；
5. 常用的染色方法；
6. 常用染色设备的性能。

技能点

1. 运用三原色配成所需的颜色；
2. 运用灰色样卡对染色牢度进行评级；
3. 知道生产过程中进行配色的要点；
4. 会根据需要进行染料的选择；
5. 合理选用染色设备和染色方法。

染色是通过染料(或颜料)和纺织材料发生物理的、化学的或物理化学的结合,使纺织材料获得鲜艳、均匀和坚牢色泽的加工过程。根据染色加工对象的不同,染色方法主要可分为成衣染色、织物染色(主要分为机织物染色、针织物染色与非织造材料染色)、纱线染色(可分为绞纱染色、筒子纱染色、经轴纱染色和连续经纱染色)和散纤维染色四大类。其中织物染色的应用最广,成衣染色指纺织材料加工成服装后再进行染色的方法,纱线染色则多用于色织机织物和针织物,散纤维染色主要用于色纺织材料。

一、染色理论概述

将纺织材料浸入一定温度下的染料水溶液中,染料就从水相向纤维中移动,此时水中的染料浓度逐渐降低,而纺织材料上的染料量逐渐增加,经过一段时间以后,水中的染料量和纺织材料上的染料量都不再变化,染料的总量也不发生变化,即染色达到了一种平衡状态。

1. 染色基本过程

根据染色的现代理论,染料(或颜料)之所以能够上染纤维,并在纺织材料上具有一定固着牢度,是因为染料分子与纤维分子之间存在着各种引力的缘故,各类染料(或颜料)的染色原理和染色工艺,因染料(或颜料)和纤维有着不同的特性而有很大差别。但就其染色过程而言,基本上都可以分为三个基本阶段。

(1)染料在纤维上的吸附

当纺织材料投入染浴以后,由于染料与纤维之间存在着一定的结合力,染料渐渐地离开染液而转移到纤维表面,这个过程称为吸附。同时,吸附到纤维上的染料也会转移到染液中,这个过程叫解吸。随着时间的推移,纤维上的染料浓度逐渐增加,而溶液中的染料浓度逐渐减少,吸附速率逐渐减小,解吸速率逐渐增大,最终会在一定的条件下达到一种动态的平衡状态,即在上染过程中吸附和解吸是同时存在的。这一过程所需要的时间较短,它与染料对纤维的亲和力、染液浓度、电解质以及其他助剂的品种与用量有关。

(2)染料向纤维内部扩散

染料从纤维表面向纤维内部转移、渗透的过程称为染料的扩散。由于吸附在纤维表面的染料浓度大于纤维内部的染料浓度,促使染料由纤维表面向纤维内部扩散。此时,染料的扩散破坏了原来建立的吸附平衡,染液中的染料又会不断地吸附到纤维表面。染色进行到一定时间后,吸附和扩散都会达到平衡,此时染色达到平衡,因此吸附与扩散这两个阶段是密不可分的。扩散所需要的时间最长,扩散速率的快慢与染料对纤维的亲和力、半制品的渗透效果、染色温度以及助剂的作用等是分不开的。

(3)染料在纤维上的固着

指扩散后均匀分布在纤维上的染料,通过染料与纤维之间的作用力而固着在纤维上的过程。染料和纤维的种类和结构不同,其结合方式也各不相同。

上述三个阶段在染色过程中往往是同时存在的,不能截然分开。只是在染色的某一段时间,某个过程的优势不同而已。

2. 染料在纤维内的固着方式

染料在纤维内的固着,可认为是染料固定在纤维上的过程。不同的染料与不同的纤维,它们之间固着的原理也不同,一般来说,染料被固着在纤维上存在两种类型。

（1）纯粹化学性固着

指染料与纤维发生化学反应（主要是通过共价键和离子键结合），而使染料固着在纤维上。例如：活性染料染纤维素纤维，染料与纤维之间形成醚键或酯键而结合。通式如下：

$$S—D—B—R—X + Cell—OH \rightarrow S—D—B—R—O—Cell + HX$$

其中：S—D—B—R—X 为活性染料分子；S 为水溶性基团；D 为染料发色体或母体染料；B 为连接基；R 为反应性基团；X 为活性基上所带的离去基；Cell—OH 表示纤维素大分子。

（2）物理化学性固着

主要是通过染料与纤维之间的范德华力、氢键和聚集性方式进行结合，而使染料固着在纤维上。许多染纤维素纤维的染料，如直接染料、硫化染料、还原染料等都是借助这种引力而固着在纤维上的。

许多染料的染色，两种固着方式同时存在，只是在染色过程中某种固着方式的优势不同而已。如弱酸性染料染锦纶，既有离子键的结合，又有范德华力和氢键的结合。

3. 染色牢度

染色牢度是指染色产品在使用过程中或染色以后的加工过程中，在各种外界因素影响下，能保持原来颜色状态的能力（即不易褪色、不易变色的能力）。染色牢度是衡量染色产品质量（特别是生态纺织材料进行安全性能检验）的重要指标之一。染色牢度的种类很多，随染色产品的用途和后续加工工艺而定，主要有耐晒牢度、耐气候牢度、耐洗牢度、耐汗渍牢度、耐摩擦牢度、耐刷洗牢度、耐升华牢度、耐熨烫牢度、耐漂牢度、耐酸牢度、耐碱牢度等。此外，根据产品的特殊用途，还有耐海水牢度、耐烟熏牢度等。

染色牢度在很大程度上取决于染料的化学结构、染料在纤维上的物理状态、分散程度、染料与纤维的结合情况、染色方法和工艺条件等。为了对印染产品进行质量检验，国内外有关机构参照纺织材料的使用情况，判定了一套染色牢度的测试方法和标准（如我国国家标准和行业标准，以及 ISO，ASTM，AATCC，BS，DIN，NF，JIS，KS，IWTO，BISFA 和 EDANA 等国际、国外十几个标准化组织发布的有关纺织服装的最新标准）。下面对最常用的染色牢度进行简单介绍：

（1）日晒牢度

染色织物的日晒褪色是因为在日光（主要是其中的紫外线）作用下，染料吸收光能后其分子处于激化态而变得极其活泼，容易发生某些化学反应，使染料的发色基团发生变化而褪色，导致染色织物经日晒后产生较明显的褪色现象。

日晒牢度随染色浓度而变化，对同一种染料来说，染色浓度低的比浓度高的日晒牢度要差。同一染料在不同纤维上的日晒牢度也有较大差异，日晒牢度还与染料在纤维上的聚集状态、染色工艺等因素有关。

日晒牢度共分八级，一级最差，八级最好。

（2）皂洗牢度

指染色织物在规定条件下于皂液中洗涤后褪色的程度，包括原样褪色及白布沾色两项。原样褪色指印染织物皂洗前后的褪色情况。白布沾色是将白布与已染织物缝合在一起，经皂洗后，从已染织物褪下的染料而使白布沾色的情况。

皂洗牢度与染料的化学结构和染料与纤维的结合状态有关。除此之外，皂洗牢度还与染料浓度、染色工艺、皂洗水洗条件和是否固色处理等有关。

皂洗牢度分为五级九档,其中一级最差,五级最好。

(3) 摩擦牢度

染色织物的摩擦牢度分为干摩擦及湿摩擦牢度两种。前者是用干的白布摩擦织物,根据白布的沾色情况进行评级;后者用含水 $100\%\pm5\%$ 的白布摩擦染色织物,根据白布的沾色情况进行评级。湿摩擦是由外力摩擦和水的作用共同产生的,湿摩擦牢度一般低于干摩擦牢度。

织物的摩擦牢度主要取决于印染产品上浮色的多少、染料与纤维的结合情况、染料在织物上的分布状况和染料渗透的均匀度。如果染料与纤维发生共价键结合,摩擦牢度就较高。一般来说,染色浓度高,容易造成浮色,则摩擦牢度低。

摩擦牢度由"沾色灰色样卡"依五级九档制进行评级,一级最差,五级最好。

4. 光、色、拼色和电子计算机配色

任何物体都具有一定的颜色,颜色是人的一种感觉,是由光所引起的。当一定量的两束有色光相加,若形成白光,则称这两种光互为补色关系,这两种光的颜色互为补色。颜色可分为彩色和非彩色两类。黑、白、灰都是非彩色,红、橙、黄、绿、蓝、紫等为彩色。颜色有三种基本属性:色相、明度和彩度。色相又称色调,表示颜色的种类,如红色、黄色等。明度表示物体表面的明亮程度。彩度又称纯度或饱和度,表示色彩本身的强弱或彩色的纯度。

在印染加工中,为了获得一定的色调,常需用两种或两种以上的染料进行拼染,通常称为拼色或配色。一般来说,除白色外,其他颜色都可由黄、品红、青三种颜色拼混而成。印染厂拼色用的三原色叫红、黄、蓝,因此最纯粹的红、黄、蓝三色称为三原色或叫基本色,因为它们是无法用其他颜色拼成的色泽。用不同的原色相拼合,可得橙、绿、紫三色,称为二次色。用不同的二次色拼合,或以一种原色加黑色或灰色拼合,则所得的颜色称为三次色。一般拼色的染料只数越多,所染得的颜色越萎暗。

纺织材料染色需依赖配色这一环节把染料的品种、数量与产品的色泽联系起来,这项工作长期以来均由专门的配色人员来完成。这种传统的配色方法,不仅工作量大,而且费时、费料。随着全球经济一体化、色彩通讯(或叫颜色沟通)的兴起,以及印染产品"多品种、短周期、快交货"的市场需求和色度学、测色仪以及计算机技术的发展,开发出了电脑测色配色仪,实现了电脑测色、电脑配色。它具有速度快、效率高、试染次数少、提供处方多、客户颜色认定快(可省去邮寄色样的时间)、经济效率高等优点,但染化料及纺织材料的质量必须相对稳定,染色工艺必须具有良好的重现性,作为体现色泽要求的标样不宜太小或者太薄等。

5. 拼色注意事项

在印染生产中,为了使配色做到高质、高速、高效、准确、经济,拼色时需要掌握下列原则:

(1) 拼色用染料的性能最好相同或相近

包括染色的各项工艺条件、上染速率、亲和力、匀染性、染色牢度等尽可能基本一致。否则因为工艺条件的微小变化,在染色时很容易产生色差、色花、牢度差异等疵病,降低了染色的一次成功率。因此,在拼色时最好采用染料厂推荐的红黄蓝三原色(包括浅色三原色、中色三原色、深色三原色,以及特殊要求的三原色)。

(2) 拼色染料的只数不宜过多

一般最多不超过三只,以便于控制和调整色光,这是因为染料厂提供的染料并非纯度都很高。只数太多,它们的色光会相互影响,色泽鲜艳度降低。

（3）拼色时要掌握好余色原理

余色就是两种颜色有相互消减的特性。例如带黄光的红色,若黄光太重,可用黄色的余色即蓝色来消除黄光。但要注意,应用余色原理来调整色光,只能是微调,否则会降低色泽的鲜艳度和染色深度。

（4）要掌握好就近微调的原则

如拼紫色,用纯度较高的红和蓝,尽管可能获得所需的颜色,但可能会因工艺条件的微小变化,很易造成色光偏红或偏蓝。若采用紫色染料并用红或蓝色染料去调整色光,或采用偏红光的蓝和偏蓝光的红去拼色,这种现象就可大为改观。

二、染料基本知识

1. 染料概述

染料是指能够使纤维材料获得色泽的有色有机化合物,但并非所有的有色有机化合物都可以作为染料。作为染料一般要具备四个条件。其一为色度,即必须能染得一定浓度的颜色(有一定的染色提升率);其二为上色的能力,也就是与纺织材料有一定的结合力,即亲和力或直接性;其三为溶解性,即可以直接溶解在水中或借化学作用溶解在水中;其四为染色牢度,即在纺织材料上染上的颜色需有一定的耐久性,不容易褪色或变色。有些有色物质不溶于水,对纤维没有亲和力,不能进入纤维内部,但能靠黏合剂的作用机械地固着在织物上,这种物质称为颜料。颜料和分散剂、吸湿剂、水等进行研磨,可制得涂料,涂料也可用于染色,但没有在印花上的应用普遍。

2. 染料的分类

染料的分类方法有两种,一种是根据染料的性能和应用方法进行分类,称为应用分类;另一种是根据染料的化学结构或其特性基团进行分类,称为化学分类。按应用分类主要有直接染料、活性染料、还原染料、可溶性还原染料、硫化染料、硫化还原染料、不溶性偶氮染料、酸性染料、酸性媒染染料、酸性含媒染料、阳离子染料、分散染料、缩聚染料等十多种,此种分类方法在印染企业用得较普遍;按化学分类主要有偶氮染料、蒽醌染料、靛类染料、三芳甲烷染料等几大类,此种分类方法主要在染料生产企业使用。

3. 染料的选择

各种纤维的结构不同,其染色性能也不尽相同,因此应选用相应的染料和染色工艺进行染色。一种纤维往往可用几类不同的染料染色,如纤维素纤维可用直接染料、活性染料、还原染料、可溶性还原染料、硫化染料、硫化还原染料、不溶性偶氮染料等进行染色;蛋白质纤维和锦纶可用活性染料、酸性染料、酸性含媒染料等进行染色。一种染料除了主要用于一类纤维的染色外有时也可用于其他纤维的染色,如直接染料也可用于蚕丝的染色,分散染料除用于涤纶的染色外,也可用于锦纶、腈纶的染色。除此之外还要根据纺织材料的用途、染料及助剂的成本、染色牢度要求、染料拼色要求、染色设备等来选择染料。

（1）根据印染纺织材料的环保性能选择染料

1992 年,德国 Hohenstein 研究协会和维也纳-奥地利纺织品研究协会制定了 Oeko-Tex Standard 100 生态纺织品标准。此标准的主要任务是检测纺织品的有害物质以确定它们的安全性。Oeko-Tex Standard 100 是现在使用最为广泛的纺织品生态标志。

按照生态纺织品的要求以及禁用118种染料以来,环保染料已成为染料行业和印染行业发展的重点,环保染料是保证纺织材料生态性极其重要的条件。环保染料除了要具备必要的染色性能以及使用工艺的适用性、应用性能和牢度性能外,还需要满足环保质量的要求。

环保型染料应包括以下十个方面的内容:

① 不含德国政府和欧共体及 Eco-Tex Standard 100 明文规定的在特定条件下会裂解并释放出22种致癌芳香胺的偶氮染料,无论这些致癌芳香胺游离于染料中或由染料裂解所产生。

② 不是过敏性染料。

③ 不是致癌性染料。

④ 不是急性毒性染料。

⑤ 可萃取重金属的含量在限制值以下。

⑥ 不含环境激素。

⑦ 不含会产生环境污染的化学物质。

⑧ 不含变异性化合物和持久性有机污染物。

⑨ 甲醛含量在规定的限值以下。

⑩ 不含被限制农药的品种且总量在规定的限值以下。

(2) 根据纤维性质选择染料

各种纤维由于本身的结构和染色性能不同,在进行染色时就需要科学合理地选用与之相适应的染料。例如纤维素纤维染色时,由于它的大分子结构上含有许多亲水性的羟基,易吸湿膨化,能与染料的反应性基团发生化学反应,故一般可选择直接、还原、硫化、活性等染料染色;涤纶纤维的结构紧密,疏水性强,高温下不耐碱,一般情况下不宜选用以上染料,而应选择与之相应的分子结构简单、相对分子质量小、难溶于水的分散染料进行染色。

(3) 根据印染纺织材料的用途选择染料

由于被染物的用途不同,故对染色成品的要求也不同。例如用作窗帘的布是不常洗的,但要经常受日光照射,因此染色时应选择耐晒牢度较高的染料。作为内衣和夏天穿的纺织面料,特别是浅色织物的染色,由于要经常水洗、日晒,所以应选择耐洗、耐晒、耐汗渍牢度较高的染料。

(4) 根据染料成本、货源选用染料

在选择染料时,不仅要从色光和牢度上着想,同时要考虑染料和相配套助剂的成本、货源等,特别是对于深浓色织物的染色,应主要考虑其染色时的提升率和染料的成本。

(5) 根据拼色用染料的性能选择染料

在需要拼色时,选用染料应注意它们的成分、溶解度、色牢度、上染率等性能。由于各类染料的染色性能有所不同,在染色时,往往会因温度、溶解度、上染速率等的不同而影响染色效果。因此,进行拼色时必须选择分子结构和性能相近的染料,以有利于工艺条件的控制、染色质量(包括染色深度、色光、匀染性等)的稳定。

(6) 根据染色设备选择染料

由于染色设备不同,对染料的要求也不相同,而且染色方法也相差甚远。如果用于浸染,应选用直接性较高的染料;用于轧染,则应选择直接性较低的染料,否则就会产生前深后浅、色泽不匀等不符合要求的产品。

（7）根据印染的后续加工方式选择染料

印染后的加工方式对染色产品的性能影响很大,如对于色织机织物,如后整理要进行丝光加工,纱线就不能采用不耐碱的活性染料染色,而最好采用还原染料染色,否则色织物在丝光时经浓碱处理时极易使染料水解而褪色或变色。

4. 染料的命名

用于纺织材料染色的染料品种繁多,已知的品种已达上千种,如按染料的化学结构命名则十分复杂,难写难记,不能表达使用特征,对印染企业的使用意义不大。因此,国产的商品染料普遍都采用三段命名法命名:即第一段为冠称,表示染料的应用类别;第二段为色称,表示纺织材料用标准方法染色后所呈现的色泽名称;第三段为尾注,是用数字、字母表示染料的色光、染色性能、状态、用途、浓度等。如活性艳红M-8B 150%,其中"活性"是冠称,表示活性染料;"艳红"是色称,表示染料在纺织材料上染色后所呈现的颜色是鲜艳的红色;"M-8B 150%"是尾注,其中的"M"指 M 型活性染料,"B"指染料的色光偏蓝,"8B"指比"B"蓝很多,说明这是个蓝光很重的红色染料,"150%"表示染料的强度或力份。印染厂收到的每批染料,都应经过必要检验,主要是试验它的染色性能与原样是否相符,比较所得颜色的色光、浓淡、牢度、匀染性等情况,以及染料颗粒的细度、染液的稳定性等。

至今为止,有关染料的命名尚未在世界各国完全统一,各个染料厂都为自己生产的每种染料取一个名称,所以即使是同一种染料也可能有几个不同的名称。

三、常用染色方法和染色设备

1. 常用染色方法

根据染料施加于被染纺织材料及其固着在纤维中的方式不同,染色方法可分为浸染(又称竭染)和轧染两种,若细分可分为浸染、卷染、轧染和轧卷四种。浸染是将纺织材料浸渍在染液中,经过一定的时间使染料上染纤维并固着在纤维中的染色方法。轧染是将纺织材料在染液中短暂浸渍后,用轧辊轧压,将纺织材料中的空气压出,染液挤入纺织材料的组织空隙中,同时将纺织材料上多余的染液挤除,使染液均匀地分布在纺织材料上,再经过后处理而使染料上染纤维的过程。

浸染设备简单且配套设备少,操作容易,适用范围广,特别适用于散纤维、毛球毛条、纱线、针织物、丝织物、丝绒织物、毛织物、稀薄织物、弹力织物、网状织物等不能经受较大张力或轧压的纺织材料染色。但由于浸染是间歇式生产,浴比相对较大,染料的利用率较低,能耗高,水的利用率较低,劳动强度较大,生产效率较低,一般适用于小批量、多品种的加工。

轧染属于连续式加工方式,劳动强度较小,生产效率较高,染料的利用率较高,单位产品能耗低,水的利用率较高,特别适用于批量较大、工艺稳定的机织物染色。但轧染设备相对复杂且配套设备多,设备投资高,占用面积大。

2. 常用染色设备

染色设备的种类很多,按照设备运转的性质可分为间歇式染色机和连续式染色机;按照染色方法可分为浸染机、卷染机、轧染机和轧卷机;按被染物的形态可分为散纤维染色机、纱线染色机、织物染色机和成衣染色机;按织物在染色时的状态可分为平幅染色机和绳状染色机;按染色时的工艺条件可分为常温常压染色机、高温高压染色机等。

纱线染色机根据加工产品的不同又分为绞纱染色机、筒子纱染色机、经轴染色机和连续染纱机;织物染色机又可分为针织用的绳状染色机、常温溢流染色机、高温染色机等绳状设备和平幅染色机。此三种绳状设备也适用于稀薄、疏松及弹性好的机织物染色。另外,适用于机织物的平幅染色机有连续轧染机、卷染机、轧卷染色机和星形架染色机等。

织物浸染按染色时被染物与染液的相互运动关系分为:织物运转而染液不动(如绳状染色机等)、织物不动而染液循环(如经轴染色机)、织物被染液带动或两者共同运动(如溢流染色机、喷射染色机、溢喷染色机)。

染色加工从小批量、多品种加工提升为实现及时化生产和一次准确化生产,生产过程按规定的工艺变量(如温度、湿度、速度、张力、浓度、液位、色泽、时间、克重、门幅、导布、含氧量、pH 值、预缩率及化学药剂的施加量等)要求"上真工艺",确保染色产品质量的稳定性、再现性,达到节能、降耗、低成本、安全、可靠、少污染的清洁生产,以提高印染企业的综合技术实力和市场竞争能力。"工欲善其事,必先利其器",在染整生产中要提高质量、开发新产品、增加产量、提高质量、降低成本,首先要有先进的工艺技术,而先进的工艺技术必须有先进的染整机械设备才能得以实施,因此染色设备是否先进、完善,是染整工业能否向前发展的重要因素之一。现将织物染色的主要设备简介如下。

(1)连续轧染机

连续轧染机适用于大规模连续化、工艺稳定的染色加工,是棉、化纤及其混纺织物最主要的染色设备。根据所使用的染料不同,连续轧染机的类型也不同,例如有还原染料悬浮体轧染机、纳夫妥染料打底和显色机、硫化染料轧染机、热熔染色机等。尽管类型不同,但它们的组成大致可分为染色轧车、烘燥机、蒸箱和水洗机等几个部分。

① 浸轧装置(轧车)。浸轧装置是织物浸轧染料的主要装置,主要由轧辊、轧槽及加压装置组成。轧辊有软硬之分,硬轧辊一般用不锈钢制成,软轧辊用橡胶制成。轧辊加压方式有杠杆加压、油压和气动加压。轧辊有两辊、三辊之分,根据轧辊的排列方式有立式和卧式之分。浸轧方式有一浸一轧、二浸二轧或多浸二轧等,视织物品种和染料种类而定。

② 烘干装置。包括红外线(预烘)、热风和烘筒烘燥三种形式。前二者为无接触式烘干,织物所受张力较小;后者为接触式烘干,织物所受张力较大。

a. 红外线烘燥。利用红外线辐射穿透织物内部,使水分蒸发,受热均匀,不易产生染料的泳移,烘燥效率高,设备占地面积小。

b. 热风烘燥。利用热空气对流传热的方式烘干织物。被加热的空气由喷口喷向织物,使织物上的水分蒸发并逸散到空气中。这种烘燥机的烘燥过程比较缓和,烘后织物手感柔软、表面无极光,但烘燥效率低,占地面积大。

c. 烘筒烘燥。利用热传导方式加热织物。织物通过用蒸汽加热的金属圆筒表面而被烘干,因采用直接接触的方式进行加热,故烘燥效率高。但织物承受的张力大,易造成染料泳移,织物易产生烫光印(极光)。

在实际生产中,为了提高生产效率、保证染色质量,往往是几种方式相互结合使用。

③ 蒸箱。有的染料浸轧染液后要进行汽蒸,使织物在不同的温湿度条件下完成染料和助剂的充分还原、溶解、向纤维内部的扩散、发生化学反应、显色等。有的蒸箱为了防止空气进入,在蒸箱的进出口设置水封口或汽封口,这种蒸箱称为还原蒸箱,主要用于还原染料染色后的汽蒸。

④ 平洗装置。主要用于去除残留在织物上的染料浮色、酸碱及其他助剂、分解产物及

污物等。它包括多格平洗槽,可用于冷水、热水、皂煮以及根据不同染料进行的其他后处理(如还原染料隐色体的氧化)。

⑤ 染后烘干装置。染后的烘干都采用烘筒烘干。

目前,连续轧染机基本上都由上述单元机台组合而成,还可根据需要增减一些单元机,以适应不同染料的染色,如热熔染色机在热风烘燥机后加一组焙烘箱。图 4-1 为连续轧染机示意图。

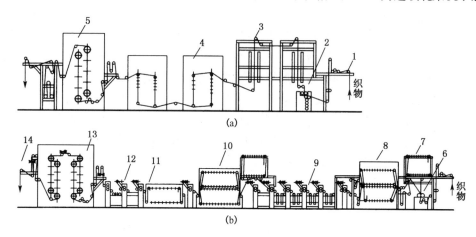

图 4-1 连续轧染机

1—进布装置 2,6—均匀轧车 3—红外线烘燥机 4—横导辊热风烘燥机
5—烘筒烘燥机 7—透风辊 8—还原蒸箱 9—平洗槽 10—皂洗箱
11—长蒸箱 12—平洗槽 13—烘筒烘燥机 14—落布装置

(2)卷染机

卷染机又称交辊卷染机或染缸。卷染机是一种间歇式的染色机械,根据其工作性质可分为普通卷染机、高温高压卷染机,适用于直接染料、活性染料、还原染料、硫化染料和分散染料等染色工艺,也适用平幅织物的退浆、煮练、漂白、洗涤和后处理等工艺,用途较广。此外,它具有操作灵活、检修方便、结构简单、投资费用少、机动性强、适宜多品种小批量加工的特点,但生产效率较低,劳动强度较高,大批量染色易产生缸差。

普通的常温常压卷染机的染槽为铸铁或不锈钢制,槽上装有一对卷布轴,通过齿轮啮合装置可以交替改变两个轴的主、被动,同时给予织物一定张力。织物通过小导布辊使其浸没在染液中并交替卷在卷布轴上。在染槽底部装有直接蒸汽管加热染液,间接蒸汽管起保温作用。槽底有排液管。图 4-2 为普通常温常压卷染机示意图。

为了弥补普通卷染机的不足,目前大部分采用现代卷染机(又称大卷装卷染机、巨卷装卷染机或自动卷染机等)。与普通卷染机相比,它具有恒速恒张力(微张力)卷绕、布卷容量大、织物运行速度范围广、浴比小(最小仅 1:3~1:4)、自动化程度高(工艺参数及染液循环等工艺过程的自动控制)的特点。

染色时,织物由被动卷布辊退卷入槽,再绕到主动卷布轴

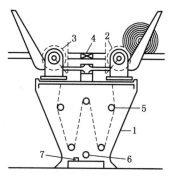

图 4-2 普通常温常压卷染机

1—染槽 2—卷布轴 3—布轴
4—换向齿轴 5—导布辊
6—间接加热管 7—排液口

上,这样运转一次,称为一道。织物卷一道后又换向卷到另一轴上,主动轴也随之变换。染毕,织物打卷出缸。

(3)溢流、喷射染色机

① 溢流染色机。溢流染色机是特殊形式的绳状染色机,根据染色时工艺条件的不同可分为高温高压型和常温常压型两大类。该机容易操作,使用简便,由于染色时染液通过液流口而形成一定流量的水流来输送织物,因此织物处于松弛状态,所受张力小,染后织物手感柔软,得色均匀,色泽柔和,能有效地消除织物因折皱而造成的疵病。缺点是浴比较大,染料和水的用量大。主要用于丝绸织物、针织物、毛织物和仿毛织物、弹力织物、毛圈及腈纶等织物的染色。

溢流染色机自动化程度较高,染液循环泵要求流量大,但扬程不需太高。采用溢流染色机染色时,染液从染槽前端多孔板底下由离心泵抽出,送到热交换器加热,再从顶端进入溢流槽。溢流槽内平行地装有两个溢流管,当染液充满溢流槽后,由于和染槽之间的上下液位差,染液溢入溢流管时带动织物一同进入染槽,如此往复循环,达到染色目的。图4-3为溢流染色机示意图。

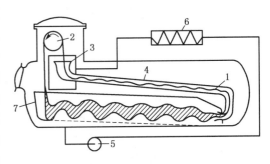

图4-3 溢流染色机

1—织物 2—导辊 3—溢流口 4—输布管道
5—循环泵 6—热交换器 7—浸渍槽

② 喷射染色机。喷射染色机与溢流染色机的区别在于后者织物的上升是靠主动导布辊的带动,而前者是由喷嘴喷射染液带动的,因而织物张力更小,各部分所受的力更均匀,被染物的手感比较柔软。喷射染色机占地面积小、染色速度快、产量高、浴比小,可节约材料、动力和劳动力。该机的缺点是操作要求较高,需根据不同规格的织物选用不同的喷嘴,如操作不当,易发生堵布现象。该机可用于高温高压染色,也可用于常温常压染色,适用于针织物、绉类轻薄织物,以及弹力织物的染色,但对织物有所损伤,不适应于丝绸、毛型等娇嫩织物的染色。

采用该机染色时,先在U形管内注入染液,再通过循环泵将染液由U形管中部抽出,经热交换器,再由顶部喷嘴喷出,在喷嘴液体喷射力的推动下,织物在管内循环运动,完成染色。由于染液的喷射作用有助于染液向绳状织物内部渗透,染色浴比也小,织物所受张力更小,因而获得了更优于溢流染色机的染色效果。图4-4为喷射染色机示意图。

为了充分发挥溢流染色机和喷射染色机的优点,做到取长补短、优势互补,目前出现了溢流染色和喷射染色结合的溢流喷射染色机(简称溢喷染色机),有罐式和管道式两种。用该机染色的织物所受张力小,染色浴比小,染液与染物的循环速度快,匀染性较好,操作较

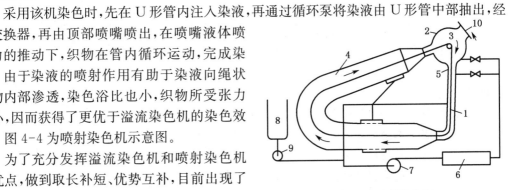

图4-4 喷射染色机

1—织物 2—主缸 3—导辊 4—U形染缸
5—喷嘴 6—热交换器 7—循环泵
8—配料缸 9—加料泵 10—装卸口

简单,适用范围广。

（4）气流喷射染色机

气流喷射染色机是一种新型的染色设备,特别适合于聚酯超细纤维织物的染色及各种机织物、针织物的小浴比染色。与常规喷射染色机相比有以下优点：

① 染色时间缩短 50％ 以上。

② 蒸汽和水节约 50％,可大大降低染化料的消耗和减少工业废水。

③ 染色重现性好。

④ 无泡沫,洗涤很容易,生产所用时间短。

⑤ 染色周期短,染色效果好,对织物无损伤,染后织物不产生折皱,且手感极佳。

⑥ 染色适用范围广,适用织物面密度范围为 $70\sim450 \ g/m^2$。

⑦ 染色渗透力强,染色非常均匀,极不易起色花。

除上述织物染色设备外,还有小批量连续轧染机、高温高压连续轧染联合机、短流程湿蒸染色机、超临界二氧化碳染色机、针织物连续染色机、冷轧堆染色机、经轴染色机、高温快速染色机等染色设备。

除织物染色设备外,还有散纤维染色设备、纱线染色设备、成衣染色设备以及其他形态纺织材料的染色设备。散纤维染色设备主要有吊筐式散纤维染色机、旋转桨式散纤维染色机、高温高压散纤维染色机、毛球（条）染色机等;纱线染色设备主要有往复式绞纱染色机、喷射式绞纱染色机、液流式绞纱染色机、升降式染纱机、高温高压绞纱染色机、高温高压筒子纱染色机、经轴纱染色机和连续染纱机（又称经轴"一步法"染纱机）等。

任务二　直接染料染色

知识点

　　1. 直接染料的概念;

　　2. 直接染料的优缺点和适用范围;

　　3. 直接染料的主要性能及其分类;

　　4. 直接染料卷染和轧染的工艺流程;

　　5. 直接染料卷染和轧染的工艺处方和工艺条件;

　　6. 染液组成中各助剂的作用。

技能点

　　1. 能根据要求简要设计染色工艺;

　　2. 能根据要求简要确定染色处方;

　　3. 初步掌握卷染操作的要点;

　　4. 初步掌握轧染操作的要点。

　　直接染料分子结构中含有磺酸基或羧基等水溶性基团,在水中的溶解度较高,也有少数染料需加入纯碱进行助溶。因其可直接溶解于水,对纤维素纤维等有较高的直接性,可不依赖其他助剂而直接上染棉、麻、丝、毛和黏胶等纤维,所以叫直接染料。直接染料色谱齐全、色泽较鲜艳、价格低廉、染色方法简便、得色均匀，但其水洗牢度差，日晒牢度欠佳。因此，除浅色外，一般都要进行固色处理或采用新型的染料染色，例如采用化学药品，对已经染上颜色的纺织材料进行后处理，提高染色纺织材料的耐洗和耐晒牢度；也可采用新型的交链固色剂来提高染色纺织材料的染色牢度。除此之外，采用一些新型的染料品种，如直接耐晒染料和直接铜盐染料等，也可在一定程度上提高其染色牢度。

直接染料可用于各种棉制品的染色，也可用于黏胶纤维、麻纤维、蚕丝、锦纶和羊毛等纤维的染色。可用浸染、卷染、轧染和轧卷染色，一般以浸染和卷染为主。直接染料染纯黏胶纤维织物时，宜在松式绳状染色机或卷染机上进行，但不宜采用轧染。因其存在皮芯结构，因此染色温度应该比棉高，染色时间也要相应延长。

一、直接染料的主要性能

直接染料分子结构中含有多个芳香族化合物的磺酸钠盐或羧酸钠盐，绝大多数为偶氮结构，其中以双偶氮或三偶氮为主。这类染料为直线型长链分子，同平面性好，具有贯通的共轭体系，因而能与具有直线、长链型的纤维素大分子相互靠近，依靠其分子间引力而产生较强的结合力。另外，由于染料结构中还含有羟基、氨基、磺酸基或羧基，能与纤维素大分子上的羟基形成氢键结合，所以直接染料能与纤维形成物理化学的结合而完成对纤维素纤维的染色。

直接染料在水中溶解度的大小主要取决于染料分子内水溶性基团的种类和数量及其在整个大分子中所占的比重，所含的水溶性基团多，在水中的溶解度就大。提高温度，也会使染料的溶解度增大。直接染料在水中溶解后，在溶液中形成染料阴离子。但由于一般的水中含有较多的钙、镁离子，它们能与染料阴离子结合而形成不溶性沉淀，因此降低了染料的利用率，甚至在纺织材料上形成色点或色斑。因此，染色用水必须进行软化处理。直接染料在酸性溶液中会分解成色素酸，不适宜于染棉，而用于染毛纤维。因染料结构中大多含有偶氮基，当遇到还原性物质时，偶氮基易被还原分解成氨基，染料一经遭到破坏，即使再使用氧化剂也很难恢复到染料原来的颜色。

直接染料在溶液中主要是以染料阴离子形式存在，当溶液中加入少量纯碱时，促进了纤维素阴离子的离解而带负电荷，使染料阴离子和纤维阴离子之间产生较大斥力而阻碍了染料的吸附，从而降低了染色深度，即纯碱加入染液后起到了增加染料的溶解度而降低了染料对纤维的亲和力而起到缓染作用。但将中性无机盐加入染液后，这些无机盐就离解成阳离子(Na^+)和相应的阴离子。因无机的阳离子体积较小，在水溶液中运动速度快，可首先吸附在纤维大分子周围，从而降低了纤维分子表面的阴电荷，使染料和纤维之间的斥力减小；而无机盐中的阴离子与染料阴离子产生的斥力又能将染料从染液中推向纤维，从而增加了染料阴离子与纤维素分子之间的吸附量，达到促染的效果。因此，中性无机盐可作为直接染料的促染剂，但无机盐的用量不能过多，否则会使溶解在染液中的染料产生盐析作用，产生沉淀。

利用直接染料属于阴离子型染料的特性，可在染色后加入阳离子的金属盐、阳离子型固色剂和反应性固色剂对纺织材料进行处理，使染料成为不溶性的化合物，在洗涤和其他湿处理时不易从纺织材料上溶落下来，从而提高染色纺织材料的染色牢度。

直接染料根据其染色性能可分为三类：

（1）匀染性染料（A类）

这类染料的分子结构比较简单，相对分子质量和体积相对较小，在染液中的聚集倾向较小,对纤维的亲和力较低,扩散速率较高,匀染性能很好。中性盐的促染作用不明显。在常规染色时间内,平衡上染百分率往往能够随着染色温度的升高而降低。因此染色温度不宜太高,在70～80℃下就可染色。这类染料的湿处理牢度较低,一般仅适宜于染浅色。

（2）盐效应染料（B类）

这类染料的分子结构较复杂,含有较多的水溶性基因,对纤维的亲和力较高,染料的扩散速率慢,匀染性能差。中性无机盐对这类染料的促染效果很显著,要很好控制食盐的加入量,以控制其上染速率和匀染性。若食盐加入过早,因初染率太高,会使染料上染太快,导致染色不匀而产生色花和色差。

（3）温度效应染料（C类）

这类染料的分子结构大而复杂,对纤维有较强的亲和力,染料的扩散速率慢,匀染性能较差。中性盐对它的促染效果很小,但温度对它的影响较大,上染百分率一般随着温度的升高而增加。但这类染料在始染时温度不能太高,否则,会因上染太快而影响匀染。一般用于染深浓色。

在拼色时,要注意选用性能接近的同类染料。

二、直接染料的染色方法

直接染料的染色方法简单,以卷染为主,由于受染料溶解度及上染速率的限制,轧染仅限于浅、中色。染色一般在中性或弱碱性介质中进行,在酸性溶液中不适用于染棉,在弱酸性介质中可以上染蛋白质纤维。

1. 直接染料的卷染工艺

（1）工艺流程

卷轴→卷染→水洗（→固色处理）→冷水上轴。

（2）处方与工艺（表4-1）

表4-1　直接染料卷染处方与工艺条件

项　目		浅色	中色	深色
染液处方	染料（对织物重%）	0.2以下	0.2～1	1以上
	纯碱（g/L）	0.5～1	1～1.5	1.5～2
	食盐（g/L）	—	3～10	10～20
固色液处方	无醛固色剂CL-2（对织物重%）	0.8～1.2		
	30%醋酸（对织物重%）	0.6～1		
工艺条件	项目	道数	液量（L）	温度（℃）
	卷轴	—	150	60～70
	染色	6～12	100～150	近沸
	水洗	2	200	室温
	固色	4	150	室温～60
	水洗	2	200	室温
	上轴	1	—	—

注:每轴布重根据不同织物规格而定。

（3）卷染操作注意事项

①染料先用热软水调匀后加水溶解，有些染料宜加些润湿剂先调成浆状，然后再加热水溶解，使用时将已溶解的染料过滤后加入染缸内。

②染前将织物在染缸上先用 80～85 ℃的热水（不含染料）走 2 道，称为保温。

③染色时先加入染料总用量的 3/5，在规定的染色温度下染 1 道后，再加入其余 2/5 的染料，在第 3，4 道末加入食盐。食盐中应不含钙、镁盐类，以免染料产生沉淀。

④染色道数和中性盐的用量要按颜色的深浅进行增减，续缸所加染料和中性盐的用量应适当调整，以保证头缸和续缸的色泽一致。

⑤染后水洗时水的流量要适中。染后织物要及时烘干，烘筒的温度应采用先低后高，经固色后的织物影响较小。

⑥对于染色牢度较低的织物，需要在含有固色剂的染缸中走 4 道，然后用冷水洗 1 道即可上轴。

2. 直接染料的轧染工艺

（1）染色工艺

练漂半制品→浸轧染液（温度 40～60 ℃，轧余率 75％～80％）→汽蒸（温度 100～102 ℃，时间 40～60 s）→水洗→固色处理→烘干。

轧染时，染液内一般含有染料，纯碱或磷酸三钠 0.5～1.0 g/L，润湿剂 2～5 g/L。

（2）轧染操作注意事项

①因轧染时间短，为提高染色的均匀性，染液中需加入少量润湿渗透剂。

②染料先用热软水加些润湿剂调成浆状，然后再加热水溶解，过滤后加入配料桶内。

③染色半制品布面应尽量呈中性，以防色光发生变化。

④浸轧槽体积宜小，以提高染液交换速度，以降低染色织物的前后色差。

⑤染液温度要保持均匀一致，以防产生色差。

⑥因染料对纤维的直接性高于水，因此在初开车时染液要根据染料对纤维的直接性适当冲淡 20％～30％，以保证前后的色泽一致。

3. 直接染料的浸染工艺

工艺流程：染前处理→浸染染色→水洗→固色→水洗→脱水→烘干。

任务三　活性染料染色

知识点

1. 活性染料的概念；

2. 活性染料的优缺点和适用范围；

3. 活性染料的主要性能、染色原理、结构及其分类；

4. 活性染料浸染、卷染和轧染的工艺流程、工艺处方、工艺条件，及染液中各助剂的作用；

5. 活性染料的新型染色方法。

技能点

1. 能根据要求简要设计染色工艺；

2. 能根据要求简要确定染色处方；

3. 初步掌握浸染、轧染操作的要点。

活性染料因含有水溶性基团，故能溶解于水，同时分子中又含有一个或一个以上的活性基团（又叫反应性基团），在一定的条件下，能与纤维素纤维中的羟基、蛋白质纤维及锦纶纤维中的氨基等发生化学反应，所以活性染料又称反应性染料。

活性染料与纤维发生化学结合后，染料成为纤维分子中的一部分，因而大大提高了被染物的水洗、皂洗牢度。除此之外，它还具有制造较简单、价格较低、色泽鲜艳、色谱齐全、染色工艺和使用的纤维范围广等优点，因此在印染加工中占有非常重要的地位，常被用来代替价格昂贵的还原染料。但活性染料也存在一定的缺点，染料的上染率和固色率低，染料在与纤维反应的同时，也能与水发生水解反应，其水解产物一般不能再和纤维发生反应，造成染料的利用率降低。有些活性染料的耐日晒、耐气候牢度较差，大多数活性染料的耐氯漂牢度较差，有的还会产生"风印"及断键现象，使被染物发生褪色等质量问题，同时中性电解质的用量很大，这些都将直接影响印染织物的成本、水洗效果及废水的处理，给应用带来一定的困难。

一、活性染料的结构与分类

活性染料是由母体染料与活性基团经化学反应缩合而成的，其化学结构通式可表示如下：

$$S{-}D{-}B{-}R{\Large\substack{\diagup X\\ \diagdown Y}}$$

其中：S 为水溶性基团；D 为染料母体；B 为连接基团（或称架桥基团）；R 为活性基团（或称反应性基团）；X 为离去基团；Y 为取代基团。

各种活性染料分子结构的区别主要是在于连接基团、活性基团、离去基团及取代基团有所不同。活性染料的结构是一个有机整体，每部分的变化都会影响染料的性能。其中水溶性基团主要影响染料的溶解性；染料母体主要影响染料的亲和力、扩散性、颜色和耐晒牢度；连接基团主要影响染料的反应性能和染料与纤维结合的稳定性；活性基团主要影响染料与纤维的反应性能和染料与纤维结合的稳定性；离去基团和取代基团对染料的反应性能也有较大的影响，离去基团的离去倾向越大，取代反应越快。

活性染料按其所含活性基团的数量可分为单活性基团活性染料和双活性基团活性染料；按活性基团的类别可分为 X 型（普通型或称冷染型，为二氯均三嗪型结构）、K 型（热固型，为一氯均三嗪型结构）、KN 型（乙烯砜型），此外还有 M 型（含双活性基团）、KD 型（活性直接染料，主要用于丝绸）、P 型（磷酸酯型）等多种；按活性染料的母体结构可分为偶氮型、蒽醌型、酞菁性和金属络合型等几大类。

二、活性染料的染色性能

① 活性染料的结构中一般含有磺酸基，因此它的水溶性较好，对硬水有一定的稳定性。

② 活性染料对纤维素纤维的亲和力较低，渗透性较好，因此匀染效果较好。相对于直

接染料来说,因其相对分子质量较小,能很快地渗透到纤维内部,因此可适用于轧染、轧卷、卷染和浸染等工艺。但也正是由于其亲和力较低,染料容易产生泳移现象。

③ 活性染料在碱性条件下,与纤维素纤维发生反应并形成共价键结合。但碱性不宜过强,否则染液中 OH^- 浓度过高,染料的水解反应也会加快,会大大降低染料的利用率。

$$S—D—B—R—X + HO—Cell \longrightarrow S—D—B—R—O—Cell + HX$$

$$D—SO_2CH_2CH_2OSO_3Na \xrightarrow{OH^-} D—SO_2CH=CH_2$$

$$D—SO_2CH=CH_2 + HO—Cell \longrightarrow D—SO_2CH_2CH_2—O—Cell$$

④ 活性染料的染色发生的是化学反应,能使染料与纤维成为一个有机的整体,因此可获得较高的染色牢度。但染料与纤维的结合键在一定的条件下也可能发生断裂,如酸和碱都可能使其结合体发生水解,而使染色织物产生褪色或变色现象。结合键的牢度主要取决于染料的结构。

⑤ 活性染料分子结构中含有活性基团。活性基团既可与纤维中的羟基发生反应,也可与水中的 OH^- 发生水解反应。活性染料中活性基团的活泼性越强,水溶液中的碱性越强,水解反应越剧烈。

⑥ 活性染料在染液中以阴离子形式存在,与直接染料相似,因此中性盐对它也有促染作用。

三、活性染料的染色工艺

活性染料染色可根据不同的染色要求和染色设备,分别采用浸染、卷染、轧染与轧卷几种方法。

1. 浸染

浸染工艺特别适用于小批量多品种的生产,它染色方便、周转灵活,深中浅色都可染色,广泛用于纤维、纱线、针织物、机织物及成衣的染色。但不同类型的染料对纤维的直接性不同,因此染色温度、固色温度、碱剂和中性盐的用量也各不相同。表4-2给出了常用活性染料浸染的染色和固色温度。

表4-2 活性染料浸染的染色、固色温度

染料类型	染色温度(℃)	固色温度(℃)
X 型	室温	室温
KN 型	40~60	40~60
M 型	60~80	60~80
KE 型	40~50	80~90

浸染的一般工艺流程为:练漂半制品→水洗润湿→染色(→加碱固色)→水洗→皂煮→热水洗→冷水洗(→加固色剂固色处理)→脱水→烘干。

浸染工艺主要有一浴一步法(又称全浴法)、一浴二步法和二浴法。一浴一步法是将染料、中性盐和碱剂等在开始染色时全部加入染浴中进行染色的方法。采用此法时由于染浴的碱性太强,染料水解太多,造成染料的浪费,同时因中性盐的促染作用和碱剂的固色作用,上染和固色太快,易造成染色不匀,不适宜于续缸染色。一浴二步法是将染料先配成染液,染色一定时间后加入中性盐促染,再加入碱剂进行固色的染色方法。这种工艺的染色质量容易控制,匀染效果较好,色差较少,但也不能续缸染色,此法用得较多。二浴法是先在中性染液中染色,然后在另一碱性固色液中固色,染浴和固色浴均可续缸使用,固色效率较高,主要用于棉纱线的染色。由于此法的染液浓度、中性盐和碱剂浓度、温度等工艺条件很难掌握一致,因此极易产生色差。

2. 卷染

卷染工艺也适宜于小批量、多品种的生产。其优点与浸染相同,主要用于机织物的染色。卷染染色过程和通常的浸染基本相同,但卷染通常采用一浴二步法染色。工艺流程为:卷轴→卷染→加碱固色→水洗→皂煮→热水洗→冷水洗(→加固色剂固色处理)→冷水洗→上轴。染色工艺及处方如表4-3所示。

表4-3 活性染料卷染处方及工艺条件

项 目		X 型			K 型			KN 型			M 型		
		浅	中	深	浅	中	深	浅	中	深	浅	中	深
染液	染料(对织物重%)	0.3↓	0.3~2	2↑	0.3↓	0.3~2	2↑	0.3↓	0.3~2	2↑	0.3↓	0.3~2	2↑
	食盐(g/L)	3~10	10~20	20~30	5~12	12~20	20~30	15~20	20~25	25~30	3~15	10~20	20~30
	碱剂(g/L)	5~10	10~15	15~20	10	10~15	15~20	10	10~15	15~20	10	10~15	15~20

项 目		道数	温度(℃)	道数	温度(℃)	道数	温度(℃)	道数	温度(℃)
工艺条件	染色	4~6	室温	6~8	40~50	6~8	60~70	6~8	60~95
	固色	4~6	室温	6~8	75~95	6~8	60~70	6~8	60~95

3. 轧染

活性染料的轧染分一浴和二浴法。一浴法是将染料、助剂和碱剂放在同一浴中进行染色,采用的碱剂一般是小苏打,其工艺流程为:浸轧染液→预烘→烘干→固色(汽蒸或焙烘)→皂洗→水洗→烘干。小苏打经加热分解产生 Na_2CO_3,使碱性增强,有利于染料固色。此法易使染料水解破坏而降低其利用率。二浴法是经浸轧染液并烘干后再浸轧含碱剂的固色液,然后汽蒸固色,采用的碱剂可以是纯碱或磷酸三钠。二浴法工艺流程为:浸轧染液→预烘→烘干→浸轧固色液→汽蒸→水洗→皂洗→水洗→烘干。

在染液中加入渗透剂有利于染液渗透到织物内部,用量为 $1~3$ g/L;加入尿素有利于染料的溶解、纤维的吸湿和溶胀,用量为 $0~100$ g/L;加入海藻酸钠可防止染料的泳移。在固色液中加入食盐可抑制染料的脱落。因染料对纤维有一定的直接性,轧槽内染液的平衡浓度一般低于补充液浓度。为了避免初开车时得色过深,应根据染料对纤维直接性的大小不同,向轧槽内加水冲淡,一般加水量为染液的 $5\%~20\%$。

4. 轧堆染色

轧堆染色时染料和纤维的固着反应是在打卷后的堆置时间内完成的。堆置分室温和热堆置两种,但以室温堆置为主,即冷轧堆染色。一般选用反应性能较高的活性染料,可获得布面均匀、渗透良好的染色效果,特别适用于厚重织物和绒类织物的染色。由于堆置时间长,采用低温固色,故染料利用率高,染色重现性好,可节约能源,减少水解染料的产生,大大降低染色废水的色度。其工艺流程为:练漂半制品→浸轧染液→打卷→转动堆置→水洗→皂洗→水洗→烘干。

5. 短流程湿蒸工艺

短流程湿蒸工艺(又称湿短蒸轧染)是一种短流程高温湿蒸一浴染色方法,即织物浸轧染液后不经预烘和烘干,而是利用安装在固色反应箱内入口处的电热红外加热器,使织物迅速升温并汽蒸(汽蒸温度为 130 ℃,相对湿度为 25%~30%,汽蒸时间 1.5~3 min),使活性染料充分渗透和固着。此法的染色工艺流程短,耗盐量少,染化料成本低,固色率高,生产过程稳定,染色重现性好,色泽鲜艳,节约能源。其工艺流程为:练漂半制品→浸轧染液(轧余率 60%~70%)→高温湿蒸→水洗→皂洗→水洗→烘干。

任务四　还原染料染色

知识点

1. 还原染料的概念;
2. 还原染料的优缺点和适用范围;
3. 还原染料的染色过程;
4. 还原染料隐色体染色法的不同还原方法;
5. 还原染料隐色体染色法和悬浮体轧染法的工艺处方和工艺条件;
6. 染液组成中各助剂的作用。

技能点

1. 能根据要求简要设计染色工艺;
2. 能根据要求简要确定染色处方;
3. 初步掌握隐色体染色法和悬浮体轧染法的操作要点。

还原染料(商品名为士林染料)不溶于水,按其主要化学结构分为靛类和蒽醌两大类。染色时要在碱性的还原液中还原溶解成为隐色体钠盐才能上染纤维,上染纤维后,再经氧化,使其重新转变为原来的不溶性色淀而固着在纤维上。

还原染料的色谱较全,色泽鲜艳,是各类染料中各项性能都比较优良的染料,特别是耐晒、耐洗牢度为其他染料所不及,主要用于纤维素纤维和维纶纤维纺织材料的染色。但还原染料的合成方法比较复杂,价格较贵,色谱中红色品种较少,缺乏鲜艳的大红色,染浓色时摩擦牢度较差,某些黄橙色染料有光敏脆损现象,因而使用受到一定的限制。

一、还原染料的染色过程

还原染料染色时,可采用浸染、卷染、轧染等染色方法。一般纱线及针织物大多用浸染,机织物大多用卷染和轧染。其染色方法尽管各不相同,但一般都包括下述四个基本过程。

1. 染料还原

还原染料不溶于水,但在碱性介质中,在强还原剂连二亚硫酸钠(俗称保险粉)的作用下,其分子结构中的羰基被还原成可溶性的隐色体钠盐(简称隐色体)。

在用保险粉-烧碱法进行染料还原溶解时,应掌握好烧碱、保险粉的用量和还原温度,才能使染料正常还原和发色,否则会使染料产生过度还原、水解、脱卤、结晶以及分子重排等不正常的反应,致使染料破坏,染物色泽萎暗,染色牢度降低。在悬浮体轧染时还应注意染料还原的难易程度。

2. 隐色体上染

还原染料经保险粉、烧碱还原溶解成隐色体钠盐后,即对纤维素纤维产生较大的直接性,先吸附在纤维表面,然后再向纤维内部扩散而完成对纤维的上染。

3. 隐色体氧化

上染纤维的隐色体经空气或氧化剂氧化后,可在纺织材料上转变为原来的不溶性还原染料并回复原来的色泽。

由于不同类型还原染料的分子结构不同,而具有不同的氧化性能,故应有针对性地对氧化条件进行适当选择,如用空气氧化或使用双氧水、过硼酸钠甚至是重铬酸盐氧化等。

4. 皂煮后处理

皂煮的目的是去除吸附在纤维表面已氧化的染料浮色,提高染色纺织材料的色泽鲜艳度、湿处理牢度和摩擦牢度。同时,皂煮还能改善纤维内染料微粒的聚集和结晶等物理状态,获得稳定的色光,并提高某些染料的日晒牢度。但应注意,皂煮前最好用温水冲洗,以去除部分染料浮色。若氧化后立即高温皂煮,纤维表面高度分散的染料会凝聚并黏附在纤维上,反而不容易去除。皂煮时间也不宜过长,否则会使纤维表面的聚集或结晶增大,导致染物的摩擦牢度和湿处理牢度降低。

二、还原染料的染色方法

还原染料可用于棉和涤棉以及维棉混纺材料的染色。按染料上染形式不同,可分为隐色体染色法及悬浮体轧染法。除此之外,还有隐色酸染色法,但用得较少。

1. 隐色体染色法

隐色体染色是把染料预先还原成可溶性的染料隐色体,通过浸渍使染料上染纤维,然后再进行氧化、皂洗的一种染色方法。它可分为浸染、卷染和轧染等形式,目前主要用浸染和卷染。由于染液中含有大量电解质,染料对纤维的直接性较大,故上染纤维的速率较快。但染料的移染性能较差,往往容易造成染色不匀,特别是开始染色时初染率很高,容易产生"环染"甚至使纤维中间未能染着而造成"白芯"。因此,对于匀染性较差的染料,在上染过程中可加入少量缓染剂或适当提高染色温度和延长染色时间,也可加入助溶剂,以提高隐色体的分散性能,降低聚集程度,提高扩散和移染能力。其染色的一般工艺流程为:染料还原溶解→浸染或卷染→水洗→氧化→皂煮→水洗。

根据染料性质不同,可采取下列不同的还原方式:

(1) 干缸法

在浸染染色时,有些染料的还原速度较慢,必须采用较为剧烈的还原条件,以提高染料的还原速率。这种还原方法称为干缸法。

干缸法还原时,先将染料用少量的水和太古油或拉开粉用温水调成稀浆,然后加入温水至全部染浴量的 1/10～1/5 的水量,再加入规定量的烧碱、保险粉,在规定温度下还原 10～15 min,待染料充分还原后再经过滤,加入含有烧碱、保险粉溶液的染缸中,并冲稀至所需浓度,搅拌均匀后放置 5～10 min,即可进行染色。

（2）全浴法

又称大缸还原法,主要适用于还原速率较快、溶解度较低或在高浓碱性还原液中容易水解的染料的还原。其方法是使染料均匀分散在染浴中,加入规定量的烧碱及保险粉,使染料还原溶解,还原 10～15 min 使染料完全还原后,即可进行染色。

由于还原染料的品种繁多,结构差异较大,其隐色体的性能各异,使得每种染料在隐色体染色时被还原的难易程度各有不同,在染浴中的聚集倾向也不相同,因此所采用的还原方式和烧碱、保险粉的用量各不相同。生产上为了便于应用,一般把隐色体染色的工艺条件分为四类（表 4-4）。

表 4-4　常用还原染料隐色体染色工艺条件

染色方法	甲法	乙法	丙法	特别法
染色深度（对织物重%）	淡色 0.5 以下,中色 0.5～2,深色 2 以上			
染色温度（℃）	60～62	50～52	25～30	65～70
染色时间（min）	45～60	45～60	45～60	60
烧碱 36°Be(mL/L)	20～30	10～14	9～16	30～45
85%保险粉(g/L)	4～12	5～10	4～9	4～12
元明粉(g/L)	—	5～15	5～25	—

上述几种染色方法中,甲法的染色温度比较高,保险粉易于分解,所以用量较多,由保险粉分解产生的酸性物质也比较多,用来中和这些酸性物质的碱剂用量也随着增多,所以,烧碱的总用量较多。上述染色方法的分类主要是为了应用上的方便,上表中的染色工艺条件也只能作为参考,对有些染料来说,两种染色方法甚至三种方法都可使用,工艺条件和烧碱、保险粉用量也可能由于机械设备等各种条件的不同而相差较大。

2. 悬浮体轧染法

悬浮体轧染法又称色淀染色法,是将未经还原的染料颗粒或细粉与扩散剂混合,制成高度分散的悬浮液,织物在该液中浸轧后染液均匀附着在纤维上,再用还原液在高温汽蒸条件下,使染料直接在织物上还原成隐色体并上染纤维,最后经氧化而固着在纤维上。悬浮体轧染法系连续生产,生产效率高。由于染料以悬浮体形式依靠机械压力进入纤维,从而避免了隐色体浸染中由于上染速率过快而造成的染色不匀的现象。采用此法可克服隐色体染色的缺点,染料透芯性好,不易产生"环染"或"白芯"现象,即使上染率不同的染料也可相互拼染,主要用于中高档织物的染色。

悬浮体轧染法工艺流程为:浸轧悬浮体染液→预烘→烘干→浸轧还原液→还原汽蒸→水洗→氧化→皂煮→热洗→冷洗→烘干。

任务五　可溶性还原染料染色

知识点
　　1. 可溶性还原染料的概念；
　　2. 可溶性还原染料的优缺点和适用范围；
　　3. 可溶性还原染料的染色过程、染色工艺流程、染液中各助剂的作用。
技能点
　　1. 能根据要求简要设计染色工艺、确定染色处方；
　　2. 初步掌握卷染、轧染的操作要点。

　　可溶性还原染料又称暂溶性还原染料，商品名称为印地科素染料，多数是由还原染料经过还原及硫酸酯化而成的隐色体硫酸酯的钠盐或钾盐，可分为溶靛素和溶蒽素两大类。可溶性还原染料可溶于水，对纤维素纤维有一定的亲和力，染料的扩散性及匀染性较好，色泽鲜艳，色谱较全，摩擦牢度高，日晒、水洗及耐汗渍牢度较好。对纤维素纤维和蛋白质纤维都能上染，还可用于涤棉混纺织物的热熔染色。但染料提升率低，很难染得深色，且价格较高，故一般只用于染中、浅色的高档织物。染色方法主要有卷染和轧染两种。

一、可溶性还原染料的染色过程

　　可溶性还原染料的染色分两步进行：第一步是织物浸入染液后，染料被吸附并扩散到纤维内部；第二步是染料上染纤维后，在酸性氧化液中产生水解和氧化，完成染料在纤维上的固着，这个过程称为显色。

1. 上染过程

　　当织物浸入染液后，由于染料对纤维有一定的亲和力（主要是氢键和范德华力），使染料吸附在纤维表面，并扩散渗透至纤维内部。因染料对纤维的亲和力相对较小，需要加入中性无机盐进行促染，以提高染料的上染百分率。为避免染料与酸性物质（如空气中的酸性气体）产生水解氧化而提前显色，在染浴中还需加入适量的纯碱，以提高染料的稳定性。由于该染料的匀染性很好，一般在较低温度（25～30 ℃）下染色。对于聚集倾向较大的染料，可适当提高染色温度（50～70 ℃）。

2. 显色过程

　　染料上染纤维后，需要在酸性的氧化液中方能显色，并固着在纤维上，因此酸和氧化剂是氧化显色的必要条件。在显色过程中，染料隐色酯的水解和氧化是密不可分的，实际生产过程中一般用硫酸和亚硝酸钠作为显色剂。可溶性还原染料显色的难易程度与其分子结构有关。为防止染料发生过度氧化，除了掌握好显色液的浓度、温度和时间外，在显色液中往往还需要加入适量的尿素。

　　染料的性质不同，显色的工艺方法也不尽相同，根据使用药剂和工艺特点的不同，显色可分为酸液显色法、汽蒸法和氯胺 T 显色法。

二、可溶性还原染料的染色方法

可溶性还原染料的染色是在中性或弱碱性条件下进行的。染色方法可分为浸染、卷染和轧染三种，以后两种居多。

1. 卷染

卷染时应选用亲和力较大、显色容易的染料，以提高染料的利用率。卷染工艺可分为冷染和热染两种，一般以热染为主。染色温度应根据染料的亲和力、匀染性和溶解度而定。冷染一般在室温条件下染色，适用于亲和力较低的染料；热染在 60～95 ℃下染色，适用于溶解度较低的染料。卷染染液的组成主要有：染料、纯碱、分散剂、食盐、亚硝酸钠等。卷染的一般工艺流程为：练漂半制品→染色 6～8 道→硫酸显色 2～3 道→水洗→纯碱中和→皂洗→水洗。

2. 轧染

轧染可使生产连续化，适用于大批量生产。因可溶性还原染料的亲和力相对较低，扩散能力强，因此轧染不易产生前深后浅的疵病，不需汽蒸，工艺简单。但由于浸渍时间短，染色成品的布面光洁度和匀染性比卷染差一些。主要用于染浅色。轧染的一般工艺流程为：练漂半制品→浸轧染液(二浸二轧，轧液温度 60～70 ℃，轧余率 70%～80%)→透风(→烘干)→硫酸显色→透风→水洗→纯碱中和→皂洗→水洗→烘干。

轧染时应尽量选用亲和力和显色难易程度相近的染料，轧液温度、车速和液面要尽量保持一致，以免产生前后色差。

任务六　硫化染料染色

知识点

1. 硫化染料的概念；
2. 硫化染料的优缺点和适用范围；
3. 硫化染料的性能；
4. 硫化染料染色工艺流程、染液组成中各助剂的作用。

技能点

1. 能根据要求简要设计染色工艺、确定染色方法；
2. 初步掌握卷染、浸染、轧染的操作要点。

硫化染料是以某些芳香胺或氨基酚类化合物为原料并使用多硫化钠或硫磺进行硫化而制得的一类含硫染料。因其分子结构中含有硫键，所以称为硫化染料。硫化染料不能直接溶解在水中，染色时需要加入硫化碱等还原剂而还原成可溶于水的隐色体。硫化染料隐色体对纤维素纤维有亲和力，上染纤维后经氧化而在纺织材料上生成不溶性的硫化染料而固色。硫化染料制造简单，价格低廉，染色工艺简单，拼色方便，染色牢度较好，广泛用于纱线、机织物及针织物的染色，特别适用于厚重织物及低档织物的染色。但其色谱不全，大多是蓝、黑、黄、棕等色，色泽不够鲜艳，不耐氯漂，对纤维有脆损作用，一般只用于染深色。

硫化染料按其商品形式有粉状、液体及水溶液三种。按应用时所需的工艺条件可分为三类:即用硫化钠作还原剂的硫化染料;用保险粉代替部分或全部硫化钠的硫化染料,以及个别不用保险粉作还原剂的硫化还原染料(又名海昌染料),它的各项牢度都高于前者;将某些硫化染料分子接上可溶性的磺酸基,使其能溶于水,这类染料称为可溶性硫化染料,其应用方法类似于可溶性还原染料。

一、硫化染料的主要性能和染色原理

1. 硫化染料的主要性能

① 硫化染料不溶于水,可溶解在硫化碱、烧碱-葡萄糖和烧碱-保险粉等碱性还原液中。

② 铜等金属会与硫化碱发生反应,生成黑色的硫化铜,因此硫化染料还原溶解时不能使用铜质的器具或染槽。

③ 硫化染料的上染率较低,因此染色时需加食盐促染,以提高上染率。

④ 硫化染料染色随着温度的升高,上染率也随之提高,因此一般采用沸染。

⑤ 用金属盐或固色剂处理染物可提高耐洗和耐晒牢度。

⑥ 用硫化染料染色后可用活性染料套染,以提高色泽鲜艳度。

⑦ 染色纺织材料上,硫化染料中的部分硫在一定的温湿度和空气中氧化性物质的存在下,容易生成硫酸,使纺织材料发生脆损。

⑧ 酸性较强的还原剂会使硫化染料的二硫键分解并成为硫化氢气体,影响员工的身体健康。而硫化黑受潮后会发热甚至可能发生自燃。

2. 硫化染料的染色原理

硫化染料的染色原理和染色过程类似于还原染料,也分为染料还原溶解、隐色体上染、隐色体氧化和后处理四个阶段。硫化染料不溶于水,但能被硫化碱还原,生成钠盐隐色体而溶解在水溶液中。这种隐色体对纤维具有较强的直接性,容易被纤维吸附,经氧化后,染料隐色体重新转变为不溶性的染料而沉积在纤维上。在染色过程中,硫化碱既是还原剂又是碱剂。为了促进硫化碱对染料的还原作用,除提高温度外,还可加入小苏打,但若用量太大,会因上染过快而造成染色不匀和"白芯"。另外,在染浴中可加入纯碱来调节 pH 值,既可帮助溶解染料,还可软化水质。硫化碱的用量随染料不同而不同。

二、硫化染料的染色方法

硫化染料的染色方法主要采用卷染和浸染。一般制成隐色体后再进行染色,可获得色泽均匀的效果。为了提高硫化染料的染色牢度,需要进行染后处理,尤其对咖啡、黑、绿等色。除了进行必要的水洗外,对氧化剂的选用也很重要,如果用双氧水或过硼酸钠,将会影响染后皂洗牢度,而用红矾、硫酸铜、醋酸处理,不仅可提高产品的水洗牢度,而且日晒牢度也可得到改善。另外,由于部分硫化染料容易产生脆损现象,因此对经硫化染料染色的织物均需进行防脆处理。

1. 硫化染料卷染

硫化染料卷染的使用较为普遍,不仅有利于小批量、多品种生产,同时可使成品得到深浓丰满的色泽。但卷染容易产生深头、深边等染色疵病。硫化黑卷染的一般工艺流程

为:卷轴→卷染 8～10 道(70～80 ℃)→冷洗 2 道→酸洗→氧化 4～5 道(55～60 ℃)→冷洗 2 道→皂洗 4～5 道(90～95 ℃)→热洗 4 道(约 80 ℃)→固色 2 道(70～80 ℃)→冷洗 2 道→防脆后处理 3 道→上卷。

值得注意的是,练漂半制品退浆要净,不得有局部风干的碱斑,以防产生染色红斑;染后的布要及时烘干,不可湿布久置。粉状硫化染料化料时应放头子布。在确定硫化碱用量时,应根据其含量进行折算。卷染深色时最好采用续缸染色,以降低染料用量和节省成本。棉混纺织物用卷染法染黑色时,除加硫化黑外,最好再加入硫化还原黑 CLN 以及少量硫化墨绿,以提高染色制品的乌黑度。染黑色棉布时一般用空气氧化,不必皂洗。

可溶性硫化染料的卷染方法与硫化染料基本相同。

2. 硫化还原染料浸染

硫化还原染料的浸染根据其还原方法可分为硫化碱-小苏打法、硫化碱-保险粉法和烧碱-保险粉法三种。染色浓度一般在 1%～6% 之间(对织物重)。其卷染工艺流程为:卷轴→卷染→冷洗→氧化→冷洗→皂洗→热洗→冷洗→上卷。

3. 硫化染料隐色体轧染

硫化染料隐色体轧染可连续化生产,因此产量高,并可减少卷染时经常产生的红边、红斑和深头等疵病,透染情况也较好。一般工艺流程为:练漂半制品→浸轧染液(二浸二轧)→汽蒸→水洗→氧化→水洗→固色→防脆后处理→烘干。

棉布轧染硫化蓝和硫化藏青时,轧染液中可添加防氧化剂或小苏打,以防过早氧化而使色光泛红。轧槽始染液中应根据织物、染料的品种和浓度、车速、轧余率和轧槽容积等情况加水冲淡 10%～60%。由于氧化时间较短,除硫化黑外,均须采用氧化剂氧化。

任务七 不溶性偶氮染料染色

知识点

1. 不溶性偶氮染料的概念;
2. 不溶性偶氮染料的优缺点和适用范围;
3. 打底剂和显色剂的性能;
4. 不溶性偶氮染料打底和显色的方法;
5. 不溶性偶氮染料轧染、浸染和卷染的工艺流程;
6. 染液组成中各助剂的作用。

技能点

1. 能根据要求简要设计染色工艺;
2. 能根据要求简要确定染色方法;
3. 初步掌握轧染、卷染和浸染操作的要点;
4. 初步掌握打底和显色操作的要点。

不溶性偶氮染料又叫冰染料,它的分子中含有偶氮基,不含水溶性基团,所以不溶于水。

冰染料不是现成的染料,而是由两种中间体通过偶合反应在纺织材料上合成的不溶性染料色淀。一类中间体叫偶合剂(多为酚类,故称色酚),又叫打底剂,商品名称为"纳夫妥",所以此类染料又叫纳夫妥染料。另一种中间体是显色剂(色基),俗称培司。由于色基重氮化和显色时要用冰冷却,所以不溶性偶氮染料又称冰染料。不溶性偶氮染料的给色量高、色泽浓艳、成本低廉、皂洗牢度较高,大多能耐氯漂,耐升华牢度高,但耐晒牢度随织物上染料浓度的降低而下降较多,耐摩擦牢度特别是湿摩擦牢度较差,染浅色时色泽不够丰满,所以一般多用于染深色。主要用于纤维素纤维的染色,特别是纱线的染色,也可采用一定的方法上染维纶和涤纶纤维。

不溶性偶氮染料的染色过程为:先用烧碱将色酚溶解成打底液,然后用重氮化色基(用盐酸和亚硝酸钠进行重氮化的产物)与打底后纺织材料上的色酚进行偶合(即显色),最后经水洗、皂洗、水洗即可。不同的色酚与色基偶合可产生几千种不同的颜色,但从色泽、染色牢度和工艺条件等方面考虑,能够在生产中应用的组合非常有限,特别是其中的色酚和色基存在致癌物质,已明确禁止使用,因此色酚与色基组合的数量大大降低。

一、色酚打底

色酚打底剂均不能直接溶解于水,需要在烧碱溶液中生成色酚的钠盐而溶解于水中,此时才对纤维有较大的亲和力。色酚的溶解可采用热熔法和冷溶法两种。热熔法在实际生产中应用较为普遍,它是先将色酚用烧碱和助溶剂调成浆状,加入热水煮沸,便可得到透明度很好的溶液。冷溶法是将色酚用 $1\sim2$ 倍的酒精调成浆状,以帮助色酚溶解,再加烧碱和少量的水,使其变成色酚的钠盐,然后加入规定量的水,即成澄清的溶液。

为有助于色酚的溶解,增加溶液的稳定性和对纤维的润湿能力,提高匀染效果,一般需要在色酚溶液中加入适当的表面活性剂。因色酚溶液遇钙、镁离子会生成不溶性的钙盐和镁盐,影响产品质量和染色牢度,故溶解色酚时必须采用软水。由于色酚的化学结构中含有羟基,因此色酚为弱酸性物质,色酚的钠盐则为强碱弱酸盐,在水溶液中极易水解。如溶液的碱性不足,色酚发生水解后就会失去上染能力,所以在色酚溶液中应有足够的游离碱含量,但游离碱量不可过高,否则会降低色酚的上染量,还会在色酚显色时增加重氮化合物的分解,使颜色变得萎暗。

打底可采用浸渍、卷染和轧染等形式,一般是在平幅浸轧烘干机上进行,最好采用均匀轧车,以防产生左中右色差。色酚的用量一般不高于 $7g/L$,否则匀染性、皂洗牢度和摩擦牢度都会降低。

二、色基重氮化及其显色

显色剂一般分为色基和色盐。色基大部分不溶于水,但可溶于盐酸中,在低温条件下,能与盐酸和亚硝酸钠反应,生成重氮化合物,在一定 pH 值条件下,色基重氮化合物与色酚偶合,生成不溶性的偶氮染料色淀而显色。

根据色基在盐酸中的溶解度大小和重氮化的难易程度,色基的重氮化可分为顺法和逆法两种。顺法适用于色基的盐酸盐在水中溶解度较大的情况,此法操作方便,所以应尽可能采用此法。

顺法重氮化使用少量热水将色基调成浆状,加入规定量的盐酸后搅拌均匀,并加入适量的热水,使色基成为盐酸盐而溶解;然后加冰冷却到所需温度(一般为 0~5 ℃),再在搅拌条件下加入预先用冷水溶解好的亚硝酸钠溶液,并在该温度下继续搅拌 15~30 min,使之反应完全;最后加冰水到规定的体积,并加入抗碱剂,临用前再加入中和剂。

逆法重氮化使用适量热水将色基调成浆状,加入规定量的亚硝酸钠溶液并充分搅匀,然后冷却到 0~5 ℃,盐酸用适量的水冲淡,加冰冷却到 5~10 ℃;然后将色基和亚硝酸钠的混合液加入盐酸溶液中,并迅速搅拌,在此温度下继续搅拌 15~30 min,使重氮化反应完全;最后用冷水冲淡至规定体积,加入抗碱剂,临用前再加入中和剂。

某些色基的重氮化操作比较复杂,重氮化的工艺条件必须严格控制,否则重氮化合物极易分解。为此,染料厂一般将色基重氮化后再制成稳定的重氮化合物,称为色盐,它能直接溶解于水,使用时不需再进行重氮化。

显色就是色酚和色基的重氮化合物进行偶合的过程。偶合一般是通过将打底后的织物浸轧(或浸渍)色基的重氮化合物溶液或色盐溶液来完成的。

三、不溶性偶氮染料的染色方法

1. 轧染

轧染的工艺流程为:练漂半制品→浸轧打底液(二浸二轧)→红外线预烘→热风烘干→透风冷却→浸轧显色液(一浸一轧)→透风→冷水洗→热水洗→皂洗→热水洗→冷水洗→烘干。

打底液中的色酚浓度应根据所染颜色的浓淡和织物的轧余率进行计算,烧碱的用量可由理论用量及所选定的游离碱多少来计算。轧槽打底液温度一般为 80 ℃,较高的温度有利于色酚钠盐的渗透和匀染,也有利于摩擦牢度的提高。开车时轧槽打底液的加水量应根据色酚钠盐对织物的亲和力而定,一般为 15%~35%。显色液中色基的浓度应根据打底液中色酚的浓度、打底时的轧余率、显色时的轧余率及偶合比来计算。显色液的温度一般为 10 ℃左右,一般不宜超过 15 ℃,浸轧显色液后的透风时间一般为 10~60 s,以延长偶合时间,时间长短主要根据显色的速率而定。

2. 浸染

浸染的工艺流程为:练漂半制品→浸渍打底液→脱液→浸渍显色液→水洗→皂洗→水洗→脱水→烘干。

打底液中的色酚用量应根据所染颜色的浓淡和色酚钠盐对纤维的亲和力而定,打底时应选择直接性较高的色酚,以提高染物的摩擦牢度。色酚拼色时,应选用亲和力接近的,以免产生色差。打底液一般可续缸使用,需补充色酚的量应根据上染纤维的色酚量和染物取出时带走的残液计算。由于打底残液中仍有一定的游离碱,续缸的烧碱补充量应为补充色酚的理论用碱量加上染物所消耗的烧碱量。续缸时还需根据具体情况补充相应的助剂和水,使打底液组成及液量与头缸相同,以免造成续缸缸差。

3. 卷染

卷染的工艺流程为:练漂半制品→卷染打底 4~6 道(40~80 ℃)→上卷→卷染显色 3~4 道(25 ℃以下)→热水洗 3 道(90 ℃左右)→皂洗 7 道(95 ℃以上)→热水洗 3 道→冷水洗 1 道→上卷。

任务八　酸性类染料染色

知识点

　　1. 酸性类染料的概念；

　　2. 酸性类染料的优缺点和适用范围；

　　3. 酸性染料和酸性含媒染料染色方法的分类；

　　4. 酸性类染料的不同染色方法；

　　5. 酸性类染料染色的工艺流程；

　　6. 染液组成中各助剂的作用。

技能点

　　1. 能根据要求简要设计染色工艺；

　　2. 能根据要求简要确定染色方法；

　　3. 初步掌握染色操作的要点。

　　酸性类染料包括酸性染料、酸性媒染染料和酸性含媒染料三种类型，一般都是芳香族的磺酸钠盐，少数为羧酸钠盐，能在酸性或中性介质中直接上染丝、毛等蛋白质纤维和锦纶纤维。因酸性媒染染料染色时常排出较多的含铬废水，不利于环境保护。而酸性含媒染料尽管其染色废水中不含铬离子，但织物上的染料中会含有络合状态的铬，对人体的身体健康会造成一定的影响，属生态纺织品检验的重要指标。因此，此部分内容主要介绍酸性染料的染色。

一、酸性染料的染色

　　酸性染料分子中因含有磺酸基或羧基等酸性基团，其钠盐极易溶于水，并在水溶液中电离成染料阴离子。酸性染料色泽鲜艳，色谱齐全，染色工艺简便，易于拼色，能在强酸性、弱酸性或中性染液中直接上染蛋白质纤维和聚酰胺纤维。根据染料的化学结构、染色性能、染色工艺条件的不同，酸性染料可分为强酸性染料、弱酸性染料和中性浴染色的酸性染料。弱酸性染料可染羊毛、蚕丝、锦纶。酸性染料染锦纶时着色鲜艳，上染百分率和染色牢度都较高，但匀染性、遮盖性较差，常用于染深色。酸性类染料的染色一般采用浸染工艺。

1. 强酸性染料的染色

　　这类染料分子的结构比较简单，相对分子质量较低，磺酸基在整个染料分子结构中占有较大比例，所以染料的溶解度较大，在染浴中主要以阴离子形式存在。染色时，必须在强酸性染浴中才能很好地上染纤维，故称为强酸性染料。这类染料是以离子键的形式与纤维结合，匀染性能良好，色泽鲜艳，故又称为匀染性酸性染料。但湿处理牢度及汗渍牢度均较低，难以染浓色，不耐缩绒，染后纤维的强度损伤较大，手感较粗糙，主要用于羊毛及皮革的染色。

　　染色时染液中需加硫酸以调节 pH 值为 2～4，因此可增加纤维中 NH_4^+ 的含量，故可起促染作用，染深色时用量应大些，可在初染时改用醋酸或分次加入硫酸，以实现匀染。元明粉可起缓染作用,以避免造成染色不匀,染浅色时应多加些。也可加入阴离子型和非离子型表面活性剂,以增强缓染和匀染效果。

强酸性染料的染色工艺流程为:练漂半制品→低温入染(30～40 ℃,以 1 ℃/min 左右的速度升温至沸)→沸染(45～60 min)→水洗→脱水→烘干。

染料用冷水、温水或醋酸搅拌成均匀的浆状,再用温水或沸水稀释、过滤。因初染时上染速度较快,宜采用缓慢升温的方法,以便匀染。沸染时间应根据染料的扩散性能、渗透性能、上染率、匀染剂匀染性来确定。沸染时间太短,渗透性差,影响匀染性和染色牢度。但沸染时间过长,某些染料会得色过浅、萎暗,且织物易发毛、毛线易毡并。染深色时,应适当延长沸染时间。

2. 弱酸性染料的染色

这类染料的分子结构比较复杂,染料分子结构中磺酸基所占比例较小,染料的水溶性较低,在染浴中有较大的聚集倾向,基本上是以胶体状态存在的,染料对纤维的亲和力较大。这类染料染色时,除能和纤维发生离子键结合外,还能以范德华力和氢键固着在纤维中。染色时,在弱酸性染浴中就能上染,故称为弱酸性染料。这类染料的湿处理牢度高于强酸性染料,但匀染性不及强酸性染料。这类染料主要用于羊毛、蚕丝和锦纶的染色。

染色时染液中需加冰醋酸调节 pH 值为 4～6,主要根据染料的性能和颜色的深浅决定。染浅色时 pH 值应适当提高。染深色及上染百分率低的染料,可在染色后期加入少量的硫酸促染。扩散剂、渗透剂有利于纤维的润湿、膨化和染料的扩散,并有利于增强缓染和匀染效果。

弱酸性染料的染色工艺流程为:练漂半制品→低温入染(50～60 ℃,以 1 ℃/min 左右的速度升温至沸)→沸染(45～75 min)→水洗→脱水→烘干。

3. 中性浴染色的酸性染料的染色

这类染料的分子结构中,磺酸基所占比例更小,因此水溶性差,它们在中性或近中性染浴中才能上染纤维,故称为中性浴染色的酸性染料。这类染料染色时,染料和纤维之间的结合类似于直接染料,主要是依靠范德华力和氢键的作用。食盐、元明粉等中性盐对这类染料起促染作用,能提高上染速率和上染百分率。这类染料的匀染性较差,但湿处理牢度很好,色泽不够鲜艳,可用于蚕丝和羊毛的染色,但主要用于粗纺毛织物的染色。

染色时染液中一般用硫酸铵或醋酸铵调节 pH 值至 6～7,可在匀染的同时达到较高的上染率。染深色时可加入元明粉起促染作用。因在中性条件下染色时,羊毛具有一定的还原能力,会使部分对还原作用敏感的染料在沸染时色光泛红和萎暗,可加入少量氧化剂加以克服。

中性浴染色的酸性染料的染色工艺流程为:练漂半制品→低温入染(50～60 ℃,35 min升温至 75 ℃)→75 ℃染色(30 min)→沸染(60～90 min)→水洗→脱水→烘干。

三类酸性染料的染色性能见表 4-5。

表 4-5　三类酸性染料的染色性能

项目	强酸性染料	弱酸性染料	中性浴染色的酸性染料
染色用酸	硫酸	醋酸	硫酸铵或醋酸铵
染液 pH 值	2～4	4～6	6～7
染料溶解度	高	中	低

项目	强酸性染料	弱酸性染料	中性浴染色的酸性染料
匀染性	好	一般	差
湿处理牢度	差	好	很好
对纤维的直接性	低	中等	高
与纤维的结合方式	离子键	离子键、范德华力和氢键	范德华力和氢键

二、酸性媒染染料的染色

有许多染料对植物或动物纤维并不具有亲和力,所以不能获得坚牢的颜色,但可用一定的方法使它们与某些金属盐形成络合物而坚牢地固着在纤维上,这样的染料叫媒染染料或媒介染料。使用的金属盐叫媒染剂,使用的金属盐不同,所得的颜色也不同(称为染料的多色性)。酸性媒染染料含有磺酸基、羧基等水溶性基因,是能和某些金属离子生成稳定内络物的酸性染料。此种染料色谱齐全,价格低廉,耐晒和湿处理牢度很高,耐缩绒和煮呢的性能也较好,匀染性好,是羊毛染色的重要染料,常用于羊毛的中深色染色,个别品种也适合于锦纶的染色。但染色工艺较复杂,染色时间较长,颜色不及酸性染料鲜艳,而且常排出较多的含铬废水。

酸性媒染染料的染色方法有预媒染色法、后媒染色法及同浴媒染法三种。预媒染色法是染色前先用重铬酸盐对织物进行媒染剂处理(或称铬媒处理或上媒),使金属离子与纤维产生强烈的络合作用。此法仿色方便,但过程复杂,染色时间长,渗透性和匀染性较差,对羊毛的损伤较大,目前很少使用,主要用于浅、中色和天然纤维的染色。后媒染法是先按照酸性染料的染色方法进行染色,在染浴中加醋酸使羊毛吸尽染料,然后再用重铬酸盐对织物进行媒染处理。此法染料上染率高,吸附扩散较均匀,渗透性和匀染性较好,染色牢度好,在染深色时能获得良好的耐缩绒性,在以后的整理加工中色光变化小,但工艺路线长,能耗高,仿色困难,得色较萎暗,主要用于深色品种的染色。同浴媒染法是将染色和铬媒处理两个过程一浴一步完成。此法工艺路线短,操作简单,对羊毛的损伤小,仿色较容易,色光容易控制,但适用的染料品种少,上染百分率较低,染深色时染物的摩擦牢度较低,一般仅适用于中浅色织物的染色。

三、酸性含媒染料的染色

酸性含媒染料是从酸性媒介染料发展而来的。为应用的方便,在染料生产时,事先将某些金属离子以配位键的形式引入到酸性染料母体中,成为金属络合染料,故称为酸性含媒染料。一般分成1∶1型和1∶2型两种,前者要在强酸性条件下染色,故称为酸性络合染料;后者在弱酸性或近中性条件下染色,故称为中性络合染料,简称中性染料。因酸性含媒染料分子中已具有金属络合结构,所以染色时不需媒染处理,染色工艺较简单,颜色比酸性媒染染料鲜艳,仿色较方便,废水中不含铬。但湿处理牢度不如酸性媒染染料,织物上的染料中含有络合状态的铬,对人的身体健康会造成一定的影响。

1. 酸性络合染料的染色

酸性络合染料易溶于水,颜色较鲜艳,耐晒牢度较高,对羊毛的亲和力较高,上染速度快,移染性较低,匀染性较差。因必须在强酸性条件下染色,故对羊毛有损伤。染物经煮呢、蒸呢后色光变化较大。一般仅适用于羊毛的染色。染色时染液中需加硫酸调节 pH 值为 1.5～2,若在染浴中加入一定数量的平平加 O,可降低硫酸的用量,pH 值则可提高至2.2～2.4。元明粉可起缓染和匀染作用,对染料分子中含两个及两个以上磺酸基的染料作用较大,对染料分子中只含一个磺酸基的染料作用较小。

酸性络合染料的染色工艺流程为:练漂半制品→低温入染(35～40 ℃,以 1 ℃/min 左右的速度升温至沸)→沸染(75～120 min)→降温、水洗→加碱中和→水洗→脱水→烘干。

2. 中性染料的染色

中性染料染毛织物时,染色时间短,染物手感柔软,各种色牢度较高,色光变化小,各染料之间的扩散性能差异较小,但染料价格较高,颜色鲜艳度不及酸性络合染料,匀染性、遮盖性较差。中性染料可用于羊毛、蚕丝、锦纶及维纶的染色。这类染料的染色与中性浴染色的酸性染料相同,能在微酸及中性介质中上染。由于染料结构中不含电离的亲水基团,故染料的亲水性较小,溶解度较差;染料的相对分子质量大,匀染性差。

这类染料染色时不需在强酸介质中进行,常用醋酸铵和硫酸铵调节 pH 值为6～7。为实现匀染,可在染液中加入非离子型的匀染剂。若在染液中加入少量的醋酸,可增加染物的鲜艳度,并有促染作用,加入中性电解质一般也有促染作用。

染色过程:在 40～45 ℃时开始染色,在 30～60 min 内升温至沸,沸染 60～90 min,逐步降温清洗。

任务九　分散染料染色

知识点

1. 分散染料的概念;
2. 分散染料的优缺点;
3. 分散染料的性能及其分类;
4. 分散染料的染色方法;
5. 高温高压染色和热熔染色的工艺流程;
6. 染液组成中各助剂的作用。

技能点

1. 能根据要求简要设计染色工艺;
2. 能根据要求简要确定染色方法;
3. 初步掌握高温高压染色和热熔染色的要点。

分散染料是一类分子较小、分子结构简单、不含水溶性基团、只含少量极性基团的染料,所以在水中的溶解度极低,染色时需借助分散剂的作用,使其以细小的颗粒状态均匀地分散在染液中,故称分散染料。因最早用于醋酯纤维的染色,故称为醋纤染料。分散染料色谱齐全,色泽艳丽,耐洗牢度优良,品种繁多,遮盖性能好,用途广泛,目前已成为用量最大的染料,特别适用于聚酯纤维、醋酯纤维、聚酰胺纤维等的染色。

一、分散染料的一般性质与分类

分散染料结构简单,在水中呈溶解度极低的非离子状态,为了使染料能均匀和稳定地分散在溶液中,除必须将染料颗粒研磨至 2 μm 以下外,还加入了大量的阴荷性分散剂,使染料成悬浮体稳定地分散在溶液中,所以染液也呈阴荷性,一般不能在同一染浴中使用阳荷性的助剂和染料。根据分散染料上染性能和升华牢度的不同,分散染料一般分为高温型(S 型或 H 型)、中温型(SE 型或 M 型)和低温型(E 型或 B 型)三种。其中低温型染料的耐升华牢度低,匀染性能好;高温型染料的耐升华牢度较高,但匀染性差;中温型染料的耐升华牢度介于上述两者之间。用分散染料对涤纶纤维进行染色时,需按不同染色方法选择染料。

二、分散染料染色方法

由于聚酯纤维疏水性强,吸湿性很低,结晶度和整列度高,内部结构紧密,纤维微隙孔道狭小,按常规方法染色非常困难,因此,需采用比较特殊的染色方法。目前采用的方法有载体染色法、高温高压染色法和热熔染色法等三种方法。这些方法利用不同的条件使纤维膨化,使纤维分子间的空隙增大,使染料分子不断扩散并进入被膨化和增大的纤维空隙,与纤维通过范德华力和氢键固着,完成对涤纶的染色。因分散染料及涤纶在高温及碱性条件下产生水解,使颜色变浅或萎暗,因此分散染料的染色一般应在弱酸性条件下进行。

1. 高温高压染色法

高温高压染色法是在高温高压的湿热状态下进行染色的。染料在 100 ℃ 以下时对涤纶的上染速率很慢,即使在沸腾的染浴中染色,上染速率和上染百分率也很低,所以须在 $2×10^5 \sim 3×10^5$ Pa($2 \sim 3$ atm)、$120 \sim 130$ ℃ 的高温高压条件下染色。由于温度很高,纤维无定形区内分子的链段运动加剧,纤维的瞬时孔隙增多和加大,染料分子运动的动能增加,加速了染料分子的扩散,增加了染料向纤维内部的扩散速率,使染色速率加快,直至染料被基本吸尽而完成整个染色过程。

分散染料的高温高压染色,得色浓艳、匀透,织物手感柔软,使用的染料品种较多,染料的利用率较高,主要适用于升华牢度较低和相对分子质量较小的品种,适合于小批量、多品种生产,广泛用于合成纤维中涤纶和醋酯纤维的散纤维、纱线、针织物和机织物的染色。但它属于间歇式的生产方式,生产效率较低,同一品种批量很大时易产生缸差,需要耐压的染色设备。

分散染料的高温高压染色可在散纤维染色机、高温高压绞纱染色机、高温高压筒子纱染色机、高温高压卷染机和喷射、溢流染色机等设备上进行。染色 pH 值一般控制在 $5 \sim 6$,常用醋酸和磷酸二氢铵或硫酸铵来调节 pH 值。为使染浴保持稳定,染色时有时需加入分散剂,特别是染浅色时用量适当增加。染深浓色时一般需要进行还原清洗,以提高染色牢度。

溢流染色机的染色工艺举例:

a. 染色处方:

分散染料	x
高温匀染剂	$0 \sim 1.2$ g/L
扩散剂 O	$0 \sim 1$ g/L
醋酸(98%)	$0.5 \sim 1.5$ g/L(调节 pH 值为 $5 \sim 6$)

b. 还原清洗处方：

烧碱（36°Bé）	6 mL/L
保险粉	2.5 g/L
分散剂	0.1～0.5 g/L

c. 工艺流程：半制品→前处理→温水洗→50～60 ℃时起染→逐步升温至 130 ℃→130 ℃下染色 30～75 min(→还原清洗)→热水洗→冷水洗(→脱水→烘干)。

2. 热熔染色法

热熔染色法是以连续化轧染生产方式进行染色的，生产效率高，尤其适宜于大批量生产，但设备占地面积大。对使用的染料的选用有一定的限制（一般不宜采用低温型的染料），染料的利用率较高温高压法低（特别是染深浓色时），染色时织物所受的张力较大，染物的色泽鲜艳度和手感较差。主要用于含涤机织物的染色。分散染料染涤/棉织物时，采用热熔法染色，与一般轧染方法相似，先经浸轧染液后即预烘和烘干，随即进行高温热熔处理。在180～215 ℃高温作用下，吸附在织物上的染料可以单分子形式扩散并进入纤维内部，在极短的时间内完成对涤纶的染色。若是涤棉混纺织物，通过热熔处理可使沾在棉上的染料以气相或接触的方式转移到涤纶纤维上。

a. 热熔染色处方：

分散染料	x g/L
润湿剂 JFC	0～1 g/L
扩散剂	0～1 g/L
防泳移剂	y g/L

使用时，用醋酸或磷酸二氢铵调节 pH 值至 5～6。

b. 工艺流程：浸轧分散染料染液（二浸二轧，室温）→红外线预烘（80～120 ℃）→热熔（180～215 ℃，2～1 min）→后处理。

采用热熔法染色，拼色时所选用的染料的升华牢度要接近，以获得较好的色泽重现性。防泳移剂的作用是防止染料在预烘和焙烘中产生泳移。对于涤/棉混纺织物，热熔焙烘阶段也是棉组分上的分散染料向涤纶组分转移的重要阶段，要根据染料的升华牢度，选择适当的热熔温度和时间。在实际染色时，染料的转移不可能是完全的，在棉纤维上总残留有一部分染料，造成棉的沾色，可采用还原清洗或皂洗进行染后处理。对涤棉混纺织物进行的棉套染工艺，可参考前述的棉织物的轧染工艺，这里不再赘述。

3. 载体染色法

载体染色法又称携染剂法，是在常压下利用一些对染料和纤维都有直接性的化学品，在染色时当这类化学品进入涤纶内部时，把染料分子也同时携入，这种化学药品称为载体或携染剂。染色原理是利用载体对涤纶纤维有较大的亲和力，染液中的载体能很快吸附到纤维表面，在纤维表面形成一载体层，并不断地扩散到纤维内部，载体分子与纤维之间的作用力减弱了纤维分子间的引力，使纤维的玻璃化温度降低，引起涤纶纤维增塑膨化，纤维空隙增大，染料分子易进入纤维内部。同时由于载体对染料有增溶作用，吸附在纤维表面的载体层可溶解较多的染料，增加染料在纤维表面的浓度，提高了纤维表面和内部的染料浓度差，提高了染料分子的扩散率，促使染料与纤维结合，从而完成染色过程。染色结束后，利用碱洗，使载体完全去除。

任务十　阳离子染料染色

知识点
1. 阳离子染料的概念；
2. 阳离子染料的优缺点和适用范围；
3. 阳离子染料的性能与分类；
4. 阳离子染料的染色原理；
5. 浸染、卷染和轧染的工艺流程；
6. 染液组成中各助剂的作用。

技能点
1. 能根据要求简要设计染色工艺；
2. 能根据要求简要确定染色方法；
3. 初步掌握染色的要点；
4. 初步掌握染色工艺条件对染色质量的影响。

　　腈纶是丙烯腈纤维的商品名称，其组成中丙烯腈的含量为85％以上。为改善纤维的物理机械性能，提高它的柔韧性和手感，需要加入第二单体如丙烯酸酯；为增加纤维上吸附染料的位置，改善染色性能，常引入第三单体如衣康酸或丙烯磺酸。引入的酸性基因越多，纤维结合染料的位置就越多，则该纤维的染色饱和值越大，得色也越深。

　　阳离子染料是为了适应腈纶的染色，在碱性染料的基础上经改进而发展起来的新型染料。这类染料在水溶液中能离解成带正电荷的色素阳离子，故称为阳离子染料，是一种色泽十分浓艳的水溶性染料，是含酸性基团的腈纶的专用染料。腈纶用阳离子染料染色，色谱齐全，色泽鲜艳，上染百分率高，给色量高，用少量的染料即可染成深浓色，为其他染料所不及。湿处理牢度和耐晒牢度比较高，但匀染性较差，特别是染淡色时。阳离子染料染腈纶，可染腈纶散纤维、长丝束、毛条、膨体针织绒、绒线、粗纺毛毯、腈纶织物等，也能用于改性涤纶、改性锦纶的染色。由于阳离子染料中的部分品种能和蛋白质纤维中的羧基以离子键的方式结合，因此能直接用来染羊毛和蚕丝。

一、阳离子染料的分类与性能

　　根据阳离子染料结构中所带阳离子基团的结构特征，可将染料分为共轭型与隔离型两大类，一般的碱性染料与阳离子染料都属于共轭型。共轭型染料的耐光和热稳定性较差，但其色泽鲜艳，得色量高，匀染性较好。另一类阳离子染料结构中的阳离子基团是与染料母体之间的发色体系相互隔开的，故称之为隔离型阳离子染料。这类染料的发色体系能在光、热作用下保持稳定，因此染料比较耐热，染物的日晒牢度较高，但由于与纤维的结合力较强，故不易获得匀染效果。

　　根据阳离子染料配位值（K值）的不同可将阳离子染料分为普通型、X型和M型三种。

普通型阳离子染料又可分为 K 值为 1～2 和 4 的两种。前者的耐晒和耐洗牢度较高,适宜于染中、深色的各类腈纶制品;后者的相容性好,拼色容易,适宜于染中、浅色的腈纶膨体纱线。X 型阳离子染料对棉、毛的沾色少,匀染性中等,适宜于腈纶膨体纱线和毛腈混纺织物的染色。M 型阳离子染料的匀染性差,主要用于腈纶膨体纱线和腈纶织物的染色。

阳离子染料在溶液中能电离生成色素阳离子以及简单的阴离子,因此易溶解于水,更易溶于乙醇和醋酸。升高温度或加入尿素,有利于提高其溶解度。阳离子染料在拼色时一定要考虑其配伍性(相容性),否则染物的色光会随着时间的延长而发生变化,直接影响到染物的匀染性和色泽的重现性。配伍性表示拼色染色时,各染料上染速率的一致程度。不同的染料和不同的纤维,均有其染色饱和值,因此在染色时应根据染料和纤维的染色饱和值决定染料的用量和色泽的深浅。

阳离子染料对染浴的 pH 值比较敏感,在弱酸性介质中比较稳定,溶解度较好。但若溶液的 pH 值过高,尤其是在碱性条件下,染料容易发生色光变化,甚至分解、沉淀;若 pH 值过低,也会引起染料的分解或色光的改变。因此,阳离子染料染色时,pH 值一般控制在 4～5。此外,阳离子染料在溶液中易与阴离子型助剂和染料结合而生成沉淀或产生焦状物质,故原则上应避免与阴离子型物质同浴。但也可利用这一性质,选用适当的阴离子型助剂进行缓染或制备分散型阳离子染料。加入中性电解质,也可对阳离子染料的染色产生缓染作用,获得匀染效果。染色温度和升温速率对染色效果特别是匀染性的影响很大,特别是在腈纶纤维的玻璃化温度(75～80 ℃)附近,因此必须注意严格控制升温。

二、阳离子染料染色原理

阳离子染料上染腈纶是阳离子染料的有色阳离子与纤维上带负电荷的基团以离子键方式结合成盐的过程,即:

$$纤维—COO^- + D^+ \longrightarrow 纤维—COO—D$$

$$纤维—SO_3^- + D^+ \longrightarrow 纤维—SO_3—D$$

染料与纤维之间,除了以离子键结合外,同时还以氢键和范德华力结合。与染料阳离子以离子键结合的酸性基团称作"染座",这一结合过程属于定位吸附(或称化学吸附)。纤维上酸性基团的强弱不同,对染料的吸附能力、染色速度和始染温度也不同。阳离子染料对腈纶的染色可包括下面三个过程。

1. 吸附

腈纶在水中由于酸性基团的离解而使纤维带负电荷,容易以电荷之间的引力吸附染料阳离子,使纤维表面的负电荷被中和,随着染料离子向纤维内部不断扩散,纤维表面的带电量增加,纤维可再度吸附染料。当纤维表面的负电荷为零时,染料可依靠氢键和范德华力继续上染。

2. 扩散

染料向纤维内的扩散是一个复杂过程。由于染料阳离子与纤维上的负电荷基团产生较强库伦引力,使染料分子的扩散变得比较困难,常需借助升高温度来加强扩散。因此,在用阳离子染料染腈纶时,必须严格控制温度和升温速率,以利于染色匀透和控制色光。

3. 固着

染料固着主要是染料阳离子与纤维上阴离子基团以离子键结合的过程,它基本是不可逆的。

由上述三个过程可见,要使阳离子染料顺利而匀透地上染腈纶,必须设法控制染料对纤维的吸附速率,继而设法强化染料在纤维内部的扩散速率,尽量减小染料在纤维内扩散的阻力,以实现匀染和稳定的色光。为此,必须注意以下几个因素:

(1)温度

腈纶染色过程中,温度一方面可赋予染料扩散所需要的能量,另一方面可使纤维膨化,减小染料在纤维内的扩散阻力。当温度低于腈纶的玻璃化温度时,染料对纤维的吸附速率较慢;当温度升至85 ℃以上时,染料对纤维的吸附速率加快,上染速率急剧增加,极易造成染色不匀。为此,必须严格控制升温速率,从而有利于染色的匀透。

温度控制的方法有升温控制法、分段升温法和恒温染色法三种。腈纶采用阳离子染料在较高温度下进行染色,但当染色温度过高并有碱存在时,易使纤维泛黄,染色色泽发生变化。因此,腈纶的染色一般在弱酸性条件下进行,同时尽量避免过高的染色温度。

(2)pH值

染浴pH值会影响腈纶纤维上酸性基团的离解,进而影响染料的上染百分率、上染速率和染色深度。

当pH值较低时,可抑制纤维上酸性基团的离解,减慢上染速率,可染淡色,同时还有利于匀染。但pH值过低会使上染百分率降低,甚至引起染料的变色、沉淀和破坏,因此可通过加酸起缓染和匀染作用。反之,若pH值增高,有利于纤维的离解,使染料对纤维的吸附加快,但易造成染色不匀。在实际染色中,可根据所用纤维所含酸性基团的数量和强弱来选择适当pH值,并可用缓冲剂来调节和稳定染液pH值。

(3)中性电解质和离子型缓染剂

中性电解质在使用阳离子染料上染腈纶的过程中可产生缓染和匀染作用。因为电解质可电离出金属阳离子,其结构较小,在染色过程中能优先于染料阳离子抢占腈纶上的"染座",与染料阳离子产生竞染,然后再转让给染料阳离子,由此延缓了染料上染纤维的速率而获得匀染效果。电解质的缓染作用随着染色温度的升高而降低,对含弱酸性基团的腈纶的缓染作用大于含强酸性基团的腈纶。

另一类常用的类似助剂是阳离子缓染剂,可看成是无色的阳离子染料,其作用机理与此相似。若加入阴离子型的表面活性剂,由于它能与染料阳离子结合生成不稳定的复合物,使染浴中染料阳离子的有效浓度降低,也可产生匀染效果。当温度升高时,这种不稳定的复合物重新分解,释放出染料阳离子再上染纤维,使染色完成。这种复合物在一定温度范围内类似于分散染料,对纤维没有亲和力,也不能进入纤维,处于悬浮状态。因此,在使用阴离子缓染剂的同时,还要在染浴中加入非离子型的分散剂作抗沉淀剂,以保证复合物在染液中呈良好的稳定分散状态。实际生产中,应恰当选择各类缓染剂的用量,以获得较好的染色质量。

三、阳离子染料的染色工艺和方法

阳离子染料的染色工艺及方法取决于纤维的形态、产品性质和染色设备。散纤维、丝束、纱线、毛条等不同形态的腈纶材料可在相应的设备上染色,织物可在喷射、溢流染色机、卷染机等设备上进行。

纯腈纶织物一般采用浸染或卷染。染色时间的长短对染料的扩散及是否充分上染有很大的关系,时间短,易造成环染,影响染色牢度,可根据所染色泽来确定染色时间。除浸染和卷染外,涤腈混纺织材料多采用轧染,其工艺包括汽蒸法和热熔法两种。

1. 浸染

浸染时始染温度宜在纤维的玻璃化温度以下,以 70 ℃左右为宜。然后缓缓升温至沸,染色时间约为1 h。染浅色时,始染温度要低,升温时间可长些;染深色时,始染温度可高些,升温时间可短些。染色时间对染料的上染、扩散和移染起着重要的作用,过短的染色时间会造成环染,降低上染百分率和染色牢度。染浅色时,沸染时间可在 30 min 左右,染中、深色时,沸染时间可在 45~90 min。

染浴可由染料、醋酸、醋酸钠、缓染剂、元明粉等组成,染液 pH 值控制在 4.5 左右,各助剂的用量根据染色之深浅而有所不同。染料先用规定量一半的醋酸调匀,加水调成浆状后加沸水,使染料完全溶解,然后将其他助剂及剩余醋酸加到染浴中,再将溶解好的染料滤入染浴,搅匀后即可染色。染色后进行降温,其降温速率要缓慢,过快会使织物手感硬板、粗糙。染色后即可进行水洗,有些产品可进行柔软处理,以增进手感。

分段升温法的染色工艺流程为:半制品→染前处理→70~75 ℃时入染→升温至 85 ℃(1 ℃/min的升温速率)→保温染色 15 min→升温至 95 ℃(1 ℃/2 min 的升温速率)→保温染色 20 min→升温至沸(1 ℃/4 min 的升温速率)→沸染 45~60 min→降温(在 20~30 min 内缓慢降至 50 ℃)→出机。

分段升温法是在每个升温阶段之间,即上染率变化较快的温度下,可以保持一段时间,然后再升温至 100 ℃进行沸染,此法的匀染效果好。

恒温染色法是在腈纶的玻璃化温度以上、沸点以下的温度范围内选择一个适当的温度,作为固定的恒温染色温度。在此恒温下,45~90 min 内基本完成染料的上染,接着在沸点作短时间处理,使染料完全固着,达到最高的染色牢度。采用此法染色的关键是要选择一个合理的恒定上染温度,在这一温度下,腈纶投入染浴染色时并无突然上染的现象,但在整个恒温过程中染料是在不断地上染。当恒温阶段结束时,纤维的上染率最好能达到80％以上,这样就可快速升温到沸点以使染料固着。采用恒温染色法不易染花,得色均匀,容易操作,而且染色时间短,故在实际生产中应用较多。

2. 卷染

卷染染液的组成与浸染相似,染料的溶解方法和染液配制与浸染亦无多大区别,所用设备应以能自动调节张力的等速卷染机为好,使织物在染色过程中所受张力尽可能小,否则会影响织物手感。卷染的一般工艺流程为:半制品→染前处理→60 ℃入染 4 道→升温至 98~100 ℃→保温染色 4~6 道→降温(在 20~30 min 内缓慢降至 50 ℃)→热洗→皂洗→热洗→温水洗→上卷。

3. 轧染

轧染染色主要用于腈纶丝束、毛条及腈纶混纺织材料。腈纶织物受热容易变形,所以很少采用轧染。轧染工艺有汽蒸法和热熔法。汽蒸法的染液组成有染料、助溶剂、促染剂、酸或强酸弱碱盐以及少量的防泳移剂。用于轧染的染料应具有较好的溶解性和扩散性。其染色工艺流程是浸轧染液后经 100~103 ℃汽蒸 10~45 min,再进行后处理。

热熔法轧染主要用于涤腈混纺织材料的染色。一般是将分散染料和阳离子染料同浴，即一浴法轧染。由于商品分散染料中含有大量的阴离子型分散剂，能和阳离子染料结合，使染浴不稳定，因此一般将阳离子染料先制成分散型阳离子染料，使分散型阳离子染料和分散染料同时分散在水中。

分散型阳离子染料热熔染色工艺与分散染料的热熔染色相似。轧染液内含有分散型阳离子染料、醋酸、促染剂、释酸剂、非离子表面活性剂及少量防泳移剂等。加入醋酸是用来调节染液的 pH 值至 4～5。由于醋酸易挥发，为使染色过程中 pH 值比较稳定，一般必须加入硫氰酸铵 7～9 g/L 作为释酸剂。采用尿素和碳酸乙烯酯作为促染剂，可使纤维膨化，有利于染料向纤维内扩散。非离子表面活性剂可提高染液的稳定性和渗透性。少量防泳移剂可防止染料泳移。若在热熔后再进行短时间汽蒸，可进一步提高阳离子染料的固色率。其染色的工艺流程是：浸轧染液→烘干→热熔→后处理。热熔条件是：190～200 ℃，1～2 min。

任务十一　涂　料　染　色

知识点

1. 涂料的概念和组成；
2. 涂料染色的优缺点和适用范围；
3. 黏合剂的性能与要求；
4. 涂料的染色原理；
5. 轧染和浸染的工艺流程；
6. 染液组成中各助剂的作用。

技能点

1. 能根据要求简要设计染色工艺；
2. 能根据要求简要确定染色方法；
3. 初步掌握涂料染色的要点；
4. 初步掌握染色工艺条件对染色质量的影响。

一、涂料染色的特点

涂料为不溶于水的有色物质，对纤维没有亲和力，只能靠黏合剂将其机械性地黏附在织物上。涂料以前都用来印花，近年来，由于印染助剂（如黏合剂）性能的不断提高，扩展了涂料的应用范围，使涂料染色工艺得到了迅速发展。涂料染色是 20 世纪 80 年代兴起的一种新型染色方法。涂料染色是将涂料制成分散液，通过浸轧使织物均匀带液，然后经高温处理，借助于黏合剂的作用，在织物上形成一层透明而坚韧的树脂薄膜，从而将涂料机械地黏着于纺织材料上。

该染色工艺具有以下特点：

① 涂料的色谱齐全，色泽鲜艳，能生产一般染料染色工艺无法生产的特种色泽，可染各种中浅色。

② 对纺织材料的适应面广，可广泛用于棉、麻、黏胶纤维、丝、毛、涤、锦等纤维制品的染色。

③ 设备简单，工艺流程短，生产效率高，操作简便，有利于降低生产成本。

④ 配色直观，仿色容易，色相稳定，色光易控制。

⑤ 涂料遮盖力强，色差少，不易产生染色疵病，一等品率高。

⑥ 节约染化料、节能、节水，污水排放量小，有利于环境保护，能满足印染清洁生产的要求。

⑦ 湿处理牢度、日晒牢度等较高。

涂料染色也存在不容忽视的致命弱点，主要表现在以下方面：

① 摩擦牢度、刷洗牢度差和搓洗牢度较差，特别是染制较深浓的色泽时。

② 染后织物的手感发硬。

③ 一般只能染制浅、中色。

④ 染液中的黏合剂易黏附辊筒，织物易产生皱条，易产生泳移现象。

⑤ 染液中的黏合剂容易结皮，剩余染液很难再利用。

⑥ 染色织物上剩余的某些黏合剂单体，若未除尽，会对人体健康产生一定的影响。

正因为如此，在一定程度上限制了涂料染色的普遍应用，但随着科学技术的进步，涂料染色技术会有较大的发展。

二、染色用涂料和黏合剂

涂料为非水溶性色素，商品涂料一般以浆状形式供应。其组成有涂料、润湿剂（如甘油等）、扩散剂（如平平加 O 等）、保护胶体（如乳化剂 EL 等）及少量水。涂料包括无机颜料和有机颜料两大类，无机颜料主要提供一些特殊的色泽，如钛白粉、碳黑、铜粉（仿金）、铝粉（仿银）等，有机颜料提供一系列的彩色。涂料除了在色泽、牢度、着色力、耐化学药剂稳定性、与化学药剂的配伍性、耐热、耐光等性能方面要求与染料相似外，对颗粒细度的要求尤其高，一般为 $0.2\sim0.5\,\mu m$，以保证涂料色浆的稳定性和染色制品的摩擦牢度。

涂料染色用黏合剂是在涂料印花用黏合剂基础上发展起来的。涂料染色质量的优劣，在很大程度上取决于黏合剂的选用。涂料染色用黏合剂，与印花用黏合剂的要求相似，如良好的化学和机械稳定性、成膜性，适宜的黏着力，皮膜无色透明、富有弹性和韧性、不易老化和泛黄，皮膜具有耐挠曲、抗折皱、不发硬发黏、不吸附有色物质，有较低的成膜温度，并且对牢度和手感的要求更高，不易黏轧辊等。根据对涂料染色产品质量的分析（包括牢度、手感、色泽鲜艳度、稳定性等），一般认为聚丙烯酸酯类黏合剂较适用于涂料染色，且大多数采用乳液聚合的方法。因为它具有皮膜透明度高、柔韧性好、耐磨性好、不易老化等优点。常用的品种有黏合剂 LPD，BPD，GH，FWT 和 NF-1 等。也有少量聚氨酯类黏合剂，黏着力强，皮膜弹性好，手感柔软，耐低温和耐磨性优异，但易泛黄，如 Y505 等。

在涂料染色时，施加交联剂对提高涂料染色的染色牢度有很大帮助，对耐洗牢度的帮助更大。交联剂使用量一般为 $2\sim8\,g/L$，常用的交联剂有交联剂 EH 和 FH 等。

三、涂料染色方法及工艺

涂料染色方法有浸染和轧染，但主要采用轧染。轧染液中一般含有涂料、黏合剂、交联剂、渗透剂、柔软剂和防泳移剂等,为了能染制中深色,可采用涂料、活性一浴法轧染,所得染色成品的颜色鲜艳度和深度明显胜过单用涂料轧染的成品。有时可加入增深剂,以提高颜色深度和染色牢度,但颜色深度一般只能提高10%左右。

1. 涂料轧染工艺流程及主要工艺条件

浸轧染液(一浸一轧或二浸二轧,室温)→红外线预烘(烘燥至含潮率为25%～30%)→热风烘干(70～100 ℃)→焙烘(120～160 ℃,2～5 min)→后处理。

浸轧时温度不宜过高,一般为室温,以防止黏合剂过早反应,造成严重的黏辊现象而使染色不能正常进行。预烘应采用无接触式烘干,如红外线或热风烘燥,不宜采用烘筒烘燥。如果浸轧后立即采用烘筒在100 ℃下烘干,会造成涂料颗粒泳移,产生条花和染色不匀,并且易黏烘筒。焙烘温度应根据黏合剂性能及纤维材料的性能确定,若使用成膜温度低或反应性强的黏合剂,焙烘温度可以低一些;反之,成膜温度高或反应性弱的黏合剂,焙烘温度必须高些,否则将影响染色牢度。纤维素纤维制品和蛋白质纤维制品进行涂料染色时,焙烘温度不宜太高,否则织物易泛黄,并对织物造成不同程度的损伤。

一般情况下若无特殊要求,织物经浸轧、烘干、焙烘后,便完成了染色的全部过程。但有时为了去除残留在织物上的杂质和剩余的化工助剂,改善手感,可用洗涤剂进行适当的皂洗后处理。

2. 涂料浸染工艺流程及主要工艺条件

涂料浸染可应用于匹染、成衣染色,也可用于毛纺、丝绸、色织物、巾被等的染色,还可用于散纤维、毛纱、棉纱等天然纱线的染色。因涂料对纤维无亲和力,又无机械性的浸轧,很难用常规方法进行浸染,可利用阳离子改性接枝助剂使纤维阳离子化,纤维的阳离子能与涂料的阴离子结合。此法可不加黏合剂和交联剂。浸染工艺流程为:

纺织材料→润湿处理→阳离子改性处理(65～70 ℃,15～20 min)→冷水溢流冲洗→染色(在30 min内升温至70 ℃,保温染色20～30 min)→冷水清洗→固色(80 ℃用黏合剂和交联剂处理15 min)→皂洗(60 ℃,10～15 min)→脱水→烘干→焙烘。

任务十二　染色新技术

知识点

1. 染色技术的发展方向;
2. 常用的染色新技术。

技能点

1. 能根据要求使用染色新技术;
2. 能根据具体情况推荐染色新技术。

随着社会的进步和人们生活质量的提高,人们越来越重视环境保护和自身的健康水平。"节能减排""清洁生产""绿色加工""生态加工""环境保护""可持续发展""资源保护与合理利用""循环经济"等名词已成热门话题,穿用"绿色纺织材料""生态纺织材料"成为当今世界人们的生活需求。发展印染行业的清洁生产,运用有利于保护生态环境的绿色生产方式,向消费者提供生态纺织材料是世界纺织业进入 21 世纪的全球性主题,是事关人类生存质量和可持续发展的重要内容。绿色染色技术是今后纺织材料染色的重点发展方向。

绿色染色技术的主要特点在于应用无害染料和助剂,采用节约原材料、能源和水资源、无污染或低污染工艺对纺织材料进行染色加工,染色用水量少,染色后排放的有色废水量少且易净化处理,耗能低,染色产品是"绿色"或生态纺织材料。为此,近年来国内外进行了大量的研究,提出和推广应用一些符合生态要求的新型染色工艺。下面对一些较常用的染色新技术作一简介。

1. 应用计算机的受控染色

受控染色就是通过严格精确控制的染色过程,采用先进合理的染色工艺,达到"一次性 OK"生产。例如,目前根据活性染料的染色特征值和上染及固色动力学参数,利用计算机优化和控制整个染色过程,可实现高生产效率、高正品率、短生产周期、低水耗能耗、低生产成本、高经济效益、少废水排放的生产。这种工艺也可以用于其他类染料,例如分散染料等。受控染色最重要的是合理选用染料,以达到最好的配伍性,并通过一定的程序合理地控制整个染色过程。

2. 无盐或低盐染色

离子染料,特别是一些直接性低的活性、直接染料染色时,为了增加染料上染率,往往需要加入大量的中性电解质,例如食盐和元明粉。这些电解质染色后全部排放到染色废水中,废水中的中性电解质很难分解和处理,使江河受到污染。选用直接性高的染料可以减少盐的用量。此外,对纤维进行化学改性,提高纤维吸附染料的能力,同样可以减少盐的用量。近年来对纤维素纤维进行胺化改性,在纤维素纤维上接上带正电荷的季铵基后,大大增强了直接、活性等阴离子染料对纤维的吸附能力,可以进行低盐或无盐染色。活性染料染色时,甚至可在中性条件下固色,减少了用碱量。这些都有利于生态环境。

3. 超临界二氧化碳染色

超临界二氧化碳对疏水性物质(如分散染料)有很好的溶解能力,它的黏度比较低,特别在对疏水性纤维的染色过程中,携带染料的二氧化碳可以深入到织物的间隙与毛细管系统中进行深度染色。其工艺是将染色系统中的二氧化碳,经增温增压至超临界流体状态,由循环泵使二氧化碳不断循环往复于染色罐和染料罐之间,边溶解染料边使织物上染,然后用新的二氧化碳对被染织物冲洗。超临界流体二氧化碳对织物具有很强的渗透性,对物质具有很强的溶解性,且表面张力低,可以携带染料很容易地进入纤维内部进行染色,而且进入纤维内部的染料分子不易被二氧化碳分子解析,所以染色牢固。

超临界二氧化碳流体染色具有以下优点:

① 染色时不用水,无废水污染,对纺织物无损伤。

② 染色物无需烘干这一工序,不需漂洗过程,可缩短工艺流程,节约能源。

③ 上染速度快,染色时间大大缩短,匀染和透染性好,染色重现性也很好。

④ 染料和二氧化碳易于回收再利用。

⑤ 不需要添加表面活性剂或其他助剂,不仅降低成本,提高染料的利用率,还有利于环境保护,减少污染。

⑥ 适用的纤维品种较广,一些难染的合成纤维也可染色,如涤纶、醋酯纤维、芳纶纤维、聚酰胺纤维、丙纶纤维、弹性纤维、聚乳酸纤维等,也可用于经溶胀剂或交联剂浸渍处理的

天然纤维和经过改性处理的天然纤维的染色以及用活性分散染料对未改性天然纤维的染色。

超临界二氧化碳流体染色方法已经取得了实验室的初步成功,但仍存在一些需要解决的问题。超临界染色技术最大的缺点是设备的高投资和高压的安全性、设备的清洁问题,二氧化碳的非极性限制了超临界流体的多方面应用,染色操作控制过程复杂,对生产人员的要求很高。

4. 低温染色

许多染料的染色都需在近 100 ℃ 的温度条件下进行,分散染料高温高压的染色温度高达 130 ℃ 左右。染色温度高,不仅能源消耗大,而且纤维和染料也容易发生损伤或破坏。因此,国内外都在积极开发低温染色工艺,例如羊毛纺织材料于 80~90 ℃ 下低温染色;活性染料冷轧堆染色;应用特种染色助剂的增溶染色,可降低分散染料、酸性染料等的染色温度;应用物理化学或化学方法对纺织材料改性后也可以降低染色温度,进行低温染色。

5. 微波染色

所谓微波染色就是利用微波加热的染色技术。除了可用于烘干外,还可用于染色中的染料固色,如涤纶使用分散染料染色时的高温固色和印花的固色。利用微波加热使被照射的织物加热均匀,升温速度快,热效率高,而且热损失很少。微波染色能瞬间穿透被加热物质、无余热,可有选择性地进行加热,故加热效率高,加热均匀,容易用功率量的大小来调整加热状态,能促进染化料的溶解和扩散。

染色时按常规方法将织物浸轧染液,然后导入密闭的微波加热室(反应箱)中,在微波的作用下,织物迅速升温,可加快染料在纤维中的扩散或固色反应。染色后的处理与常规方法相同。

6. 一浴法、一步法和短流程染色

多种纤维的混纺或交织物,往往使用两类以上的染料染色,不但工艺流程长、成本高,而且耗能、耗水多,废水排放量也大。研究开发的一浴法染色有利于减少污水和节约能源。例如,分散/活性一浴法染色正受到重视,应用愈来愈广。

多种染料染色往往需经两个阶段进行固色,例如分散/活性染色,分散染料需要高温汽蒸或焙烘固色,而活性染料则需要饱和蒸汽汽蒸固色。应用适当助剂则可以使它们经过高温汽蒸或焙烘一步固色,即采用一步法固色。一步法染色工艺同样可达到缩短染色工艺流程、节能、节水和提高生产效率的目的,有利于生态环境。

一浴法、一步法和短流程工艺还包括练漂和染色、染色和整理,甚至包括练漂、染色和整理加工结合在一浴、一步加工中,使工艺流程更短。

7. 低浴比、低给液染色

采用低浴比和低给液染色技术,不仅可节约用水,而且染料利用率高,废水排放量少。例如,目前一些新型的缓流和气体喷射染色机的染色浴比极小,织物保持快速循环,染色废水很少。

采用喷雾、泡沫以及单面给液辊系统给液,可以极大程度地降低给液率,特别适合轧染时施加染液或其他化学品(例如活性染料固色的碱液)。这样不仅可减少用水和废水排放,也可提高固色率,还可以节省蒸汽或热能。同理,应用高效轧液机和真空吸液系统,可以提高浸轧和脱液效果,并可节能、节水和减少污染。

8. 天然染料染色

随着合成染料中的部分品种受到禁用,人们对天然染料的兴趣又重新增浓,主要原因是大多数天然染料与环境的生态相容性好,可生物降解,而且生物毒性很低。而合成染料的原料是石油和煤化工产品,这些资源目前非常短缺,因此开发天然染料也有利于生态保护。虽然天然染料由于自身的许多不足,不可能完全替代合成染料,但作为合成染料的部分替代或补充是有价值的。

9. 高固色率或高上染率染料的染色

染色的主要生态问题之一,就是染色废水中染料的污染。开发和应用高上染率或高固色率的染料,可以大大减少废水中的染料,而且可以提高染料利用率。目前已开发出一些高固色率的活性、分散和阳离子染料,减少了废水中的残余染料,减少了染色后水洗的用水量,废水量也减少了。

10. 物理和物理化学法增强染色

通过物理和物理化学方法可以增强染色,使染料上染速度大大加快,或者提高染料的吸附量。物理方法的典型例子是超声波在染色过程中的应用。在超声波的作用下,染料上染速度大大加快,而且可以显著改善透染和匀染效果,目前在直接染料和活性染料染色中的应用较多。它还可以减少助剂和电解质用量,有利于环境保护。利用低温等离子体对纺织材料进行改性后,可以增强纤维的染色性。例如羊毛和一些合成纤维经低温等离子体处理后可以提高上染速度和降低染色温度。利用紫外线、微波以及高能射线处理纺织材料,也可改善纤维的染色性,有的可直接用于固色。

物理和物理化学方法增强染色可以减少染色废水的化学污染,不过在处理纺织材料时要注意劳动保护。目前,这些染色方法还处在研究开发阶段。

思考题:

1. 名词解释:

染色	染色牢度	染料	浸染	轧染
直接染料	活性染料	酸性含媒染料	分散染料	阳离子染料

2. 根据染色加工对象的不同,染色方法主要可分为哪些?

3. 染色基本过程有哪些?各有何联系?

4. 染料在纤维内的固着方式主要有哪几种?

5. 颜色的三属性是什么?颜色的三原色是什么?

6. 电脑测色配色仪用于染色有哪些优点?

7. 染料的拼色有哪些注意事项?

8. 按应用分类染料可分为哪些类别?

9. 染料的命名方法是什么?各部分的含义是什么?

10. 染色设备有哪些?连续轧染机由哪几个部分组成?

11. 溢流染色机有哪些优缺点?主要适用于哪些纺织材料的染色?

12. 直接染料可分为哪几类?各类有什么特点?

13. 活性染料分子结构的通式是什么?各字母代表什么含义?

14. 写出活性染料浸染的一般工艺流程。活性染料浸染工艺有哪几种?活性染料的轧染工艺有哪几种?

15. 还原染料染色过程有哪些?

16. 写出还原染料悬浮体轧染法的工艺流程。还原染料悬浮体轧染法有何优缺点?

17. 写出可溶性还原染料的染色过程。

18. 硫化染料有什么特点? 写出硫化染料卷染的工艺流程。

19. 酸性染料有何性能? 可分为哪几类?

20. 弱酸性染料的染色方法和工艺流程是怎样的?

21. 分散染料的一般性质如何,有哪些分类?

22. 分散染料染色方法有哪三种? 各有何优缺点?

23. 阳离子染料有何性能? 如何分类? 阳离子染料的染色原理是什么? 染色注意事项有哪些?

24. 什么叫阳离子染料的恒温染色法?

25. 涂料染色有哪些特点? 涂料染色用黏合剂有哪些要求?

26. 写出涂料轧染工艺流程和主要工艺条件。

模块五 印 花

【知识点】

1. 印花方法、印花原理；
2. 常用印花设备组成和印花过程；
3. 常用的筛网制版与花筒雕刻方法；
4. 常用印花原糊特点；
5. 涂料、染料印花色浆组成，色浆中各助剂的作用，印花工艺流程，工艺条件；
6. 常用防染和拔染印花方法、原理、工艺；
7. 常见特种印花方法印制产品的特点；
8. 喷墨印花设备类型与工作原理。

【技能点】

1. 会根据产品的特点选择印花设备和印花方法；
2. 会根据织物的原料选择合适的染料印花，并设计印花工艺；
3. 会根据产品设计涂料直接印花工艺。

任务一 概 述

知识点

1. 染色和印花的异同点；
2. 印花方法、印花原理；
3. 常用印花设备组成和印花过程；
4. 常用的筛网制版与花筒雕刻方法；
5. 常用印花原糊特点。

技能点

1. 会根据产品的特点选择印花设备；
2. 会根据织物和染料的特点选择印花原糊。

一、印花的概念

所谓印花，就是将染料或涂料制成色浆，局部施敷于纺织品上，印制出花纹图案的加工过程。为了完成纺织品印花所采用的加工手段,称为印花工艺。印花工艺主要包括图案设计、花纹雕刻、仿色打样、色浆调制、印花及其前、后处理等加工过程。各个环节密切联系、相互配合至关重要,否则会影响印花质量。

二、印花与染色的异同点

从染料上染纤维的机理而言,印花和染色是相同的,只是在印花中某一颜色的染料按花纹图案要求局部施敷在纺织品上,经过一定的后处理完成染料上染纤维,进而在纺织品上得到具有一种或多种颜色的印花产品。所以,印花也可以说是"局部染色"。

印花时,为了防止花纹渗化,保证花纹轮廓清晰,必须采用色浆印制。色浆中的染料、化学助剂的浓度,比一般染浴高得多,加之含大量糊料,造成染料溶解困难,所以印花浆中需加助溶剂,如尿素、酒精等。

染色时如果需要拼色,一般要求用同类型的染料进行拼色;而印花时可以在同一纺织品上采用几种不同类型的染料进行共同印花,也可以在同一色浆中采用不同类型的染料进行同浆印花。

印花产品中有白花或者白地要求很白时,要求前处理后的半制品类似于漂布;而染色布尤其染深浓色时,前处理可以不漂白。印花布不能有纬斜,尤其是对格子形、横条形、正方形或人物类等花型,而染色布的纬斜控制要求没有印花布严格。印花加工对布的门幅也有一定要求,以免在印花后拉幅时出现花斜和布上花纹图案的变形。对印花半制品而言,毛效要均匀,且应具有良好的"瞬时毛效",主要因为印花时色浆作用时间短,又要求印出的花纹色泽均匀,轮廓清晰,线条光洁。对坯布疵点的掩盖性,印花比染色好。

三、印花方法

1. 按设备分类

（1）筛网印花

主要印花装置为筛网,筛网又分为平网和圆网两种,平网是将筛网绷在金属或木质矩形框架上,圆网则采用镍质圆形金属网。将花纹图案雕刻在网上,有花纹的地方网眼镂空。印花时,色浆通过网眼将花纹图案转移到纺织品上。平网印花有手工和机械之别,而圆网印花是连续化的机械运行。圆网和平网印花是目前广泛采用的印花方法,特点是印花套数多,纺织品所受张力小,不易变形,花色鲜艳,得色丰满,而且疵布较少,特别适用于小批量、多品种生产。

（2）辊筒印花

主要印花装置是刻有花纹的铜辊,又称花筒,印花时,色浆通过刻有花纹图案的铜辊凹纹压印转移到纺织品上。辊筒印花的生产成本低,生产效率高,车速可达 100 m/min,适宜大批量生产,印制花纹轮廓清晰,可印制精细线条花纹。但纺织品所受张力大,印花套色和花纹大小受限,先印的花纹受后印的花筒挤压而易造成传色和色泽不够丰满,影响花色鲜艳度。

（3）转移印花

先用染料（或颜料）将花纹图案印在纸上,制成转印纸,然后在一定条件下使转印纸上的染料（或颜料）转移到纺织品上去的印花方法。转移印花是一种在 20 世纪 50 年代兴起的新型印花方法,它特别适于印制小批量的品种,印花后不需要后处理,因此减少了污染,属清洁生产。

印制的图案丰富多彩,花型逼真,艺术性强,印花疵病少,但转印纸的耗量大,成本高。目前主要用于涤纶、锦纶纺织品的印花,在天然纤维纺织品上进行转移印花还有待创新和发展。

(4)其他印花法

除上述常用的印花方法外,还有一些用于生产特殊印花产品及现在正迅猛发展的新型印花方法,如:静电植绒印花、多色淋染印花、喷墨印花等等。

2. 按工艺分类

(1)直接印花

将含有染料的色浆直接印在白布或浅色布上,印有色浆处染料上染,获得各种花纹图案,未印色浆处的地色保持不变,印花色浆中的化学药品与地色不发生化学作用,印上去的染料的颜色对浅地色具有一定的遮色、拼色作用,这种印花方法称为直接印花。

根据花型图案情况,直接印花可获得三类印花产品,即:白地花布,其花色较少,白地多;满地花布,其花色多,白地少;地色罩印花布,是在染色布上印花,一般地色比花色浅。

(2)拔染印花

拔染印花是先染色后印花。在印花浆中含有能够破坏地色染料的化学药品,称为拔染剂。在适当条件下,可将地色破坏,经水洗得到白花的称为拔白;如果在印花浆中加入能耐拔染剂的染料,则在破坏地色的同时又染上另一种颜色,叫色拔(又称着色拔染)印花。拔白印花和色拔印花可同时用于一个花样上,统称拔染印花。

拔染印花织物的地色色泽丰满艳亮,花纹细致,轮廓清晰,花色与地色之间没有第三色,效果较好。但在印花时较难发现疵病,工艺也较繁复,印花成本较高,而且适宜于拔染的地色不多,所以应用有一定局限性。

(3)防染印花

防染印花是先印花后染色。在印花浆中含有能够防止地色染料上染的化学药品,称为防染剂。染色时,印花处的地色染料不上染(或不显色、不固色),经水洗除去,得到白色花纹的称为防白印花;如果在印花浆中加入一种能耐防染剂的染料,则在防染的同时又上染另一种颜色,叫色防(又称着色防染)印花。防白印花和色防印花可同时用在一个花样上,统称防染印花。

如果选择一种防染剂,它能部分地在印花处防染地色或对地色起缓染作用,最后使印花处既不是防白,也不是全部上染地色,而出现浅于地色的花纹,且花纹处颜色的染色牢度符合标准,这就是半色调防染印花,简称半防印花。

与拔染印花相比,防染印花的工艺流程较短,适用的地色染料较多,但是花纹一般不及拔染印花精细。如果工艺和操作控制不当,花纹轮廓易于渗化而不光洁,或发生罩色造成白花不白、花色萎暗等不良效果。

(4)防印印花

如果只在印花机上完成防染或拔染及"染地"的整个加工,称为防印印花,也叫防浆印花。防印印花一般是先印防印浆,然后在其上罩印地色浆,印防印浆的地方罩印的地色染料,由于被防染或拔染而不能上染(或固色),最后经洗涤去除。防印印花可以分为湿法防印和干法防印。湿法防印是将防印浆和地色浆在印花机上一次完成的印花工艺,但它不适合印制线条类的精细花纹,因为罩印时易使线条变粗。干法防印是在印花机上先印防印浆,烘干后再罩印地色浆。

以上四种印花工艺要根据花型特征、染料性质、织物类别、印制效果、加工成本等要求进行选择。直接印花工艺比拔染、防染和防印印花简单,故应用最多,但是有些花纹图案必须采用拔染、防染或防印印花才能获得预期效果。

四、印花设备

1. 筛网印花机

筛网印花是目前应用较普遍的一种印花方法。筛网是主要的印花工具,有花纹处呈镂空的网眼,无花纹处网眼被涂覆。印花时,色浆透过镂空的网眼而转移到织物上。根据筛网的形状,筛网印花机可分为平网印花机和圆网印花机。

(1)平网印花机

平网印花机可分为网动式平网印花机、布动式平网印花机和转盘式平网印花机三种。其中以布动式平网印花机的应用为最广泛。

① 网动式平网印花机:俗称"热台版印花机",如图5-1所示。

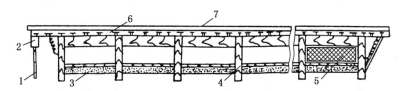

图5-1 网动式平网印花机示意图

1—排水管 2—排水槽 3—地板 4—台脚 5—变压器 6—加热层 7—台面

印花台版上面铺设弹性层如橡胶等使其具有一定弹性,表面覆以漆布或人造革,一般台版长度为数十米至百余米,故其印花套数不受限制。为提高印制效果和生产效率,台版下可采用蒸汽或电加热,即采用热台版印花。台版两边装有水槽和排水管,供洗台版时用。花版在台版上沿经向铁轨按固定距离用手工或机械移动。印花时,在台版上刮上一层贴布浆,织物平整地贴在固定的台版上,把印花色浆加入花版框内,印花台版下降,用刮刀将印花浆沿织物经向或纬向刮浆,色浆便透过花版网眼印到织物上,印好一版后,升起花版,移到下一版的位置再进行印花。

② 布动式平网印花机:由进布装置、印花装置、烘干设备和落布装置等组成,如图5-2所示。

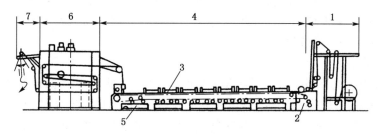

图5-2 布动式平网印花机示意图

1—进布装置 2—导带上浆装置 3—筛网框架 4—花版印花部分
5—导带水洗装置 6—烘干设备 7—出布装置

布动式平网印花机印花花版的长度由花版数而定,台版的机架上装有升降架,升降架上等距离地安装着花版,印花台版由铁板制成,上有一条循环运行的无接头的帆布与橡胶黏合的弹性导带,导带固定在两边的钢管上,由电机控制其运行。当导带运行到进布装置之前,由给浆装置涂上贴布浆,织物导入时经压辊加压,使之平整地黏贴在导带上。印花时,花版降落到贴有织物的台版上,刮刀刮浆,然后,花版升起,导带按规定距离带动印花织物向前移动。刮浆的次数、刮刀的动程、刮刀压力以及导带的移动距离都是可调的,当导带循环到台版下面时,经洗涤装置洗去导带上的贴布浆和印花色浆。

布动式平网印花机的台版下没有加热设备,在印花过程中,印到织物上的色浆未经烘干,压印时会产生搭色现象,因此花纹的轮廓清晰度及色泽鲜艳度不如网动式平网印花机。但布动式平网印花机具有劳动强度低、生产效率高、织物承受的张力小、产品质量稳定、占用生产场地少等优点。

③ 转盘式平网印花机:印花时,台版上贴织物,装有花版的圆柱下降,花版与织物接触,刮刀刮浆,然后,圆柱上升,装有台版的转柱便转动一个角度,花版再次下降印花,如此循环,完成整个花样的印制。转盘式平网印花机是一种特殊的平网印花机,专用于小型织物或成衣印花。

(2)圆网印花机

根据圆网的排列方式,圆网印花机主要有卧式圆网印花机、立式圆网印花机和放射式圆网印花机等机型,在我国卧式圆网印花机的应用最广。图5-3为卧式圆网印花机示意图。

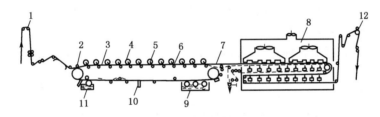

图5-3 卧式圆网印花机示意图

1—进布架 2—压布辊 3—导带 4—圆网 5—刮刀 6—承压辊
7—织物 8—烘房 9—水洗槽 10—刮水刀 11—上浆槽 12—落布架

圆网印花机的花版是圆网,由金属镍制成,网孔呈六角形。圆网安装在印花机两侧的机架上,刮刀安装在圆网里的刮刀架上,色浆存于贮浆桶内,由给浆泵吸入圆网中。印花时,被印织物随循环运行的橡胶导带前进,当导带运行到机头附近处,由上浆装置涂上一层贴布浆或热塑性贴布树脂,使织物紧贴在导带上而不移动,圆网在织物上面的固定位置上旋转,印花色浆经刮浆装置挤压而透过镂空的圆网网眼印到织物上,织物印花后进入烘干设备进行烘干,导带经机下循环运行,在机下进行水洗并经刮刀刮除水滴。当印花完毕后,给浆泵反方向旋转,将多余的色浆吸回贮浆桶。色浆供应系统全部自动化。

圆网印花机可连续生产,无接版印问题,操作方便,劳动强度低,且占地面积比平网印花机小,适应性强,可适用于多种纤维织物的印花,印花得色浓艳但不如平网印花,圆网的规格较多,可满足大小不同的花样。

2. 辊筒印花机

辊筒印花机由进布装置、印花机头、烘干装置以及出布装置所组成。根据印花机头的花筒排列方式,可分为倾斜式辊筒印花机、立式辊筒印花机、卧式辊筒印花机、放射式辊筒印花机等数种,其中以放射式辊筒印花机最为常用。图5-4为放射式辊筒印花机机头示意图。

放射式辊筒印花机按机头所能安装花筒的多少,分四、六、八套色等。

辊筒印花机印花时,花筒紧压在一只大的承压辊筒上,承压辊筒由生铁铸成,其表面绕有一层一定厚度的橡胶或包有麻毛交织的毛衬布,使之具有一定弹性,在毛衬布的外面还包有一层循环运行的无接头橡胶,橡胶除辅助毛衬布弹性外,还有保护毛衬布不受水和色浆沾污的作用。印花花筒下面紧靠着一只给浆辊,它浸在一只给浆盘中,给浆盘内盛有色浆。印花机运转时,给浆辊把色浆传递给花筒,花筒上装有左右往复运动的刮浆刀,当花筒转动时,刮浆刀就把花筒表面的色浆刮除,花筒凹纹内则留下色浆。经过承压辊筒和花筒之间轧点

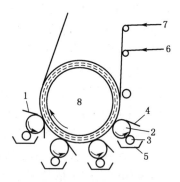

图5-4 放射式辊筒印花机机头示意图

1—除纱刮刀(小刀) 2—花筒
3—给浆辊 4—刮浆刀
5—浆盘 6—印花织物
7—衬布 8—承压辊筒

的压轧,花筒凹纹内的色浆便压到织物上。出印花轧点处,花筒上装有除纱刮刀(小刀),用以刮除由织物而沾在花筒表面的印花色浆,还可以刮除由织物传到花筒上的纱头、短纤维等,防止这些杂质再由花筒传入给浆盘,沾污印花色浆而造成印花疵病。

印花时,印花织物和印花衬布一起送入印花机。出印花机机头后,印花织物和印花衬布即分开,印花织物进入机后烘燥部分进行烘干,衬布经过烘燥可使用数次,然后送到洗涤设备上充分洗除色浆,重复使用。

辊筒印花机可以适应各种花型,如细线条、云纹、雪花等花样的印制。缺点是受到印花套色数和单元花样的限制。

3. 转移印花机

转移印花是先用印刷的方法将用染料制成的油墨依花纹印到纸上,制成转移印花纸,然后将转移印花纸的正面与被印织物的正面紧贴,进入转移印花机,在一定条件下,使转移印花纸上的染料转移到织物上。

转移印花的常用方法及选用的染料和适用的纤维如图5-5所示。

图5-5 转移印花的方法和适用纤维

(1)涤纶等合成纤维织物的转移印花

涤纶等合成纤维织物一般采用干法转移印花中的分散染料升华转移印花工艺,用200℃左右的高温,使合纤(如涤纶)的非晶区中的链段运动加剧,分子链间的自由体积增

大;同时染料升华,由于范德华力的作用,气态染料运动到涤纶周围,然后扩散进入非晶区,达到着色的作用。其工艺过程为:染料调制油墨→印制转印纸→热转移→印花成品。

油墨由分散染料、黏合剂和调节流变性的物质组成,应选用升华牢度低的分散染料,且分散染料对纸无亲和力,以利于充分向织物转移。黏合剂有海藻酸钠糊、纤维素醚、树脂等,它们分别适用于水分散型、醇分散型、油分散型等三种类型的油墨。

转移印花的条件主要取决于纤维材料的性质和转移时的真空度。在标准大气压下各种纤维转移印花的转移温度和时间为:涤纶织物 $200\sim225$ ℃,$10\sim35$ s;变形丝涤纶织物 $195\sim205$ ℃,30 s;三醋酯纤维织物 $190\sim200$ ℃,$30\sim40$ s;锦纶织物 $190\sim200$ ℃,$30\sim40$ s。在真空度为 8 kPa 的真空转移印花机上,转移温度可降低 30 ℃,因为大气压下降,染料的升华牢度降低。转移温度降低可使织物获得良好的印透性和手感。

转移印花的设备有平板热压机、连续转移印花机和真空连续转移印花机。

① 平板热压机是间歇式印花设备,转移时织物与转印花纸正面相贴并放在平台上,热板下压,一定时间后热板升起。图 5-6 为平板热压机示意图。

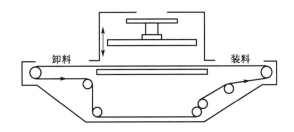

图 5-6　平板热压机示意图

② 连续式转移印花机能进行连续生产,机上有旋转加热辊筒,织物正面与转移纸正面相贴,一起进入印花机,织物外面用一无缝的毯子紧压,以增加弹性,如图 5-7 所示。

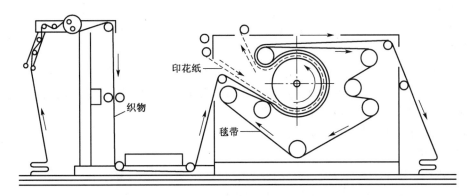

图 5-7　连续转移印花机示意图

以上两种设备都可以抽真空,使转移印花可在低于标准大气压的条件下进行。

③ 真空连续转移印花机如图 5-8 所示。

(2) 天然纤维织物的转移印花

传统的热转移印花只能用于合纤织物,近年来人们开发了天然纤维织物的转移印花,主要有两种方法。

① 模拟分散染料对涤纶织物转移印花的机理，对天然纤维进行处理，使其对分散染料有亲和力，采用分散染料的升华转移印花法。

② 非升华转移油墨的转移印花工艺，分干法和湿法两种。

a. 湿法工艺。将活性染料油墨印在转印纸上，经轧碱后的织物与转移纸一起同时进入转印辊筒进行冷转移印花，使活性染料转移到织物上，然后进行固色和水洗。丹麦的 Cotton Art 转移印花就属此类，已在我国上海等地投入使用。

b. 干法转移。印花前将一种"载体"涂在转印纸上，然后用一种特殊的印花油墨印花，含有染料或颜料的载体在压力下向纤维转移，然后洗除织物上的载体。此法适用于各种基材，包括皮革等。

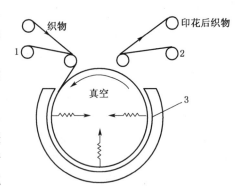

图 5-8　真空连续转移印花机示意图

1—转印纸　2—使用过的转印纸
3—红外线加热器

五、筛网制版与花筒雕刻

1. 筛网制版

平网印花用的网布采用一定规格的锦纶丝或涤纶丝等制成，在绷网机上将网布平整地固定在网框上制成印花筛网，其制版常用方法是感光法。

感光法是用手工描样、照相分色或电子分色法制成分色描样片，描样片上有花纹处涂有遮光剂，将分色描样片覆在涂有感光胶的筛网上进行曝光。曝光时，光线透过无花纹处的透明片，使感光胶感光生成不溶于水的胶膜而堵塞网眼；在有花纹处，光线被遮光剂阻挡，感光胶未感光，仍为水溶性，经水洗露出网孔，便成为具有花纹的筛网，最后涂上一层生漆以保护感光膜，使其坚固耐用。

圆网制版是先制作圆网（六角形网眼的镍网），然后按上述感光法制成具有花纹的筛网，再经焙烘使感光胶硬化，最后在圆网两头胶接闷头。

2. 花筒雕刻

花筒雕刻是将印花图案转移到花筒上，花纹在花筒上是凹陷的，凹纹内均匀地刻着斜纹线、网点或交叉的斜纹，用以贮存印花色浆。

雕刻方法有照相雕刻、缩小雕刻、钢芯雕刻等。

（1）照相雕刻

照相雕刻是将单元花样分色描（或直接拍摄）在透明片基上，然后在照相机（或拷贝机）上制成单元网纹负片，再连晒成正片，正片的长度等于花筒的雕刻宽度，正片的宽度等于花筒圆周（单元花样的整数倍）。将正片与涂好感光胶的花筒在花筒曝光机上进行曝光，曝光时，无花纹处感光胶发生感光作用，形成不溶于水的硬化薄膜，而正片上花纹中的黑色部分，（花纹及斜纹线）光线不能透过，花筒上感光胶不发生感光作用，感光后用水洗去未感光部分的感光胶，经焙烘加固后进行腐蚀，使花筒上的花纹成为一定深度的阴纹，以便印花时容纳色浆，最后在花筒表面镀铬，以提高花筒表面的硬度，延长花筒的使用寿命。

照相雕刻的加工过程为：

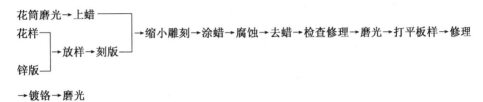

（2）缩小雕刻

缩小雕刻的加工过程为：

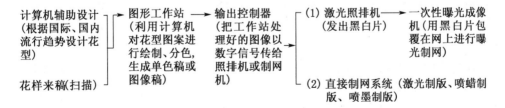

为了保证印花织物上的花纹符合原样的精细程度，需要把花样放大后刻在锌版上，缩小雕刻是将锌版上放大的花样通过缩小机缩小到原样大小，并按花纹将涂蜡花筒上的蜡划去，再在轮廓线内刻上一系列平行的斜纹线，然后进行腐蚀，使花筒上的花纹成一定深度的阴纹，最后在花筒表面镀铬。

（3）钢芯雕刻

钢芯雕刻即压纹雕刻，其加工过程为：

花样→刻阴模→淬火→轧阳模→淬火→阳模轧压花筒→镀铬

花纹在阴模上呈凹陷，在阳模上则凸出，轧在花筒上又呈凹陷花纹。淬火的目的是使钢模的表面硬化。钢芯雕刻适用于雕刻精细的几何图形，其规则性强。

3. 电脑分色制版

印花 CAD 系统是印染企业或制版公司进行印花图案设计及分色制版的一种计算机处理系统，它实质上包括计算机辅助设计（CAD）和计算机辅助制造（CAM）两大部分。计算机辅助设计主要是印花面料图案的设计、修改、配色及其工艺处理，计算机辅助制造则主要是印花面料花样的制版。

其工艺过程如下：

计算机辅助设计（根据国际、国内流行趋势设计花型）／花样来稿（扫描）→图形工作站（利用计算机对花型图案进行绘制、分色，生成单色稿或图像稿）→输出控制器（把工作站处理好的图像以数字信号传给照排机或制网机）→（1）激光照排机（发出黑白片）→一次性曝光成像机（用黑白片包覆在网上进行曝光制网）／（2）直接制网系统（激光制版、喷蜡制版、喷墨制版）

电脑分色制版有两大系统，即电脑分色描稿系统和计算机直接制网系统。

（1）电脑分色描稿系统

电脑分色是印花 CAD/CAM 的核心部分。它的工作原理是：在计算机中对花稿（通过图形输入设备输入或在计算机里面设计）进行描绘、分色等一系列处理，生成单色稿文件，然后将单色稿传给图形输出设备,图形输出设备有彩色打印机(用来输出彩色样张,并交客户作产品外观的迅速确认)和激光照排机(用以输出单色胶片)两种。

采用电脑分色描稿的主要优点是降低了劳动强度,缩短了制作周期,提高了产品质量,特别适用于高难度花样的分色和制作几何条格花样。对于一些复杂多层次花样,它能充分体现原稿精神而不失真。电脑分色也经历了循序渐进的发展过程,从最初只能用彩色纸稿进行分色,到随后能用面料完成分色,接着又开发了云纹软件,现在已经具备了泥点喷吐、水迹渗化、图案矫斜、套色统计、信息共享等功能。

(2)计算机直接制网系统

计算机直接制网系统是将电脑分色后的单色稿文件以数字信号的形式传送给制网系统,通过激光、喷蜡、喷墨的形式在已涂过感光胶的花网上绘制出单色稿图案。

激光制版是在网框上涂一层特殊的胶层,然后放在特制的激光设备上,激光设备上的激光头根据电脑分色时的图像对胶层发出激光束,由激光直接将网上胶层烧掉而获得花版。其特点是可以省去胶片,花样经电脑图像处理后直接进行激光制网。精度高,重现性好,该法特别适用于精细直线条、云纹网版,线条精度可达 0.2 mm,并可用 155~255 目的高目数网制作。

喷蜡制版的基本原理是将电脑分色后的单色图案利用蜡质直接喷绘到涂有感光胶层的网上,然后进行感光,有蜡的地方没有被感光,在水洗时蜡连同没有被感光的感光胶一起被冲洗掉而显现花纹。其工艺路线为:扫描→电脑分色→喷蜡→感光→显影→水洗。其特点是省去胶片,花样经电脑图像处理后,直接进行喷蜡制网,线条精细度可达到 0.1 mm,可制作大规格的平网或圆网。

喷蜡制版与激光制版相比,两者都是将电脑分色后的数字化结果转移到网版上。不同的是激光制版时必须调准焦点,喷蜡制版对网版的正位要求不高。喷蜡制版的速度比激光制版快,效率可提高 3~4 倍。激光制版分辨率为 600 dpi(dots per inch,简称 dpi),喷蜡制版的分辨率为 1 000 dpi,精细度更高。激光制版耗电功率大,成本高,而喷蜡制版耗电功率小,成本低。

喷墨制版技术与喷蜡制版原理基本相同,所不同的是用墨代替蜡,墨的成本远远低于蜡,从发展的眼光来看这是一个更有前途的方向。

六、印花原糊

印花色浆由染料(或涂料)、原糊及必需的化学药剂组成,常用的溶剂是水。原糊是由糊料制成的,一般糊料是一些亲水性的高分子化合物,能分散在水中,制成具有一定浓度的稠厚的胶体溶液,这种胶体溶液就称为原糊。原糊是染料、助剂溶解或分散的介质,并且作为传递介质将染料、化学药品等传递到织物上,防止花纹渗化。当染料固色后,原糊即从织物上洗去。

印花色浆的印花性能很大程度上取决于原糊的性质,所以原糊直接影响印花产品的质量。作为印花原糊,在物理、化学性能方面有一定的要求。物理性能方面,原糊必须和色浆中所用的染料、化学药剂有良好的相容性。要获得良好的印花效果,所制得的色浆必须具有一定的流变性,以适应各种印花方法、织物的特点和各种花纹。色浆的流变性指色浆在不同切应力作用下的流动变形性能。色浆大都是非牛顿型流体,其黏度随着剪切应力的增大而降低。因为在高分子溶液中,特别在浓度较高时,由于高分子之间的相互作用,在溶液中形成所谓的结构,但这种结构不是很牢固,随着剪切应力的增大会逐渐破坏,黏度则随之下降,溶液的这种黏度称为结构黏度。在印花时,色浆遇到一定压力(如筛网上刮刀压点及花筒轧点的作用力),黏度下降,色浆容易渗透到织物内部,织物离开压点,剪切应力去除,色浆黏度上升,从而防止色浆渗化,获得清晰的花纹。印花织物烘干后,原糊所成的浆膜对织物要有一定的黏着力,否则在运转过程中浆膜容易脱落,特别是在疏水性合成纤维织物上。印花原糊要有一定的吸湿能力,因为织物印花烘干后,色浆中绝大部分的水分被蒸发,染料向纤维内部转移是在汽蒸时发生的,色浆的吸湿性低,染料上染不充分,吸湿性过高,花纹渗化严重。此外,糊料易洗涤性要好,便于在后处理中去除,不致影响成品手感。在化学性能方面,糊料应较稳定,在贮存时不易腐败变质。

印花常用糊料有淀粉及其衍生物、海藻酸钠、纤维素衍生物、合成龙胶、乳化糊、合成糊料等。

1. 淀粉及其衍生物

（1）淀粉

淀粉由直链淀粉和支链淀粉组成,直链淀粉是由 α-葡萄糖剩基以 1，4-甙键连接而成的线型高分子化合物,它成膜快,浆膜有一定的弹性,不易折断;支链淀粉是在以 1,4-甙键连接的大分子上每隔 20～30 个葡萄糖剩基有一个以 1,6-甙键连接构成的支链,它黏着力强,成膜后的耐磨性好,但不易洗除。印花常用的淀粉有小麦淀粉、玉米淀粉等。

淀粉原糊的制备方法有煮糊法和碱化法两种。煮糊法是先在锅壁四周加入植物油,淀粉放入桶内,加水搅拌均匀至无干粉状,然后加水至总量,通汽加热,边煮边搅,煮至透明状即得原糊,最后打开夹层冷流水,搅拌下冷却到室温。碱化法是利用淀粉遇碱膨化的特性,先用冷水加淀粉并搅成悬浮状,在搅拌下慢慢加入 1∶1 以冷水冲淡的烧碱,继续搅拌淀粉液至成透明状原糊,最后用 1∶1 以冷水冲淡的硫酸中和至中性。

淀粉的成糊率高,给色量高,印出的花纹清晰,蒸化时不易搭色、不易渗化,但印透性和印花均匀性差,黏着力强,不易洗除,印花手感差,不适用于活性染料印花。

（2）印染胶和糊精

印染胶和糊精是淀粉的水解产物,其成分与淀粉相似,而聚合度较淀粉低,它们均是将淀粉在强酸作用下加热焙炒而成的。

印染胶和糊精的耐碱性好、渗透性好、印花均匀、水溶性好、印花后易洗除、印花手感好,但给色量低、吸湿性强、蒸化时易渗化。特别是印染胶,常与淀粉糊拼混使用,以取长补短,适用于调制还原染料色浆。

2. 海藻酸钠

海藻酸钠是从褐藻中提取海藻酸,经过钙盐沉淀、酸化,最后中和而成钠盐。海藻酸钠的制糊较简单,将海藻酸钠(6%～8%)边搅拌边慢慢加入含有六偏磷酸钠的温水中,并不断搅拌至无颗粒状,再用纯碱调节 pH 值为 7～8 即可。

海藻酸钠在 pH 值为 5.8～11 之间时比较稳定,高于或低于该 pH 值都会产生凝结,遇重金属离子易产生凝胶,用硬水制糊时,易生成钙盐沉淀。制糊时加入六偏磷酸钠的目的,即在于络合重金属离子,同时起软化水的作用。

海藻酸钠糊的印透性和吸湿性好,印制的花纹轮廓清晰,得色均匀,易于洗涤,印花织物手感柔软,但得色量低。海藻酸钠分子中的羧基负离子与活性染料中的阴离子存在斥力,有利于活性染料上染纤维,是活性染料印花最好的糊料。

3. 合成龙胶

合成龙胶是采用皂荚豆粉或槐树豆粉经氯乙醇醚化而制成的。合成龙胶制糊方便，制备时，边搅拌边把合成龙胶慢慢撒入 80 ℃左右的热水中，继续搅拌至透明无颗粒状即可。

合成龙胶的成糊率高，印花均匀性好，易洗除，耐酸性好，耐碱性较差，适用于调制印地科素色浆和酸性染料色浆，色基色浆在印制精细花纹时也常采用合成龙胶，但不适用于调制活性染料色浆。成糊后，原糊的 pH 值为 8～8.5，使用时采用 HAC 调节 pH 值至中性。

4. 乳化糊

乳化糊是由白火油和水两种互不相溶的液体在乳化剂作用下，经高速搅拌所制成的乳化体系。乳化糊有油/水型乳化糊（油分散在水中）和水/油型乳化糊（水分散在油中）两大类，印花中常用油/水型乳化糊。使用乳化糊时，温度不宜过高也不宜过低，否则会破乳。

工厂里可以自制乳化糊 A，具体的制备方法如下(%)：

	厚 浆	薄 浆
白火油	72～77	70
水	13～18	26.5
5%合成龙胶	—	1
平平加 O	4	2.5
尿素	6	—
总量	100	100

平平加 O 和火油的用量多，可得到厚糊用于印花调浆，若调好的色浆太厚，不能用水冲稀，而要用薄的乳化糊来冲淡，薄浆中加入少量合成龙胶或羧甲基纤维素或海藻酸钠等作为保护胶体，可使色浆稳定，但用量不宜多。

乳化糊特别适用于涂料印花，得色鲜艳，渗透性好，含固量低，手感柔软。但乳化糊中火油用量大，挥发出的火油造成空气污染且易燃、易爆，若加工不当还会使产品带有火油气味。

5. 合成糊料

合成糊料一般由三种或三种以上的单体聚合而成。

① 第一类单体是主要单体，多为烯烃酸，如丙烯酸、衣康酸、马来酸等水溶性单体，其作用是使合成糊料在水中电离形成羧基负离子，从而大分子链之间产生斥力，使原来卷曲的分子链在水中伸展开来，黏度增高，同时，使合成糊料具有良好的水溶性和分散性，其含量为50%～80%。

② 第二类单体是丙烯酸酯类疏水性单体，其作用是增大合成糊料的相对分子质量，提高给色量，其含量为 15%～40%。

③ 第三类单体是具有两个烯基的化合物，使合成糊料生成网状结构，可显著提高增稠效果，其含量占 1%～4%。

三种单体通过乳液聚合法共聚而成合成糊料。

合成糊料制糊方便，在快速搅拌下将合成糊料加入氨水溶液中，使合成糊料体积剧烈膨胀，得到乳白色的半透明原糊即可。

合成糊料成糊率高，用量 2%左右即可，增稠能力强，含固量很低，印花后不经洗涤也不影响手感，所以特别适用于涂料印花。合成糊料的触变性极优，是筛网印花的理想糊料，印花轮廓清晰,线条精细,给色量高,但吸湿性强,汽蒸固色时易渗化。合成糊料也可应用于分散染料印花,由于含固量低,有利于染料的固色,可以提高给色量,但遇电解质后黏度大大降低,为此,要使用非离子型的分散剂。

任务二 涂料直接印花

知识点
　　1. 涂料直接印花色浆组成、黏合剂的种类和特点;
　　2. 涂料直接印花工艺。
技能点
　　会根据产品设计涂料直接印花工艺。

　　涂料印花是借助于黏合剂在织物上形成坚牢、透明、耐磨的薄膜,从而将涂料机械地固着在织物上的印花方法。涂料印花具有以下优点:
　　① 工艺简单,色浆调制方便,工艺流程短,拼色容易,容易检查印制中的印花病疵。
　　② 色谱齐全,色泽鲜艳,印制花纹轮廓清晰。
　　③ 不受纤维种类的限制,可适用于各种纤维材料的织物印花,特别适合于涤棉等混纺织物印花。
　　④ 可以与多种染料共同印花,还可以作为防拔染印花的着色剂,工艺适应性广。
　　⑤ 适用于特殊印花,如白涂料印花、金粉或银粉印花、夜光印花、荧光印花等。但涂料印花产品的刷洗和摩擦牢度较差,印花处特别是大面积花纹产品的手感欠佳。
　　随着合成纤维及其各种混纺织物的发展以及涂料品种的不断发展,涂料印花越来越显示其优越性。

一、涂料印花色浆组成

涂料印花色浆主要由涂料、黏合剂、交联剂、乳化糊或合成糊料等组成。

1. 涂料

　　涂料是一种颜料,不溶于水和有机溶剂。它是由有机或无机颜料和一定比例的甘油、平平加O、乳化剂及水经研磨后制成的一定细度的均匀分散体系的浆状物。涂料浆的含固量一般为14%～40%,细度大多为$0.5～2~\mu m$。过细的粒子会使涂料的鲜艳度降低,对无机颜料和金属粉末研磨过度也会使其失去光泽,但扩散和耐磨耐洗性能较好。而颗粒过大时,色泽萎暗,着色率降低,耐摩擦、耐刷洗牢度差。印花用涂料应耐光、耐热、耐酸、耐碱、耐有机溶剂、耐氧化剂,并具有适当的比重和分散性,在色浆中不至于造成上浮或沉淀。
　　涂料按其化学特征的不同可分为无机和有机两大类。用作涂料的无机颜料有:白色的钛白粉(TiO_2),如涂料白;黑色的炭黑,如涂料黑FBRN;金属粉末,一般多为具有一定细度的铜锌合金粉和铝粉。用作涂料的有机颜料有:偶氮染料、酞菁染料、金属络合染料和还原染料等。荧光涂料是有机涂料中的特殊品种。荧光的发生主要是因为染料分子中有荧光发生基团,并由共轭系统所贯穿,它们能吸收太阳光中波长较短的光,而反射出较长光波的可见光,使该波段光的数量增加,其亮度和纯度都显著提高。

2. 黏合剂

黏合剂是具有成膜性的高分子化合物,一般由两种或两种以上的单体共聚而成,平均相对分子质量在十万左右,经高温处理可形成透明的薄膜,从而将涂料黏附在纺织品的表面。它与涂料色浆的印制性能、产品的手感、牢度、色泽等关系密切。

涂料印花中的黏合剂应耐化学药品、耐有机溶剂,有良好的贮存稳定性,耐热、耐冻、室温下不结膜,印到织物上后,经过适当的处理,应能形成无色透明、黏着力强、耐磨并富有弹性的皮膜。

黏合剂一般可分为非反应型和反应型两大类。

(1) 非反应型黏合剂

非反应型黏合剂大多是按其使用单体原料来划分的,一般分为以下三类:

① 丁二烯共聚物。这类黏合剂主要有丁苯橡胶(丁二烯与苯乙烯的共聚物)、丁腈橡胶(丁二烯与丙烯腈的共聚物)、氯丁橡胶(氯丁二烯的均聚物)。其特点是皮膜弹性好、手感柔软、耐磨性好,但耐热、耐光性能差,容易老化、泛黄,黏着力差。故可用某些黏着力强的成膜物质如甲壳质等进行拼混。如常用的黏合剂 707,BH 和 750 等,均是由丁苯橡胶乳液与甲壳质醋酸溶液混合的黏合剂。

② 聚丙烯酸酯共聚物黏合剂。这类黏合剂是以丙烯酸酯自身均聚或与其他单体共聚而成的。均聚单体有丙烯酸甲酯、丙烯酸乙酯、丙烯酸丁酯、丙烯酸异辛酯等;共聚单体有丙烯腈、苯乙烯、氯乙烯。

可通过调节两种共聚组分的相对含量来改善黏合剂的使用性能。均聚体透明、耐热、耐光性能优良,但其耐干洗、耐磨的性能和弹性稍差,皮膜柔软但发黏,为了改善它们的性能,往往用两种以上单体共聚,如丙烯酸丁酯与丙烯腈共聚,可以提高其弹性、耐干洗性和耐摩擦牢度,但手感变硬,改变丙烯酸丁酯和丙烯腈聚合时的用量比可以调节丙烯酸酯类黏合剂的手感、黏度和色牢度。常用的黏合剂品种有东风牌黏合剂、202 橡胶浆、BA 黏合剂、104 黏合剂等。

③ 聚醋酸乙烯酯类共聚物黏合剂。这类黏合剂形成的皮膜弹性、黏着力、手感及各项牢度都较差,与其他单体共聚后虽有所改善,但远比其他黏合剂差,故很少应用。

(2) 反应型黏合剂

这类黏合剂有交联型和自交联型两种。交联型黏合剂的分子中含有羧基、酰胺基、氨基等反应性基团,能与色浆中加入的交联剂反应,形成轻度交联的网状薄膜,牢度提高,但不能与纤维素大分子上的羟基反应,也不能自身发生反应。如国产网印黏合剂,这类黏合剂在使用时一定要加入交联剂。自交联型黏合剂中则含有可与纤维素上的羟基或与其自身反应的官能团,在一定条件下,这些官能团不需交联剂就能自身交联形成网状大分子,也可和纤维素大分子形成共价键结合。自交联型黏合剂在调制色浆时可不加交联剂,如 KG-101 等。目前的涂料印花黏合剂主要是自交联型黏合剂。

反应型黏合剂的耐溶剂性、耐热性和弹性大为提高,摩擦牢度也获得改善。但是黏合剂分子中所含反应性基团不能太多,否则,通过印花所结的皮膜将会太硬而限制涂料印花工艺的使用。

近年来,有许多新型的黏合剂被研制成功,其各项性能更为优越,为涂料印花工艺开辟了更广阔的使用前景。如美国联合碳化开发的改性聚丙烯酸类自交联型黏合剂 R-834、

R-838 等。R-834 有优良的手感、良好的耐摩擦牢度和展色性,具有优良的润湿性,不会堵网,适用于纯棉绒布及针织布等手感、牢度要求均高的纺织品的涂料印花。R-838 可赋予织物柔软的手感、鲜艳的颜色和极好的牢度,具有优异的热/机械稳定性,适用于毛巾等毛圈织物的涂料印花。

3. 交联剂

交联剂也称固色剂或架桥剂,是一类分子中至少具有两个反应性基团的化合物,经过适当处理,其反应性基团或者和纤维上的有关基团反应形成纤维分子间的交联,或者与黏合剂上的反应基团反应形成网状结构的黏合剂皮膜,或者既与纤维又与黏合剂同时产生交联,有些交联剂分子本身间也可发生反应。其作用是提高涂料印花的湿处理和摩擦牢度,提高耐热和耐溶剂性能,降低印花时黏合剂的焙烘温度和缩短焙烘时间。

4. 增稠剂

乳化糊是主要用于涂料印花的一种增稠剂,具有给色量高、色泽鲜艳、花纹精细、手感柔软、印透性好、印花均匀、易去除等优点。但乳化糊需耗用大量的火油,造成空气污染且易燃、易爆。近年来,合成增稠剂(即合成糊料)应用于涂料印花,其用量少,增稠效果好,印花效果优良,克服了使用乳化糊带来的弊病,正逐步代替乳化糊,是涂料印花增稠剂应用发展的方向。

二、印花工艺

(1) 工艺处方(%)

	白涂料	彩色涂料	荧光涂料
涂料	30～40	0.1～15	10～30
黏合剂	40	25～40	30～40
增稠剂	x	x	x
交联剂	3	2.5～3	1.5～3
加水合成	100	100	100

使用自交联型黏合剂时可不加交联剂。

(2) 工艺流程

印花→烘干→固着(→后处理)。

固着有两种方式:汽蒸固着($102～104\ ℃$,$4～6\ min$)和焙烘固着($120～140\ ℃$,$3～5\ min$)。固着时,交联剂与交联型黏合剂、交联剂自身之间、交联剂与纤维上的活性基团或自交联型黏合剂之间、自交联型黏合剂与纤维上的活性基团之间发生交联反应,形成网状薄膜。一般而言,使用涂料印制小面积花纹时可不进行水洗,但若乳化糊中火油气味大,需进行水洗、皂洗、水洗后处理。

任务三　活性染料直接印花

知识点

1. 活性染料直接印花的应用;

2. 活性染料直接印花方法、色浆组成、色浆中各助剂的作用、工艺流程、工艺条件。

技能点

会根据织物设计活性染料直接印花工艺。

活性染料品种多,色谱齐全,色泽鲜艳,拼色方便,工艺较为简单,湿处理牢度较好,适宜于印制中、浅色花布(一些新型的活性染料也可用于深色印花布)。但大多数活性染料不耐氯气,固色率低,有些活性染料的直接性(亲和力)较大,在皂洗时易造成沾色,尤其是印深浓色时。

印花所选用的活性染料应直接性小、亲和力低、扩散性好,制成的色浆稳定性好,固色后染料不发生断键现象。

活性染料的印花方法有一相法印花和两相法印花两大类。一相法印花,是将染料和碱剂都放在色浆中进行印花的方法。二相法印花,其印花色浆中不含碱剂,印花前或印花后需用碱处理。

活性染料主要用于纤维素纤维织物和蛋白质纤维织物的印花。

一、活性染料对棉织物直接印花

1. 一相法印花

(1) 小苏打、纯碱印花法

此法是工厂中最常用的活性染料印花方法,所采用的碱剂通常为小苏打或纯碱。

色浆处方(%):

活性染料	x
尿素	$3\sim15$
防染盐 S	1
海藻酸钠糊	$30\sim40$
小苏打(或纯碱)	$1\sim3(1\sim2.5)$
加水合成	100

调制色浆时,用少量水将尿素溶解后倒入染料与少量水的浆中,溶解染料,再将防染盐 S 溶解后加到染液中,最后把染液倒入海藻酸钠糊中,边加边搅,搅拌均匀,临用前加碱搅匀。

尿素的作用有两个:一是助溶,帮助活性染料溶解;二是吸湿,在汽蒸时吸收水分,使纤维膨化,有利于染料向纤维内部的扩散渗透。

活性染料用焙烘法固色时,尿素有两个副作用:第一,在 140 ℃以上时尿素受热后会分解出酸性物质:

$$OC{\overset{NH_2}{\underset{NH_2}{\diagup}}} \xrightarrow{140\ ℃} \underset{氰酸}{HOCN} + NH_3 \uparrow$$

使印花处的 pH 值下降,消耗色浆中的部分碱剂;第二,KN 型活性染料在 140 ℃条件下,与尚未分解的尿素可发生加成反应:

$$D—SO_2—CH=CH_2 + H_2N—CO—NH_2 \longrightarrow D—SO_2CH_2CH_2NHCONH_2$$

因此,KN 型活性染料采用高温焙烘法固色时,印花色浆中不能加尿素。

防染盐 S 即间硝基苯磺酸钠,是一种弱氧化剂,防止汽蒸时还原性气体对染料影响而造成色泽变暗淡。

活性染料与纤维素纤维的反应是在碱性介质中进行的,反应性低的活性染料应选用纯碱为碱剂,反应性高的活性染料宜选用小苏打为碱剂,小苏打的碱性较弱,有利于色浆稳定,在汽蒸或焙烘时,小苏打分解,织物上色浆的碱性增大,促使染料与纤维发生反应:

$$2NaHCO_3 \longrightarrow Na_2CO_3 + H_2O + CO_2 \uparrow$$

其工艺流程为:白布印花→烘干→固色→冷流水冲洗→温水洗→热水洗→皂洗(90 ℃以上,3~4 min)→热水洗→冷水洗→烘干。

印花后经烘干、固色,染料由色浆转移到纤维上,扩散到纤维内部并与纤维反应形成共价键结合。固着工艺有汽蒸(100~102 ℃,5~10 min)和焙烘(150 ℃,3~5 min)两种。活性染料的固色率不高,固色后织物上残存的未与纤维反应的以及已经水解的活性染料、助剂、糊料必须在汽蒸后的水洗过程中去除,否则将影响织物的湿处理、日晒和气候牢度。

(2)三氯醋酸钠印花法

色浆处方(%):

KN 型活性染料	x
尿素	1~15
防染盐 S	1
海藻酸钠糊	30~50
三氯醋酸钠(1∶1 溶解)	5~12
磷酸二氢钠(1∶1 溶解)	0.5~1.5
加水合成	100

磷酸二氢钠作为缓冲剂,使色浆 pH 值缓冲在 6 左右,使色浆稳定,且可中和烘干时因三氯醋酸钠分解生成的碳酸钠,防止染料过早水解,但应在临用前加入。三氯醋酸钠是高温释碱剂,当温度达 80 ℃以上开始分解,随温度升高分解加快,分解后产生碳酸钠,作为活性染料的固色剂,使染料与纤维素产生反应形成共价键结合。

其工艺流程为:白布印花→烘干→汽蒸(102~104 ℃,7~10 min)→冷流水冲洗→温水洗→ 热水洗→皂洗(90 ℃以上,3~4 min)→热水洗→冷水洗→烘干。

2. 二相法印花

(1)色浆处方(%)

染料	x
尿素	3~15
防染盐 S	1
海藻酸钠糊	30~50
加水合成	100

(2)轧碱液处方

30%NaOH	30 mL
Na$_2$CO$_3$	100 g
K$_2$CO$_3$	50 g
NaCl	15~50 g
淀粉糊	100 g
加水合成	1 L

碱液中食盐的作用是防止染料轧碱时溶落,淀粉糊的作用是增加碱液黏度。

其工艺流程为:白布印花→烘干→面轧碱液(织物正面向下)→汽蒸(120~130 ℃,30 s)→水洗→皂洗→水洗→烘干。

两相法印花工艺还有快速轧碱固着法(印花烘干后轧碱,轧碱温度为95~100 ℃,浸碱时间为10~15 s,适应于固色率高、反应性强的活性染料)、轧碱冷堆法(印花烘干后,轧碱打卷,用塑料薄膜包裹,室温下堆放6~12 h)、先轧碱后印花法(织物在印花前先轧碱,碱液由烧碱或纯碱和尿素组成,此法在黏胶纤维织物印花中应用较多)。

二、活性染料对羊毛织物直接印花

羊毛织物在印花前需进行氯化处理,破坏羊毛纤维表面疏水的鳞片结构,使羊毛纤维更易吸湿膨化,大大提高对染料的吸收能力,可印制浓艳的色泽,且鳞片的破坏可减轻羊毛的缩绒性,提高织物的尺寸稳定性。氯化处理通常在含0.018~0.3 g/L有效氯和1.4~1.5 g/L盐酸的氯化液中浸渍10~20 s,然后充分水洗,拉幅烘干,用于印制浅色织物,氯化液浓度稍低,印制深色的浓度稍高。为使氯化均匀,可用二氯异氰酸钠氯化,它在溶液中能慢慢地水解并释放出次氯酸,逐渐与羊毛纤维发生氯化反应。二氯异氰酸钠用量为3%左右,氯化处理浴pH值为3~6,在室温条件下处理40~60 min,然后充分水洗、脱氯、拉幅烘干。

羊毛用活性染料如兰纳素(Lanasol)、普施仑(Procilan)等能在80~100 ℃及pH值为3~5的酸性介质中,与羊毛肽链上的—OH、—SH、—NH$_2$形成共价键结合,获得坚牢而鲜艳的色泽。国产KE型活性染料(含两个一氯均三嗪活性基)适合于弱碱性、中性乃至微酸性条件下固色,国产K型、M型、KN型活性染料的某些品种也可用于毛织物印花。

任务四 其他染料直接印花

知识点

1. 可溶性还原染料、不溶性偶氮染料、稳定不溶性偶氮染料、分散染料、阳离子染料、酸性类染料直接印花适用性;

2. 可溶性还原染料、稳定不溶性偶氮染料、分散染料、阳离子染料、酸性类染料直接印花工艺。

技能点

会根据织物的原料选择适合的染料印花,并会设计印花工艺。

一、可溶性还原染料直接印花

可溶性还原染料印花具有调浆方便、印花均匀、色浆稳定、各项牢度良好的特点。但可溶性还原染料在棉织物上的提升率不高,价格较贵,主要用于印制牢度要求高的浅色花纹。可溶性还原染料的印花方法主要有两种,即亚硝酸钠—硫酸法(简称亚硝酸钠法)和氯酸钠—硫氰酸铵法(又称汽蒸法)。棉织物印花主要用第一种方法。

其工艺流程为:印花→烘干→浸轧显色液→透风→水洗→皂煮→水洗→烘干。

(1)印花色浆处方(%)

染料	0.5～3
纯碱	0.2
助溶剂	0～3
亚硝酸钠(1∶2)	0.2～2
酸性染料	适量
原糊	40～60
加水合成	100

取规定量的原糊边搅拌边加入已溶解好的碱剂,再将已溶解的染料和助溶剂加入,最后加入1∶2的亚硝酸钠。

纯碱可提高色浆的稳定性,防止色浆中的染料受酸气侵蚀而过早发色。助溶剂的作用是帮助染料溶解,常用尿素、古立辛A(又称硫代双乙醇)和溶解盐B。亚硝酸钠为氧化剂,硫酸显色时,亚硝酸钠与硫酸反应生成亚硝酸,使染料水解氧化而显色。酸性染料的作用是便于对花和发现疵病,在印花后处理中可去除。

(2)显色液处方

硫酸(50°Be′)	40～70 mL
平平加O	0.5 g
加水合成	1 000 mL

容易发生过度氧化的染料,可以在酸液中加入尿素(2～5 g/L)、蚁酸(10 g/L)或硫脲(0.5～2 g/L)等,与多余的亚硝酸作用,防止染料的过氧化。

二、不溶性偶氮染料(冰染料)直接印花

冰染料色泽鲜艳,成本低廉,染料浓度越高,日晒牢度越好,冰染料在棉织物上主要印制大红、枣红、紫酱、蓝和黑等深浓色花纹,常与涂料、活性染料、可溶性还原染料等共同印花。随着德国禁用染料法令的颁布实施,其应用受到一定限制。不溶性偶氮染料的印花方法有两种,即色基(或色盐)印花法和色酚印花法,前者使用最为普遍。

色基印花法是先将织物用色酚打底,烘干后用不同的重氮化色基调成的色浆印花,再将未偶合的色酚洗除,经后处理完成印花过程。

其工艺流程为:色酚打底→烘干→色基重氮盐印花→烘干→热水洗→碱洗→水洗→皂煮→水洗→烘干。

三、稳定不溶性偶氮染料直接印花

稳定不溶性偶氮染料是一类专用于印花的染料,是色酚与暂时稳定状态的重氮化色基的混合物。在通常情况下,两者不会发生偶合反应。应用时不需色酚打底,不但节省色酚,而且可以保证白地洁白,一般用来印制小花纹。

按照使色基的重氮盐暂时稳定的方法不同,稳定不溶性偶氮染料分为快色素、快胺素和中性素、快磺素三大类。快色素染料是色酚与色基的反式重氮化合物的混合物。快胺素和中性素染料是色酚与色基的重氮氨基化合物或重氮亚氨基化合物的混合物。快磺素染料是色酚与色基重氮磺酸盐的混合物。随着活性染料品种的不断增多及涂料印花工艺的不断改善,稳定不溶性偶氮染料的应用越来越少,目前应用较多的是快磺素黑和快磺素蓝。快磺素由凡拉明蓝 VB 色盐与亚硫酸氢钠制备而成的重氮磺酸盐与色酚混合而成。凡拉明蓝 VB 色盐与色酚 AS-OL 偶合得深藏青色色淀,与色酚 AS-G 偶合得棕色色淀,两者拼混可获得黑色,俗称拉元。凡拉明蓝 VB 色盐的重氮磺酸盐与色酚 AS 或色酚 AS-D 相混,发色后是蓝色,俗称拉蓝。

其工艺流程为:白布印花→烘干→汽蒸→水洗→皂洗→水洗→ 烘干。

四、分散染料直接印花

分散染料适合于涤纶等合成纤维织物的印花,印花用分散染料要求固色率高,否则后处理水洗时易沾污白地,多选用中温型和高温型的,同一织物上印花所用染料的升华牢度要一致,以利于控制固色工艺。

印花色浆处方(%):

分散染料	x
尿素或其他固色促进剂	5~15
酸或释酸剂	0.5~1
防染盐 S	0.5~1
原糊	40~60
加水合成	100

调制印花色浆时,首先将分散染料悬浮液用温水稀释,在不断搅拌下加入原糊,然后加入必要的助剂调匀即可。由于涤纶纤维的吸湿性差,印花色浆宜调稠一些,以保证花纹清晰。

尿素的加入可以加速蒸化时染料在纤维上的吸附和扩散,还可以防止某些含氨基的染料氧化变色。防染盐 S 的作用是防止染料在汽蒸时被破坏变色。在色浆中加入不挥发性酸或释酸剂如酒石酸、磷酸二氢铵等的作用是维持色浆 pH 值为 4~5.5,以获得良好的印花重现性。原糊可用合成龙胶糊、淀粉的醚化物和海藻酸钠等原糊。

其工艺流程为:白布印花→烘干→固色→水洗→皂洗→水洗→烘干。

固色方法有三种:热熔法、高温高压汽蒸法、常压高温汽蒸法。

① 热熔法固色是将印花织物通过焙烘机于 $180\sim220\ ℃$ 下干热固色,热熔温度必须严格按印花所用染料的性质进行控制。热熔法适宜升华牢度高的分散染料。热熔法是在

紧式干热条件下固色,对织物的手感有不良影响,因此不适用于弹力涤纶织物和针织涤纶织物。

②高温高压汽蒸法是在密闭的汽蒸箱内于 $1.47 \times 10^5 \sim 1.76 \times 10^5$ Pa 和 $128 \sim 130$ ℃的条件下,蒸化 $20 \sim 30$ min,蒸箱内的蒸汽过热程度不高,接近于饱和,纤维和色浆吸湿较多,溶胀较好,有利于分散染料向纤维内转移,同时又由于高压饱和蒸汽的热含量高,提高织物的温度也较迅速,温度较稳定,故有利于染料上染。与其他方法相比,固色率较高,织物手感好,可适用于易变形的织物。但此法多为间歇式生产,生产效率低,适宜小批量生产。

③常压高温汽蒸法是在常压下用 $175 \sim 185$ ℃的过热蒸汽汽蒸 $6 \sim 10$ min,使分散染料固着在合成纤维上。因为过热蒸汽的热传导率远比热空气的大,因此常压高温汽蒸加热快,能量消耗少。此外,高温汽蒸时,糊料容易溶胀,纤维也容易膨化,有利于分散染料通过浆膜转移到纤维上,因此固色率高。常压高温汽蒸工艺适用于涤纶、三醋酯纤维、锦纶、腈纶和涤/棉混纺等织物的印花。

五、阳离子染料直接印花

阳离子染料是含酸性基团腈纶的专用染料。阳离子染料在含有酸性基团的腈纶织物上印花可以获得非常浓艳的花纹,湿处理牢度和摩擦牢度优良,色谱齐全。日晒牢度与染料所带正电荷的多少有关,一般随染料所带正电荷的增加,日晒牢度降低。

印花色浆处方(%):

阳离子染料	x
古立辛 A	3
醋酸	$1 \sim 1.5$
沸水	y
原糊	$40 \sim 60$
酒石酸	1.5
氯酸钠	1.5
加水合成	100

调浆时,染料先用助溶剂古立辛 A 调成浆状,然后加入醋酸和沸水,使染料充分溶解,而后趁热加入到偏酸性的印花原糊中。

醋酸及古立辛 A 的作用是提高色浆的稳定性,改善阳离子染料的溶解性。酒石酸主要是防止印花后烘干时,由于醋酸的挥发,使 pH 值升高,造成某些阳离子染料的破坏变色。氯酸钠的作用是防止汽蒸时染料被还原变色。印花原糊常用合成龙胶及其混合糊,不能用阴荷性原糊。拼色时,应选用配伍值相等或相近的染料。

其工艺流程为:印花→烘干→汽蒸($103 \sim 105$ ℃,30 min)→冷水冲洗→皂洗(净洗剂 $1.5 \sim 2$ g/L,$50 \sim 60$ ℃)→水洗→烘干。

由于阳离子染料对腈纶的直接性高、扩散较慢,因此印花后的蒸化时间较长。腈纶织物在加热情况下受张力极易变形,应采用松式蒸化设备,如星形架圆筒蒸化机或松式长环连续蒸化机等。

六、酸性类染料直接印花

酸性类染料适合于蛋白质纤维织物(如羊毛、蚕丝织物)及锦纶织物的印花,但由于酸性太强,在高温条件下对纤维有损伤。因此,常用弱酸性染料和1:2型酸性含媒染料(中性染料)。

1. 蚕丝织物印花

弱酸性染料的色谱齐全,色泽鲜艳,是蚕丝织物直接印花最常用的染料;中性染料的色泽不够鲜艳,但牢度好,主要用来补充弱酸性染料所缺少的黑、灰、棕等色谱。蚕丝织物易变形,吸收色浆能力差,印多套色时易造成相互搭色,所用印花设备应具有张力小、干燥快的特点,目前多用筛网印花机,特别是网动热台板印花机,印花过程中即可对织物及时烘干,有利于多套色叠印,可避免搭色。

印花色浆处方(%):

	弱酸性染料印花	中性染料印花
弱酸性染料	x	—
中性染料	—	x
尿素	5	5
硫代双乙醇	5	5
硫酸铵(1:2)	6	—
氯酸钠(1:2)	0~1.5	0~1.5
原糊	50~60	50~60
加水合成	100	100

硫酸铵为释酸剂,也可改用其他释酸剂。尿素和硫代双乙醇主要用于染料助溶和提高蒸化效果;也可用甘油,但蒸化时宜造成渗化。氯酸钠是氧化剂,抵抗汽蒸时还原性物质对染料的破坏。丝绸印花用的糊料,除了必须和染化料有良好的配伍性以外,还必须具有良好的渗透性、均匀性和易洗涤性,可根据不同的设备、丝绸品种及不同的染化料进行选用。真丝织物筛网印花可选用可溶性淀粉、合成龙胶、白糊精与小麦淀粉的混合糊、龙胶与印染胶的混合糊;双绉可选用可溶性淀粉糊,乔其纱可选用红泥、海藻酸钠糊,电力纺、斜纹绸可选用白糊精与小麦淀粉的混合糊。

其工艺流程为:印花→烘干→蒸化→后处理。

烘干时不能过烘,以免影响色泽鲜艳度。蒸化常采用圆筒蒸箱星形架挂绸卷蒸法。蒸箱内压力为 88.263 kPa,蒸化时间为 30~40 min。也可采用悬挂式汽蒸箱,汽蒸温度为 102 ℃左右,时间为 10~20 min。

后处理的一般加工过程为:绳状浸洗或平幅水洗→固色→水洗→退浆→水洗。后处理中可用固色剂固色,固色后用冷流水冲洗 10 min,再用淀粉酶退浆,去除糊料,退浆后用 40 ℃热水或冷流水冲洗 30 min。

固色和退浆次序是一对矛盾,先固色后退浆有利于提高印花色牢度,减少沾污,但给退浆带来一定困难,不利于浆料洗干净;而先退浆后固色时,由于退浆温度较高,会使织物掉色严重,沾污白地和花色。可采用固色退浆一步法,即在固色液中加入一些退浆剂,边固色边退浆,温度掌握在 35 ℃以下,最后再退浆一次,有利于浆料去除,减少掉色。

2. 羊毛织物印花

羊毛织物印花常采用弱酸性染料和中性络合染料,前者印制艳亮色泽,后者印制深色花纹,印花前需进行氯化处理。

(1)印花色浆组成

印花色浆组成及色浆中各助剂的作用与蚕丝织物印花基本相同。对于印制色泽浓艳、花纹精细的薄型织物可用变性淀粉糊作原糊,合成龙胶用于在粗厚毛织物上印制精细度要求不高的花纹。羊毛经氯化处理后,染料容易上染,必要时可使用缓染剂,以提高印花均匀度,大多选用非离子型表面活性剂作缓染剂。

(2)工艺流程:印花→(烘干→)汽蒸→水洗→脱水→烘干。

粗厚毛织物尤其是花型精细度要求不高的织物,印花后可不经烘干直接汽蒸,若烘干后再汽蒸,需在印花色浆中加入吸湿剂如甘油等,以促进汽蒸时染料的扩散和固着。印花后,通常采用过热蒸汽汽蒸,羊毛织物进入蒸化室前其含潮率对汽蒸所能达到的温度起重要作用。含潮率较高时,蒸化室过热程度减小,有利于纤维膨化,染料转移。羊毛织物印花后若采用先烘干再汽蒸,进入蒸化室前一般应达到自然回潮率。为防止汽蒸时的蒸汽过热,可在汽蒸前将羊毛先经喷雾给湿,也可在织物之间夹以含潮 10%~15% 的棉布一起汽蒸,一般汽蒸时间为 30~40 min。汽蒸后水洗时要防止织物擦伤,尽可能采用松式绳洗。

3. 锦纶织物直接印花

锦纶织物容易变形,一般采用筛网印花和转移印花,后者特别适用于针织物。锦纶耐酸能力不强,分子中的酰胺基在酸中会被水解而导致分子链的断裂,故不宜用强酸性染料和 1:1 型金属络合染料印花。实际生产中,常使用弱酸性染料和中性染料。

色浆处方(%):

染料	x
硫脲	5~7
甘油	3
古立辛 A	3~5
原糊	50~60
硫酸铵(1:2)	5~6
氯酸钠(1:2)	2
加水合成	100

将染料与甘油、古立辛 A 调成浆状,加入已溶解好的硫脲,加热水使染料充分溶解,然后在搅拌的情况下加入到原糊中,再依次加入硫酸铵和氯酸钠溶液。

硫脲、甘油、古立辛 A 的作用是助溶及汽蒸时吸湿,促进纤维膨化,提高给色量。硫酸铵是释酸剂,氯酸钠是氧化剂。原糊应耐酸并具有较高黏着力,成膜后有一定的延伸性,如变性刺槐胶、变性淀粉、合成龙胶等。

其工艺流程为:印花→烘干→汽蒸→冷流水洗→水皂洗→烘干。

织物印花烘干后,可在长环连续蒸化机内于 102~105 ℃下蒸化 20~30 min,或在星形架圆筒蒸箱内加压挂蒸 30 min。蒸化后即进行水洗,为防止织物上洗下的染料沾污白地,先以冷流水在松式水洗机上洗 20～30 min，再用不超过 60 ℃的温水洗，防止未上染的染料沾污白地。

任务五　综合直接印花

知识点

　1. 综合直接印花方法；

　2. 分散染料/活性染料同浆印花、阳离子染料/活性染料同浆印花、弱酸性染料或中性染料/分散染料同浆印花产品的适用性及同浆印花时染料的选择、印花工艺。

技能点

　会根据产品选择综合直接印花方法，会设计综合直接印花工艺。

　综合直接印花是指在同一织物上印制不同类别染料色浆的印花加工方法，包括共同印花和同浆印花。共同印花是用不同类别的染料分别调制色浆，并印制在同一织物上的印花工艺；同浆印花是将不同类别的染料置于同一色浆内，并印制在同一织物上的印花工艺。由于不同类别染料的性质差别较大，所以在制定工艺时，必须综合考虑各类染料及其助剂间的相容性，确保所用的工艺条件能满足各类染料的固色要求。

一、共同印花

　共同印花中，各种染料色浆组成与调制同单一染料直接印花。

二、同浆印花

　同浆印花可用于纯纺织物，也可用于混纺织物，随着染料工业的发展，染料色谱越来越齐全。目前同浆印花主要用于混纺织物印花，如涤/棉混纺织物、腈纶/纤维素纤维混纺织物。

1. 分散染料/活性染料同浆印花

　分散/活性染料同浆印花具有色谱齐全、色泽鲜艳、手感好、工艺简单等特点，主要用于涤/棉混纺织物的中、深色印花。印花时，通过热熔使分散染料上染涤纶纤维，再经过汽蒸，使活性染料固着于棉纤维。但因两种染料分别上染不同的纤维，而对另一种纤维相互沾色，造成白地不白、湿牢度下降、色泽萎暗等。因此，活性染料应选择色泽鲜艳、牢度好、扩散速率高、固色快、稳定性好、易洗涤、对涤纶沾色少、在弱碱性条件下固色的品种，分散染料应选择在弱碱性条件下固色好、升华牢度较高、色泽鲜艳、具有一定的抗碱性、耐还原性、对棉纤维沾色少的品种。

　（1）一相法印花

　色浆处方（%）：

分散染料	x
活性染料	y
防染盐 S	1

小苏打	1~2
尿素	3~5
海藻酸钠糊	30~50
加水合成	100

先将活性染料调制成色浆,但液量不能配足,分散染料用 40 ℃左右的 2 倍量的温水调成浆状,然后加水稀释,临用前滤入到活性染料色浆中。活性染料与分散染料拼用的比例,随涤/棉混纺比例和染料性能而定,一般以能印出色相同的均一色泽为原则。拼用的比例适当,则色泽均一、丰满,相互沾污少,白地较洁白。

涤/棉织物中的涤纶纤维是疏水性纤维,需要糊料对织物有较高的黏着力,一般用低聚或中聚海藻酸钠糊。尿素可提高活性染料的给色量和鲜艳度,促进分散染料固着于涤纶,防止高温时由于碱剂而造成织物泛黄。但尿素在高温时熔融、分解,并与分散染料形成低熔点的共熔物而加重分散染料对棉纤维的沾染,因此尿素用量不超过 5%。乙烯砜型活性染料与分散染料同浆印花时,一般不加或少加尿素。碱剂是活性染料的固色剂,但对分散染料有影响,因此分散/活性染料同浆印花时,小苏打用量控制在 2%以下。

工艺流程为:印花→烘干→热熔(180~190 ℃, 2~3 min)→汽蒸→水洗→皂洗→水洗→烘干。

先焙烘使分散染料固着于涤纶纤维,再汽蒸使活性染料上染并固着于棉纤维。若先汽蒸后焙烘,会增加活性染料对涤纶的沾污。固色后,后处理要充分,且布速要快,以减少织物与洗涤污水的接触时间,保证印花后织物的色泽鲜艳度、色牢度及地色的白度。

(2)二相法印花

两相法就是在色浆中不加碱剂,可以提高色浆的稳定性,扩大分散染料的使用范围,同时改善分散染料的得色率,使色泽较鲜艳,对棉的沾染也可降低,印花重现性好。但碱固色时花纹易渗化,染料易在轧碱液中溶落,影响白地的白度。

工艺流程为:印花→烘干→热熔→碱固色→平洗。

印花后先经焙烘或者用过热蒸汽汽蒸(165~180 ℃, 6~8 min),使分散染料在涤纶纤维上固色,然后浸轧碱液使活性染料在棉纤维上固色。碱固色的方法有面轧碱液快速蒸化、快速浸热碱和轧碱冷堆法等,其固色工艺同活性染料二相法印花。

2. 阳离子染料/活性染料同浆印花

阳离子染料/活性染料同浆印花主要用于腈纶/纤维素纤维混纺织物。两种染料色浆分别调制,临用前拼混在一起,要考虑两种不同电荷的染料离子发生结合甚至产生沉淀的问题。糊料选择合成龙胶糊,活性染料选择耐酸和汽蒸时间短的,后处理要充分。

色浆处方:

①	阳离子染料	x
	醋酸(1:1)	20 mL
	硫代双乙醇	50 mL
	合成龙胶糊和水合成	500 g
②	活性染料	y
	尿素	50 g
	合成龙胶糊和水合成	500 g

工艺流程为:印花→烘干→汽蒸(100～102 ℃,20～25 min)→轧碱→透风→冷水洗→热水洗(60 ℃以下)→皂洗→冷水洗→热水洗→烘干。

轧碱液(%):

纯碱	15
碳酸钾	5
食盐	15
35%烧碱	3
加水合成	100

3. 弱酸性染料或中性染料/分散染料同浆印花

弱酸性染料/分散染料、中性染料/分散染料同浆印花用于毛/涤混纺织物印花,由于羊毛不耐高温,应选用低温型且对羊毛沾色少的分散染料。

色浆处方(%):

分散染料	x
弱酸性染料或中性染料	y
分散剂 NNO(或渗透剂 JFC)	1～2
尿素	3～5
醋酸	2
或硫酸铵	5
合成龙胶	60～70
加水合成	100

工艺流程为:印前处理→印花→烘干→高温汽蒸→洗涤。

其他染料同浆印花如酸性染料/阳离子染料可用于毛/腈混纺织物印花,弱酸性染料/直接染料可用于锦纶/黏胶混纺或交织物印花。

任务六 防染和拔染印花

知识点

1. 防染印花、拔染印花的特点;
2. 防染印花、拔染印花的方法、原理和工艺。

技能点

会根据产品的印花特点选择印花方法,并会设计印花工艺。

防染印花和拔染印花的工艺都比直接印花复杂,生产成本高,占用设备多,因此一般印花产品应尽可能地使用直接印花,但对于地色面积大的印花织物,若采用直接印花,地色的色深度、印花均匀性及渗透性难以达到要求;对于精致的白花或娇嫩浅色花纹,若用直接印满地留白的方法,花样很容易失真,常常发生叠印并产生第三色或留白边现象。而采用防染印花和拔染印花就可以克服这些不足,得到轮廓清晰的花纹图案,显示出防染印花和拔染印花的优点。防染印花比拔染印花的工艺简单,成本低,易发现疵病,但花纹轮廓不够清晰,防白效果不如拔白理想,但有些染料不能作拔染,只有通过防染印花才能达到原样要求。

防染剂有物理机械性防染剂和化学性防染剂两种。物理机械性防染剂在织物表面形成一物理性的阻挡层而达到防染目的,防染效果不理想,一般是配合化学性防染剂应用。化学性防染剂通过破坏地色染料上染(或显色、固色)的条件,阻止地色染料上染(或显色、固色),所以化学性防染剂必须根据地色染料的性质加以选择。

一、防染(防印)印花

1. 活性染料地色防染(防印)印花

活性染料地色防染(防印)印花方法有:酸性防染法、亚硫酸钠防染法及半防印花法。

（1）酸性防染法

在印花色浆中加入有机酸、酸性盐或释酸剂,用以中和活性染料地色中的碱剂,可抑制活性染料和纤维素的反应而达到防染目的,常用的防染剂为硫酸铵、柠檬酸。酸性防染法有防白和色防印花两种,色防印花时,可选用涂料和不溶性偶氮染料着色防染。

防印印花工艺流程为:印花→烘干→汽蒸(102 ℃,6～7 min)→(焙烘→)水洗→皂洗→水洗→烘干。

防印色浆处方(%):

	防白浆		色防浆
	Ⅰ	Ⅱ	
白涂料 FTW	—	20～40	—
增白剂 VBL	5	—	—
涂料	—	—	x
硫酸铵	5～8	4～8	3～7
龙胶糊	30～40	—	—
黏合剂	—	20～30	20～30
乳化糊	—	y	y
加水合成	100	100	100

防白浆处方Ⅱ比处方Ⅰ的防白效果好。活性染料地色色浆处方同活性染料一相法印花中的小苏打、纯碱法。

防印用的活性染料对棉纤维的亲和力要小,未固着的染料易洗除。涂料色浆中黏合剂宜选用自交联型丙烯酸共聚物的水性分散体,且不宜加交联剂,以免吸附活性染料,而不能达到预期效果。防印时用酸量要严格控制,用量不足,防印效果差;用量太大,其释放的酸气会脆损纤维。

筛网排列先印防印浆,后印活性染料地色色浆。若涂料印花色泽深浓,且花型面积较大,则应进行焙烘。

（2）亚硫酸钠防染法

亚硫酸钠能与乙烯砜型活性染料作用并生成亚硫酸钠乙基砜,使染料失去活性,而 K 型活性染料对亚硫酸钠比较稳定,所以可以进行(K 型)活性染料防染(KN 型)活性染料。

其工艺流程为:白布印花→烘干→面轧活性染料地色→烘干→汽蒸(100～102 ℃,5～

8 min)→水洗→皂洗→水洗→烘干。

① 印花色浆处方(%)：

K 型活性染料	x
尿素	2～10
海藻酸钠糊	45～55
碳酸氢钠	1.5～2
亚硫酸钠	1～3
防染盐 S	1
加水合成	100

② 地色染液处方：

KN 型活性染料	x g
尿素	50 g
防染盐 S	10 g
碳酸氢钠	15 g
海藻酸钠糊	100 g
水	y g
合成	1 000 g

为了获得光洁的细线条和高清晰度的泥点、猫爪花型,可以利用防染印花的原理,先用乙烯砜型活性染料浸轧作为地色,烘干后,再在乙烯砜型活性染料尚未固着的情况下,罩印含有亚硫酸钠的 K 型活性染料色浆,以达到防拔染的目的。

其工艺流程为：浸轧染液→烘干→罩印防染色浆→烘干→汽蒸(100～102 ℃,8～10 min)→水洗→皂洗→水洗→烘干。

地色染料选用 KN 型活性染料,染液中加入三氯醋酸钠作碱剂,浸轧染液后的织物必须及时罩印防染浆。

(3) 半防印花法

半防印花法或称半色调印花法,印花后轧染或罩印活性染料地色,在印花处地色不能充分上染,使花纹的色泽比地色浅,从而产生半防染效果。半防印花方法有两种:一种是机械性防染,在印花色浆中加入机械性防染剂,如钛白粉、原糊之类,再轧染或罩印地色,因其防染作用不完全,仍有部分活性染料固着,从而获得半色调的效果;另一种是醇类防染,活性染料能与醇羟基反应而失去与纤维反应的能力,在色浆中加入甘油、硫代双乙醇等都能降低花纹处活性染料的得色量而达到半防目的。

半防印花色浆处方(%)：

	Ⅰ	Ⅱ	Ⅲ
海藻酸钠糊	50	50	50
钛白粉(1∶1)	—	10	10
酒石酸(1∶1)	—	6	—
三乙醇胺	—	—	3～5
加水合成	100	100	100

处方Ⅰ的半防效果差,处方Ⅲ的半防效果最好。三乙醇胺的加入能提高半防染效果,调节三乙醇胺的用量可以获得深浅不同的层次。半防染的程度取决于防染剂的种类和用量,可随需要调节。

2. 分散染料地色防染印花

主要用于涤纶及涤/棉混纺织物。在涤纶织物的防染印花中,由于涤纶是疏水性纤维,黏附色浆的能力差,若先印花后浸轧地色染液,会使色浆在织物上渗化,同时防染剂也会不断进入地色染液中而难以染得良好的地色,因此涤纶织物防染印花一般采用先浸轧分散染料染液或满地印花,低温烘干,并确保不使染料染着纤维,然后印上能够破坏地色染料的防染色浆,最后经热熔使花纹处色浆中的染料固色,未印花处地色染料固色,此工艺方法称为二步法防染印花,又称为拔染型防染印花。另一种方法是防印印花,即在织物上先印防染色浆,随后罩印地色色浆,烘干,再热熔固色,此方法的特点是花色和地色在印花机上一次完成,又称为一步法湿法罩印"防印"印花工艺,此法往往可以获得较好的防染效果。

防染剂有机械性防染剂和化学性防染剂两大类,机械性防染剂主要是一些填充剂、吸附剂和拒水剂,化学性防染剂主要有还原剂、碱剂等。工厂里常用的是化学性防染剂防染印花工艺,其中最常用的是还原剂防染印花法,也有使用两种工艺相结合的。还原剂防染印花可用耐还原剂的涂料及分散染料作为色防染料。

此外,弱酸性染料、中性染料、直接染料地色防印印花主要用于蚕丝织物,防染剂有机械性防染剂和化学性防染剂两大类,色防染料常用弱酸性染料。

二、拔染印花

1. 活性染料地色拔染印花

对于偶氮类活性染料来说,还原剂能破坏—N＝N—基团,使之裂解成为氨基化合物而消色,但由于活性染料与纤维素纤维之间的结合主要以共价键的形式存在,裂解后只要还有一个组分结合在纤维上,就会因空气氧化而泛黄,所以偶氮类活性染料虽可进行拔染但要获得良好的拔白效果却很难。而 KN 型活性染料和纤维素纤维结合的染料—纤维键的稳定性较差,遇高温强碱易发生断键。

$$D—SO_2CH_2CH_2OCell \xrightarrow[\triangle]{[OH^-]} D—SO_2CH＝CH_2 + CellOH$$

因此,在高温强碱和还原剂的作用下,KN 型活性染料易于获得较好的拔白效果,所以宜选择 KN 型活性染料作为染地染料。

其工艺流程为:白布染色→印花→烘干→焙烘(150 ℃,3～5 min)→水洗→皂洗→水洗→烘干。

拔染印花色浆处方(％):

	色拔	拔白
涂料	x	—
UDT 黏合剂	15～25	—
HIT 增稠剂	6～8	6～8
拔染剂 ST	8～10	10～12
磷酸氢二铵	2	—
合成	100	100

先将合成增稠剂 HIT 用水高速搅拌打成原糊,再将液体拔染剂 ST 按 1∶1 的比例用水化开,加入原糊中,搅拌均匀,并在搅拌下依次加入 UDT 黏合剂、磷酸氢二铵(预溶),再高速搅拌均匀,待用,上机前加入涂料色浆。

此外,还可用耐碱性好的 K 型活性染料、还原染料等作为色拔染料。

2. 分散染料地色拔染印花

地色染料是具有偶氮结构的分散染料,而着色染料选用耐还原剂的分散染料、涂料。国内传统的拔染剂大多使用还原剂氯化亚锡和雕白粉。氯化亚锡在汽蒸时会产生大量的氯化氢气体,存在对设备腐蚀大、使纺织品变黄变脆、对人体有害等缺点。所以,常采用稳定剂、助拔剂加以弥补或用加工锡。加工锡呈中性,汽蒸时不释放 HCl,大大降低了对设备的腐蚀;加工锡中的锡是难溶于水的盐或络合物,不易被空气氧化,增加了色浆稳定性;温度较低时,加工锡不会放出亚锡离子,没有还原性,只有在高温汽蒸时才分解并放出亚锡离子而产生还原性,因此加工锡的还原电位虽然不比 $SnCl_2$ 高,但其拔染效果却比 $SnCl_2$ 好。

其工艺流程为:白布印地色染料色浆或轧染地色染液→烘干→印拔白浆或色拔浆→烘干→汽蒸(170 ℃,7 min)→水洗→还原清洗→水洗→烘干。

3. 弱酸性染料或直接染料地色拔染印花

弱酸性染料或直接染料地色拔染印花主要用于蚕丝织物,一般在深色地或大面积深色花型上有浅细茎的图案时,常用拔染印花。应用最多的拔染剂是氯化亚锡,利用其在高温汽蒸时的还原性将地色染料发色体破坏。地色染料为单偶氮结构的弱酸性染料或直接染料,色拔染料采用耐氯化亚锡的三芳甲烷、蒽醌或多偶氮的酸性、直接和中性染料。

其工艺流程为:染地→印花→蒸化→后处理。

任务七 特 种 印 花

知识点

夜光印花、浮水映印花、珠光印花、金粉和银粉印花、烂花印花、发泡印花、泡泡纱印花、微胶囊印花的特点和原理。

技能点

会根据产品特点选择合适的特种印花方法。

一、夜光印花

夜光印花是利用黏合剂将光致发光材料通过印花的手段固着在纺织品上。光致发光材料能在有光的条件下吸收光能并将其储存起来,然后在无光的环境中通过释放储存的能量而发光,不但具有夜晚继续发光的功能,而且通过科学配伍,可以在夜晚发出与白天不同波长的光,从而产生昼夜变色的特殊效果。夜光印花后的织物在有光时是有色花或无色花,没有光照射的情况下(即在黑暗中)也能产生各种晶莹美丽、色彩绚丽的花纹图案。将变色夜光系列印花浆与常规印花浆共印,配合图案设计,可以开发出系列随昼夜改变而产生"动感"的特殊效果图案,如"孔雀开屏""日月星辰昼夜转换""桃树开花结果"等动态图案。夜光印花打破了印花图案不能在夜晚发色的传统格局,丰富了人们的生活。

夜光印花工艺流程为:印花→烘干→焙烘(150 ℃, 3 min 或 170 ℃, 2 min)(→水洗→烘干)。

在实际生产中,夜光印花一般都和染料或涂料共印,使织物在白天或晚上都有视觉效果。印花时,先印染料或涂料色浆,后印夜光浆,夜光浆与染料或涂料浆不能叠印,否则影响发光。

二、浮水映印花

浮水映印花亦称浮水印印花或水中映花。当纺织品为干态时(干的白布或干的色布),它没有花型图案,当织物遇水后,色织物(或白织物)上有花型图案呈现,织物上的水分挥发干燥后,花型图案又消失,可以循环往复而无穷,这种随着织物上有无水分其花型图案呈忽隐忽现的动态效果的印花叫浮水映印花。浮水映印花起源于纸张上的防伪标记或传递密文。纺织品上的浮水映印花可应用于沙滩裤、泳装、雨衣、雨伞、毛巾和织物防伪标志等等。特别是浮水映印花沙滩童裤,能为小朋友带来无穷童趣。

浮水映印花工艺流程为:织物印花→烘干(100 ℃)→焙烘(160 ℃, 3 min) → 成品。

三、珠光印花

珠光印花织物印花处显现珍珠般的柔和光泽,具有华贵感,倍受人们的青睐。其印花浆的组成关键是成膜必须无色透明,膜的折射率应在 1.5 左右,与玻璃相似。珠光印花浆由黏合剂、增稠剂、流变性调节剂、手感牢度调节剂等组成,印花前加入珠光粉,短时间搅匀,不要长时间高速打浆,以免破坏珠光颜料的晶体结构,造成光泽度下降。

四、金粉和银粉印花

黄金一直被人们视为尊贵的象征,它不仅具有豪华的独特光芒,而且在大气中较稳定,真正的金粉印花价格昂贵,难以广泛应用于纺织品,银粉印花也有类似问题。现在大量使用的金粉实际上是铜锌合金粉,由 60%～80% 的铜和 20%～40% 的锌组成。现在所用的银粉有两类:一类是铝粉,另一类是云母钛银光粉。

金(银)粉印花对光泽的特殊要求决定了印花浆体系必须具有稳定的抗氧化性能。传统的金(银)粉印花浆一般由金(银)粉、黏合剂、专用乳化糊等组成。其中,专用乳化糊由扩散剂 NNO、渗透剂 JFC、平平加 O、白火油、增稠剂 M、抗氧化剂等组成。抗氧化剂的作用是抑制铜合金或金属铝粉在空气中氧化变色,常用的抗氧化剂有对甲氨基酚(商品名为米吐尔)、苯骈三氮唑等,一般用量为 1%。渗透剂能把金粉均匀扩散到色浆中去,在织物上印制成膜后,对光产生规则反射,从而提高了金属的光泽亮度,渗透剂一般用量为 4%。新型的金粉印花浆由专业厂按要求选择原料,并经合理的复配工艺而制成,性能良好且质量稳定,印染企业只要加入适量的金粉调匀,即可上机印花,十分方便。

金粉印花工艺流程为:印花→烘干→焙烘→拉幅→轧光。

丝织物的焙烘条件为:130 ℃, 3 min;棉及涤/棉织物的焙烘条件为:150～160 ℃, 1.5 min。轧光的目的是增加光泽,减少摩擦,防止金粉脱落。

金粉的颗粒细度与印制后的光泽效果关系很大,太细,则光泽暗;但颗粒太粗,印花时易堵塞筛网孔，并影响牢度。金粉的细度一般应为 200～400 目，金粉用量为 15％～25％。当金粉印花与涂料或其他染料共同印花时，金粉印花浆应排在最后，以防压浆，使金粉印花块面受损。若与活性染料特别是活性红印浆罩印时，织物必须干燥，否则会形成金属络合物而产生色变。

目前有一种由金属包覆材料制成的金粉，该金粉颗粒以特殊的晶体为核心，包覆增光层、钛膜层和金属光泽沉积层。用这种金粉印花后，长期暴露在空气中其产品色泽也不会发暗，具有很好的耐气候和耐高温性能，印花花纹的手感也较铜锌合金粉有较大改善。

五、烂花印花

利用不同纤维对某一化学药剂的稳定性不同，在混纺或交织物上印上含有这一化学药剂（腐蚀剂）的色浆，再经过适当的后处理，除去花纹处不耐腐蚀剂的纤维，从而形成具有特殊风格的半透明网眼花型图案，即可得到烂花印花产品。

烂花印花织物通常由两种化学性质不同的纤维组成，其中一种纤维能被某一化学药剂侵蚀而除去，而另一种纤维不受影响。常见的烂花印花织物有烂花丝绒织物和烂花涤棉织物两种。烂花丝绒的坯布是真丝或锦纶与黏胶纤维的交织物，其底纹是蚕丝或锦纶丝织乔其纱，绒毛是黏胶人造丝，在这种织物上印上酸或酸性物质，经过干热处理，酸便能将黏胶绒毛侵蚀并经水解而除去，蚕丝或锦纶丝耐酸而不受破坏，经充分水洗，便留下底布，形成烂花丝绒。烂花涤棉织物的坯布由涤棉包芯纱或混纺纱织成，用酸性色浆印花，印后烘干、汽蒸、水洗，棉纤维不耐酸，水解洗去后，留下透明的涤纶长丝；或印后烘干、焙烘，则棉纤维受酸的作用炭化，而涤纶长丝不受影响，经过松式水洗，洗去印花处的棉纤维，留下透明的涤纶长丝。能侵蚀棉、黏胶等纤维素纤维的酸剂有硫酸、硫酸铝、三氯化铝等，目前使用最多的是硫酸。原糊应耐酸，常用白糊精。若印花色浆中加入可上染不被侵蚀的纤维的染料，则经过一系列处理后，便可获得色彩艳丽的烂花印花织物，所用染料应在酸性介质中不受影响。

六、发泡印花

发泡印花是采用热塑性树脂、发泡剂、黏合剂、着色剂和添加剂等配成印花色浆，印花后经干燥、高温焙烘，发泡剂分解产生大量气体，使印花浆膨胀，产生立体浮雕花纹效应。发泡印花的缺点是易沾污和发黏，适合小面积使用。

七、泡泡纱的印制

泡泡纱是指表面局部有凹凸状泡泡的织物，具有良好的透气性和舒适性。

利用一种能使纤维膨化或收缩的试剂对织物进行处理，在织物表面形成局部凹凸状泡泡。如在棉织物上印含有强碱的色浆，印花处棉纤维因浓烧碱的作用而发生急剧收缩，而未印烧碱处的棉纤维只得随收缩纤维发生卷缩，从而形成凹凸不平的泡泡，然后经松式洗涤去除烧碱；或在棉织物上先印防水剂，使印花处产生拒水性，烘干后，将织物浸轧烧碱溶液，然后透风，印有防水剂处，烧碱液不能进入，而未印花处棉纤维在碱液作用下收缩，产生泡泡。

八、微胶囊印花

将染料或香料等化学品，包裹于高分子薄膜中，制成微胶囊后，再进行印花，称为微胶囊印花。微胶囊粒子一般控制在 $10\sim30~\mu m$，故亦称为微粒子印花。微胶囊粒子的外膜一般是亲水性的高聚物，例如：明胶、果胶、甲基纤维素、丙烯酸酯类等等。里面包覆香料的，称香精微胶囊；里面包覆变色染料的，称变色微胶囊；里面包覆多彩染料的，称多彩色微胶囊。多彩色微胶囊印花，即同一个花型中具有多种色泽的独立彩点，各彩点都具有艳丽的色泽且互不相混，使人顿觉花型活跃别致。多彩色微胶囊不同于一般的微胶囊，它采用复合型微胶囊，即在一个大的囊体中包覆了许多独立的小囊体，小囊体均为不同色泽的微胶囊，也就是说复合型微胶囊要进行两次微胶囊化，因此有两层外膜（囊衣）。多彩色微胶囊印花一般在化纤和丝绸织物上印制，微胶囊包覆的染料一般为分散染料、酸性染料、阳离子染料。织物印花后先预烘再进行高温焙烘或汽蒸，然后皂洗，把未固着的表面浮色洗净。

任务八　喷墨印花

知识点

喷墨印花特点、印花设备与原理。

技能点

会根据印花织物的原料选择喷墨印花用染料。

纺织品的喷墨印花开始于 20 世纪 70 年代，是近年来在国际上开始风行的一种全新的纺织品印花方式。喷墨印花的一个重要技术指标为分辨率（dots per inch 简称 dpi），指每英寸内的点数。在喷墨印花时，不同的基布对分辨率的要求也不同。一般情况下，dpi 为 $180\sim360$ 时，图像已清晰。对于很精细的图像，dpi 达到 $360\sim720$ 即可。分辨率提高后，对喷嘴的喷射频率、定向精度的要求更高。

数码喷墨印花是将花样图案，通过数字形式输入计算机，或者由设计师直接在电脑上进行设计，通过计算机印花分色描稿系统（CAD）编辑处理，再由计算机控制喷嘴，把含有色素的墨水直接喷射到纺织品上，形成所需图案，最后经适当后处理（如焙烘加工），得到具有一定牢度和鲜艳度的印花织物。

数码喷墨印花可以省去描稿制版这两大工序以及所消耗的一切材料，可以随意改变花型以适应当前个性化、小批量的订单，节省劳力，节省时间，节省操作场所，能耗低，减少环境污染，精度高，颜色无限制，快反应，但印花速度慢，需要专门的油墨，否则会引起喷嘴堵塞，且被印织物要经特殊的前处理。

一、数码喷墨印花设备与原理

目前，按喷墨印花的原理，织物喷墨印花设备主要有两种类型：即按需滴液式（Drop on Demand，简称 DOD）和连续喷射式（Continuous Ink Jet，简称 CIJ）。

1. 按需滴液式

DOD 法是当需要印花时，由计算机指令控制供给墨水并喷射到织物上，墨滴是不带电荷的。其原理是通过一定的方式，对油墨施加高频的机械、静电、热振动等作用，使油墨从喷嘴喷出，产生微小的墨滴流。该系统又可分为热喷射式和压电式，其中，使用最多的是热喷射印花。

热喷射印花是由计算机信号控制,加热一根电阻到一定高温,使墨水雾化,再由雾化墨水的冷却和雾化气泡的破灭,形成墨滴并自喷嘴喷出,同时喷嘴从"存储器"中重新吸满墨水,如此循环,使液滴以脉冲形式从喷嘴喷出,如图5-9所示。这种方法的成本低,但速度较慢且容易引起喷嘴堵塞。

压电式印花是由计算机控制,强加一个电位在一种压电材料上,引起此压电材料沿电场方向产生压缩,垂直方向则产生膨胀,从而使墨水成滴喷出,如图5-10所示。这种方法的精度高,喷嘴也不易堵塞,但设备成本也相应高些。

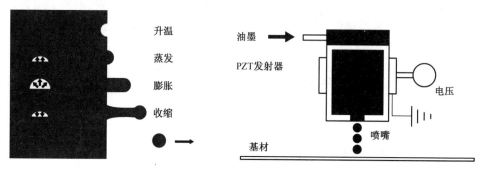

图5-9　热喷射式按需滴液示意图　　　　图5-10　压电式按需滴液示意图

2. 连续喷射式

连续喷射式的原理是通过对印墨施以高频震荡压力,使印墨从喷嘴中喷出并形成均匀连续的微滴流。在喷嘴处设有一个与图形光电转换信号同步变化的电场。喷出的液滴在充电电场中有选择性地带电,当液滴流继续通过偏转电场时,带电的液滴在电场的作用下偏转,不带电的液滴继续保持直线飞行状态,喷射到织物上而形成图案。连续喷墨印花主要有两种方式:

(1)多偏转连续喷射式

多偏转连续喷射式如图5-11所示。在该方式中,带电的液滴被用于印花,液滴偏转的距离与它们的带电量成正比,未充电的液滴则被收集在捕集器中。每个喷嘴可控制多达30个的不同点位置。

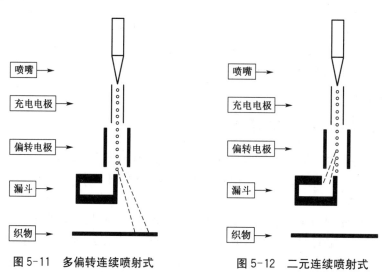

图5-11　多偏转连续喷射式　　　　图5-12　二元连续喷射式

（2）二元连续喷射式

二元连续喷射式如图5-12所示。在二元连续喷射方式中，未带电的液滴用于印花，而带电液滴被捕集器所收集。每个喷嘴仅能控制一个点位置。

二、数码喷墨印花用墨水

数码喷墨印花的关键是墨水，墨水的性能不仅决定了印花产品的效果，也决定了喷嘴喷出液滴的形状特征和印花系统的稳定性。织物数码喷墨印花用的墨水主要以水为载体，用活性、分散和酸性染料配成染料型墨水，用颜料或涂料可配成颜料型或涂料型墨水。目前，以采用染料型墨水为多，广泛采用四种基本色（即青、品红、黄和黑）加特别色（金黄、橙、红、蓝等）而组成。数码喷墨印花用墨水昂贵是数码印花成本高的直接原因，这是数码喷墨印花技术发展的主要障碍。数码喷墨印花用墨水的开发公司主要有汽巴精化、日本佳能和美国杜邦等。

三、喷墨印花的工艺过程

喷墨印花的工艺过程随所使用的染料而定，一般酸性染料主要用于羊毛、丝和锦纶织物，分散染料主要用于涤纶织物，活性染料主要用于棉织物。以活性染料油墨用于棉织物的喷墨印花工艺过程如下：

织物前处理→印前烘干→喷墨印花→印后烘干→汽蒸（100～102 ℃，5～8 min）→水洗→烘干。

对数码喷墨印花加工来说，由于油墨的组成是由染料生产厂决定的，所以对织物进行特殊的前处理是减少渗化、提高印制效果的主要措施。印前处理剂一般需加入防渗化剂、固色剂、润湿剂、匀染剂、溶剂等。

思考题：

1. 名词解释：

印花　　　　转移印花　　　直接印花　　　拔染印花　　　防染印花
防印印花　　原糊　　　　　流变性　　　　共同印花　　　同浆印花

2. 印花方法有哪些？

3. 常用的印花原糊有哪些？各有什么特点？

4. 简述涂料印花色浆组成、色浆中各成分的作用、印花工艺流程。涂料印花黏合剂有哪些类型？目前常用哪类黏合剂？

5. 活性染料的印花方法有哪些？印花色浆如何组成？印花工艺流程有哪些？

6. 分散染料适用于什么织物的印花？分散染料的印花工艺流程是怎样的？固色方法有哪些？酸性类染料适合哪些织物的印花？

7. 分散/活性染料同浆印花的工艺有哪些？写出工艺流程、色浆组成。

8. 活性染料地色防染印花方法有哪些？简要说明防染原理。

9. 活性染料地色拔染印花与其他染料地色拔染印花对地色染料的选择、拔染原理有什么区别？

10. 喷墨印花设备有哪些类型？简述其工作原理。

模块六 整　理

【知识点】

1. 整理的目的与整理方法的分类；

2. 棉织物整理；

3. 毛织物整理；

4. 丝织物整理；

5. 功能整理。

【技能点】

1. 会根据织物性能和产品用途选用合适的整理方法；

2. 会根据产品整理效果要求选用适当的整理工艺。

任务一　概　述

知识点

1. 整理的概念；

2. 整理的目的；

3. 整理方法的分类。

技能点

根据产品品质要求知道选用何种整理方法。

纺织品整理，也叫后整理。是通过物理、化学或物理兼化学的方法来改善织物手感和外观（如硬挺整理、柔软整理、轧光或起绒等）、提高织物品质并赋予织物新的功能（如抗皱、防水、防污、防腐、防霉、防蛀和防菌等）的加工过程。

织物后整理的目的和意义如下：

① 使织物规格化（形态稳定整理）。通过整理，稳定门幅、降低缩水率，使织物门幅整齐划一，织物尺寸形态和组织形态符合规定标准。如定（拉）幅整理、机械预缩整理、化学防皱整理等。

② 改善织物手感和外观。赋予织物柔软而丰满的手感或硬挺的手感；提高织物白度和悬垂性，提高织物表面光泽和赋予织物表面花纹效应等。如柔软整理、硬挺整理、增白整理、轧光整理、电光整理、轧纹整理、磨毛和仿麂皮整理等。

③ 赋予织物新的特点。使织物具有某种防护性能或提高织物的服用性能。如耐久压烫整理、阻燃整理、防污整理、防紫外线整理、防电磁波辐射整理、保暖整理等。

根据织物整理效果在随后的洗涤和使用过程中的持久程度，可分为暂时性整理、耐久性整理和半耐久性整理。根据整理工艺的技术特点，可分为机械物理性整理、化学整理和物理—化学整理(综合整理)。

任务二　棉型织物整理

知识点

1. 定形整理；
2. 轧光、电光和轧纹整理；
3. 手感整理；
4. 增白整理；
5. 树脂整理。

技能点

1. 会根据棉型织物性能要求选用合适的整理方法；
2. 会根据产品整理效果要求选用适当的整理工艺。

棉型织物在练漂、染色、印花加工过程中，由于经常受到经向张力，所以加工后织物长度增加，幅宽变窄，手感粗硬，外观欠佳。为了尽可能纠正上述缺点，恢复织物原有特性，并使织物品质得到改善和提高，一般都要进行机械物理性整理。

一、定形整理

纤维制品在印染加工中产生的内应力会造成织物缩水、幅宽不匀、布边不齐、纬斜、折皱、手感粗糙等，因而出厂前需要消除织物中积存的内应力和应变，使织物内的纤维处于较稳定的自然排列状态，从而减少织物的变形因素，获得某种形式的稳定(包括状态、尺寸或结构等)，即定形整理。

定形整理一般采用以下三种基本方法：

① 用机械方法调整织物的结构，如经、纬纱的织缩等，可采用拉幅、预缩等整理。
② 用强力膨化剂解除织物中纤维的内在应变，如丝光、液氨处理等。
③ 用交联方法固定纤维的结构，如树脂整理。

1. 拉(定)幅整理

拉幅是利用纤维在潮湿状态下的可塑性，将织物门幅缓缓拉至规定尺寸，并烘干使其稳定的工艺过程。其主要目的是横向拉伸织物使其达到统一的标准幅宽，也可用于纠正前面工艺中产生的纬斜。

拉幅前，织物应有足够的含水量(含湿率为 $15\%\sim20\%$)，使纤维溶胀并具有一定的可塑性。具有一定含湿率的织物，进入拉幅机即由左右两串布铗啮住布边，随布铗链的运行进入烘房，织物的幅宽因布铗链间的距离逐渐增大而增加，直至拉伸至全幅；稍后，布铗链间保持一定的距离,使织物保持所需幅宽,直至烘干;最后,布铗链间的距离逐渐减小,以利于布边脱离布铗。一般要求整理后织物的幅宽控制在成品幅宽允许公差的上限,否则织物门幅的稳定性差。T/C织物必须进行热定形,以达到门幅稳定。

织物拉幅一般在拉幅机上进行。常用的拉幅机有布铗拉幅机、针板拉幅机、短环预烘热风拉幅机、多层式热风拉幅机、皮带拉幅机等。拉幅机主要由给湿、拉幅、烘干三个部分组成,有时附有整纬等辅助装置,针板热风拉幅机带有超喂装置。

（1）布铗拉幅机

布铗拉幅机多用于棉织物,可分为普通布铗拉幅机与热风布铗拉幅机两种。

普通布铗拉幅机采用蒸汽喷雾装置给湿,以蒸汽热辐射管进行烘干。结构简单,烘干效率低。不能用于含湿量较高的织物,仅适用于一些轻薄织物的拉幅。拉幅效果不如热风拉幅机。

热风布铗拉幅机是一种常用的拉幅设备,可用于织物的轧水、上浆、增白、热定形、柔软整理、树脂整理和拉幅烘干等工艺。给湿量由轧车和烘筒控制,利用热风房的热风进行烘干。

（2）针板拉幅机

针板拉幅机多用于毛织物、丝织物、化纤及其混纺织物。其机械结构基本上与布铗拉幅机相同,只是用针板代替布铗固定织物边沿,并带着织物在拉幅框中前进。针板拉幅机能给予织物一定的超喂量。超喂装置使得经向张力在拉幅过程中减小,更方便织物沿经向收缩、横向拉伸,同时利于布边均匀烘燥。树脂整理的烘干多采用这种形式。

（3）多层式热风拉幅机

多层式热风拉幅机的机械结构基本上与针板拉幅机相同,只是设备层数较多,占地面积较少,集烘干、拉幅、焙烘、热定形于一体。适用于合成纤维及其混纺织物。

2. 机械预缩整理

织物在染整加工中,纱线或纤维经常受到各种拉伸作用而伸长,特别是潮湿状态下。如果在这种拉伸状态下进行干燥,则会把伸长状态暂时固定下来,导致"干燥定形"形变而存在内应力。再度润湿时,由于水分子的渗入,使纤维内大分子间的作用力减弱,内应力松弛,纱线或纤维的长度缩短,即织物缩水。

对于纤维素纤维,其缩水的主要原因是纤维吸湿后发生了各向异性溶胀,即其横截面溶胀程度比经向大得多,如溶胀后,纤维直径约增加 20%～23%,而长度仅增加 1.1% 左右。由于纤维溶胀的各向异性,导致经、纬纱线相互抱绕途径发生改变。若纬纱之间仍要保持润湿前的距离,必须使经纱伸长。但是由于经纱在染整加工中不断受到张力作用,润湿后本来就有缩短的倾向。因此,经纱不可能在润湿后发生伸长。同时织物中的纱线是相互挤压着的,润湿后又不可能进行自由退捻。因此,经纱通过退捻来增加其长度也是难以实现的。为了适应纱线由溶胀而引起的变形,只有减小纬纱间的距离,即增大织物密度才能保持经纱所经过的路程基本不变。结果,织物的织缩增大,进而导致宏观上的织物长度缩短。所谓织缩,是指织物中纱线长度与织物长度之差对织物长度的百分比。同理分析织物纬向,情况也一样,同样导致织物幅宽变窄。当织物自然干燥后,纤维失去膨胀状态,纱线也恢复到原来的粗细,但由于纱线间的摩擦阻力,限制了纱线的自由移动,不能恢复到原来的状态,因此,织物的面积缩小,厚度增加。

机械预缩整理是通过机械方法,使织物中的经向织缩增大、织物长度缩短、潜在收缩减少或消除,达到防缩的目的。

预缩机包括简式预缩机、普通三辊预缩机、高效机械预缩整理联合机等。简式预缩机采用蒸汽给湿、烘筒松式烘干。普通三辊预缩机和高效机械预缩整理联合机都采用喷雾给湿、呢毯烘干。在喷雾给湿和橡胶毯预缩之间,普通三辊预缩机是小布铗拉幅定幅,而高效机械预缩整理联合机是容布箱堆置。三种机型的核心为三辊橡胶毯压缩装置。我国目前都采用三辊橡胶毯预缩机(图6-1),其预缩原理是对织物进行预先缩水。将含

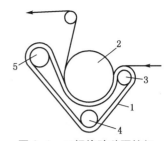

图6-1　三辊橡胶毯预缩机

1—橡胶毯　2—加热承压器
3,4,5—导辊

湿的织物紧压在拉长的(凸面的)可压缩的橡胶毯上,当凸起的橡胶毯转化成凹面时,与橡胶毯紧密接触的织物别无选择,只能随橡胶毯的压缩而收缩,使织物(特别是经纱)有回缩的机会,回复织物中纱线的平衡交织状态,同时,将已收缩的织物保持此状态进行烘干,便达到预缩目的。

织物经预缩整理后,手感变得柔软,光泽变得柔和。

二、轧光、电光和轧纹整理

光线射到织物上,会产生表面反射光、内部反射光、透射光,它们分别赋予织物不同的外观光泽效果。当组成织物的纤维互相平行或织物表面光洁平滑时可使织物表面光泽增强。通过轧光、电光和轧纹整理可增进并美化织物外观,达到使织物表面光滑平整、提高织物光泽、掩盖织物表面的纱头、改善织物手感、将织物表面压成凹凸花纹等目的。

1. 轧光整理

轧光整理的原理是利用棉纤维在湿、热条件下的可塑性,通过温度、湿度、机械压力的作用,使织物圆形的纱线被压平压扁,同时表面耸立的绒毛被压伏,降低织物表面对光的漫反射,提高织物表面的光滑平整度,从而增强织物的光泽。由于纱线经汽蒸、洗涤和干洗等加工后又会回复原形,所以这是一种暂时整理。例如棉和羊毛的被单布、府绸、阔幅布等经常经轧光整理。

轧光整理是通过轧光机来完成的。一般来讲,轧光机有2～7个辊筒,最常用的是三辊轧光机。轧光机由软辊筒、硬辊筒交替排列而成。硬辊筒为铸铁或钢制,表面光滑,中空,可通入蒸汽等加热。软辊筒可用纸粕或棉花经高压压紧后车平磨光而成。现在许多软辊由锦纶包裹厚的热塑性塑料而成。新型软辊比棉辊和纸辊具有更不易受到结头、接缝和折痕损坏的优点。织物穿绕并经过各辊筒间的轧点,其表面被烫压平整从而获得光泽。

轧光整理按工艺可分为热压法、轻热压法和冷压法,其中轻热压法是指织物在中等温度下进行轧光整理的方法,它可使织物手感柔软,但不影响纱线紧密度,并能使织物产生中等光泽;按处理方法分为普通轧光、摩擦轧光和叠层轧光。

(1)普通轧光

织物经过轧点,压扁织物中的纱线,使织物紧密,从而改善织物的光泽和手感。包括平轧光,即通过硬、软轧辊组成的轧点,即硬轧点,可获得高光泽度;软轧光,通过两个软轧辊组成的轧点,即软轧点,可获得消光效果,织物手感柔软、丰满。若依次通过两种轧点,则依据所加压力,可获得强度不同的光泽,同时获得柔软、丰满的手感。普通轧光广泛用于棉织物、

T/C织物。

（2）叠层轧光

把数层织物叠在一起通过同一轧点进行轧光,利用织物间的相互压轧,把织物中的纱线压圆润,使布面产生波纹效应,手感柔软,纹路清晰,产生似麻的光泽。层数越多,手感越柔软。

（3）摩擦轧光

摩擦轧光是利用摩擦辊筒和织物间的摩擦压轧作用,将织物表面磨光,产生极光。当织物经过轧点时,摩擦辊筒运转的表面速度大于织物运转时的线速度,利用两者速度之差,使织物获得磨光效果,产生强烈光泽。织物手感硬挺,表面极光滑,类似蜡光纸,也称油光整理。

2. 电光

电光整理是在织物表面轧压而形成细密平行的斜纹线,使织物表面规整并产生丝绸般光泽。当织物在湿热条件下,经过表面刻有一定角度的细密斜纹线的硬质钢辊和弹性软辊之间时,织物表面将轧上与主要纱线捻向一致的许多规则的斜纹线,掩盖了织物表面纤维不规则排列的现象,使织物表面呈现出好似用很多平行纤维组成的假象,从而对光线产生规则的反射,使织物表面获得柔和如丝绸般的光泽。

电光整理时要求金属辊的刻线方向与织物表面的主要纱线捻向一致,电光辊上斜线斜度根据织物表面的纱线捻度而定。对于直贡缎,以经纱捻向为主,多采用 $65°\sim70°$ 的斜线辊;对横贡缎,以纬纱捻向为主,多采用 $25°$ 左右的斜线辊;对于平纹织物,一般以纬纱捻向为主较合理,一般采用 $25°$ 或 $70°$ 左右的斜线辊。

3. 轧纹

轧纹整理与电光整理相似。它是利用刻有阳纹花纹的轧辊轧压织物,使其表面产生凹凸花纹效应和局部光泽效果。所用轧纹机由一只可加热的硬辊筒和一只软辊筒组成。硬辊筒的表面刻有阳纹花纹,软辊筒刻有与硬辊筒相吻合的阴纹花纹。含湿织物通过刻有花纹的软硬辊筒,在湿、热、压力作用下,产生凹凸花纹。

三、手感整理

手感整理包括硬挺整理和柔软整理。

1. 柔软整理

柔软整理是用机械方法降低织物刚性,或用化学方法降低织物组分间的摩擦阻力和织物与人体间的摩擦阻力,使织物手感变得柔软、柔韧、光滑和蓬松的整理。织物的柔软整理有机械法和化学法。前者是用机械作用改善手感,如轻轧光和假预缩;后者是通过化学试剂赋予织物柔软手感。

（1）机械柔软整理

机械柔软整理是利用机械方法,在张力状态下,将织物多次揉曲、弯曲,以降低织物刚性,使之恢复到适当的柔软度。如将织物挠曲穿过 $5\sim6$ 根张力杆,经多次挠曲后,导入轧光机进行轻轧光,使织物获得平滑柔软的手感;或在温度和压力比预缩整理低、车速比预缩整理快的条件下,将织物通过三辊橡胶毯预缩机进行假预缩,也可获得平滑柔软的手感。

（2）化学柔软整理

化学柔软整理是利用化学柔软剂使织物组分间、纱线间、纤维间的摩擦阻力和织物与人体间的摩擦阻力降低,提高织物柔软度,同时给予织物丰满感和悬垂性。

化学柔软剂是一类可降低纤维的摩擦系数的物质,其中耐久性的有反应型和有机硅两类。目前所用的柔软剂按其化学结构分主要有表面活性剂型、反应型、有机硅聚合物乳液型。表面活性剂型柔软剂包括阴离子型柔软剂、非离子型柔软剂、阳离子型柔软剂。在表面活性剂型柔软剂中,阳离子型的柔软效果好,但对浅色织物不适应。整理时,表面活性剂型柔软剂采用"浸轧→烘干"工艺,反应型柔软剂采用"浸轧→烘干→焙烘"工艺;非反应型有机硅柔软剂采用"浸轧→烘干"工艺,反应型有机硅柔软剂采用"浸轧→烘干→焙烘"工艺。浸轧法、浸渍法常与增白或上浆同时进行。

2. 硬挺整理

硬挺整理是将一种能成膜的高分子物制成整理液并浸轧在织物上,使之附着在织物表面,干燥后变成皮膜,包覆在织物或纤维表面,从而赋予织物平滑、硬挺、滑爽、厚实、丰满的手感。

整理液一般由浆料、填充剂、着色剂、防腐剂等组成。浆料主要有天然浆料,如淀粉、糊精、海藻酸钠、植物胶、动物胶等;改性浆料,如甲基纤维素(MC)、羧甲基纤维素(CMC)、羟乙基纤维素(HEC)等;合成浆料,如聚乙烯醇(PVA)、聚丙烯酰胺、热塑性或热固性合成树脂等。浆料可使织物硬挺、滑爽。填充剂主要是滑石粉,其作用是填充布孔,使织物厚实、增重。着色剂的作用是改善织物色光。天然浆料容易受微生物作用而腐败变质,加入防腐剂可防止浆液和整理后的织物贮存时霉变。上浆时可采用浸轧上浆、单面上浆或摩擦面轧上浆。轧浆穿布方式如图 6-2 所示。织物上浆后一般用烘筒烘燥机烘干。

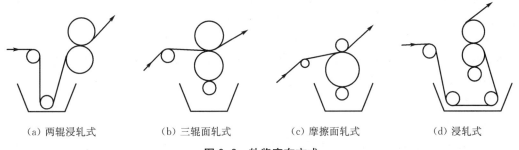

（a）两辊浸轧式　　　　（b）三辊面轧式　　　　（c）摩擦面轧式　　　　（d）浸轧式

图 6-2　轧浆穿布方式

上浆使织物变得硬挺,但这是暂时的。利用热固性树脂或各种热塑性化合物,能使织物具有十分耐久的硬挺性。它使薄纱具有挺爽手感而令人喜爱,能防止纱线下垂、滑溜和织物的陈萎,减少织物起毛,从而有助于保持耐擦毛和耐磨损的平滑表面。

四、增白整理

用氧化性或还原性漂白剂漂白的织物,在不损伤纺织纤维的情况下,因常带有很浅的黄色或褐色色光而很难达到纯白的程度。为了提高漂白布的白度,常需进行增白处理。增白的方法有两种。一是上蓝增白,即用少量蓝色或紫色染料或涂料使织物着色,因增白后白度虽有所提高,但鲜亮度下降,效果不理想,故现已很少单独使用。二是用荧光增白剂增白,荧光增白剂是一种近似无色的染料,对纤维具有一定的亲和力,整理后可提高织物的光亮度,使织物洁白,但在缺少紫外线的光源下增白效果差。

荧光增白剂除了用于漂白织物的增白外,还用于浅色印花布的整理,使花布的白地洁白,色泽鲜艳;另外,还用于浅色织物,使其亮度增加,色泽鲜艳。常用荧光增白剂有:荧光增白剂 VBU,色光为青光微紫,耐酸,常与阴离子型、非离子型表面活性剂、阴离子型染料及树脂整理同时进行,可用于纤维素纤维、蚕丝纤维及维纶织物的增白;棉增白剂 CP-3L,耐酸碱、耐氧漂和氯漂,适宜于轧染;荧光增白剂 CPC,主要用于纤维素纤维轧染增白;耐酸增白剂 VBA,色光为蓝光微紫,主要用于棉和涤/棉织物树脂整理液一浴增白;UVITEX BBT,蓝紫色光,用于纤维素纤维织物 H_2O_2 非连续漂白/增白一浴法,用量为 $0.3\%\sim0.6\%$(o. w. f.);荧光增白剂 CPS-A,主要用于涤纶及其混纺织物的增白和增艳,用量为 0.2%(o. w. f.)或 2 g/L;锦纶荧光增白剂 CPN,主要用于锦纶织物的增白和增艳,用量为 $0.4\%\sim5.0\%$(o. w. f.)或 $5\sim40$ g/L(热熔工艺)或 $1\sim40$ g/L(轧蒸工艺);荧光增白剂瑞威特 V-1000,用于棉、麻、人造棉、真丝、锦纶等漂白产品的增白以及浅色或印花产品的增艳,耐晒牢度优良,耐硬水、耐游离氯,对双氧水、保险粉稳定,可与阴离子型表面活性剂或染料、非离子型表面活性剂同浴使用,轧染、浸染和印花浆中均适用,荧光色调为青光微紫(蓝紫色),用量为 $2\sim12$ g/L 或 $0.2\%\sim1.0\%$(o. w. f.);荧光增白剂 WG 100%,适合于羊毛、蚕丝等天然蛋白质纤维产品的增白,色光为蓝紫色,最高用量为 0.5%(o. w. f.),可与阴离子型及非离子型表面活性剂、酸性染料等阴离子型染料同浴使用,主要用于漂白纤维或织物单独增白以及浅色纤维或织物增艳。

五、树脂整理

树脂整理是利用能与纤维素纤维上的羟基起键合反应的多官能团有机化合物,在纤维分子链间发生交联反应,同时沉积在纤维上,限制了纤维素中相邻分子链间的相对滑移,使纤维素分子不易变形,并在发生变形后能很快地回复原状。也就是使纺织品具有不易产生新折皱或产生的折皱易回复原状,并且在使用过程中能保持平挺的外观。目的是提高织物的抗皱性、折皱回复性、防缩性、免烫性等。

1. 常用工艺

(1) 干态交联工艺

纤维在非膨化状态下与树脂交联,整理后织物的干防皱性优良,形态稳定性及免烫性好,重现性好,但湿防皱性较差,断裂强力和耐磨性下降较多。此法最常用,常称为轧烘焙工艺。其工艺流程为:浸轧树脂整理液→拉幅烘干→高温焙烘→(洗涤)。

(2) 湿态交联工艺

纤维在充分膨化状态及较低温度下与树脂交联,整理后织物的强力下降少,湿防皱性优良,但干防皱性改善不多。其工艺流程为:浸轧树脂整理液(轧余率 $60\%\sim70\%$,$18\sim20$ ℃)→打卷保温堆置(<25 ℃,$15\sim24$ h)→水洗(冷水洗→15 g/L Na_2CO_3,5 g/L NaOH 水洗→10 g/L NaOH 水洗,$20\sim30$ ℃→冷水洗→皂洗,60 ℃→冷水洗)→烘干→预缩→成品。

(3) 潮态交联工艺

纤维在部分膨化状态下与树脂交联,整理后织物的耐磨性和强力下降少,"洗可穿"性能好。其工艺流程为:浸轧树脂整理液(轧余率 80%)→烘干(<100 ℃,含湿 $6\%\sim7\%$)→打卷保温堆置(25 ℃,$18\sim24$ h)→水洗(冷水洗→10 g/L Na_2CO_3 水洗→冷水洗→5 g/L Na_2CO_3,$30\sim40$ ℃水洗→冷水洗→60 ℃,5 g/L 净洗剂洗→冷水洗)→烘干→预缩→成品。

（4）多步交联工艺

多步交联工艺一般都是先采用 N-羟甲基化合物进行轧烘焙的干态整理,然后用环氧化合物进行潮态或湿态整理。整理后织物手感柔软平滑,有丝绸感,干、湿态回弹性(防皱性)高,免烫性和尺寸稳定性好。

树脂整理液一般由树脂初缩体、催化剂、柔软剂、润湿剂等组成。

2. 树脂整理剂

要想达到树脂整理的目的,又不影响其使用性能,所用整理剂应符合的条件是:与纤维交联的键的长短适中,一般分子长度≤5 nm;反应性能适中,无色变;交联稳定性良好;与催化剂及其他助剂相容性良好;无毒、无臭、无刺激作用。树脂整理剂的种类很多,最初采用的是基于甲醛的氨基树脂。

（1）含甲醛整理剂

① 脲醛树脂(UF)。尿素-甲醛树脂,主要用于黏纤及其混纺织物的防缩防皱整理。整理品手感丰满,缩水率下降,干、湿强力增加,回弹性良好,不易折皱,但耐洗性差,有氯损现象。

② 三羟甲基三聚氰胺树脂(TMM)。整理效果优于脲醛树脂(UF),弹性高,耐洗性好,氯损小,但易吸氯泛黄,手感较硬,一般用于棉织物的树脂整理。初缩体稳定性较差。

③ 二羟甲基环亚乙基脲树脂(DMEU)。主要用于棉织物的树脂整理。整理后,织物手感柔软,泛黄少,耐洗性好,但强力和耐磨性有所下降。初缩体在 30 ℃以下稳定性好。

④ 二羟甲基二羟基环亚乙基脲树脂(DMDHEU)。简称 2D 树脂,对酸、碱稳定性高,常规的干态交联、潮态交联、湿态交联工艺均可采用,是优良的耐久压烫整理剂。可用于棉、毛、麻和化纤混纺织物整理。整理后织物外观挺括,手感丰满,富有弹性,有较高的免烫性、尺寸稳定性和良好的耐洗可穿性,但有氯损现象,不适于漂白织物。

⑤ 二羟甲基氨基甲酸乙酯(DMEC)。是优良的耐久压烫整理剂,水解稳定性高,氯损小,耐洗性好,但整理品释放甲醛多。

（2）低甲醛、无甲醛整理剂

由于常用的树脂整理剂在处理、储存和服装加工过程中会产生、释放出相当数量的甲醛。而甲醛是醛类中具有特殊致毒作用的一个品种。它是多种过敏症的引发剂,对人的眼睛、黏膜和皮肤有剧烈的刺激性,长期接触会导致咳嗽、呼吸困难、头痛、嗜睡、食欲丧失、皮肤过敏、手指和甲趾发痛、免疫功能异常,甚至致癌,产生不利于人体健康和生态平衡的严重后果。随着人们的环境意识的增强和生态纺织品的日益盛行,许多国家尤其是发达国家对树脂整理织物的甲醛含量制定了严格的法规和标准,而且特别注重服装中的甲醛与人体皮肤接触所造成的危害。所以近年来提倡使用低甲醛、无甲醛整理剂。低甲醛整理剂的甲醛释放量为 250～300 ppm,超低甲醛整理剂的甲醛释放量小于 100 ppm。

① 醚化二羟甲基二羟基环亚乙基脲反应性树脂(M2D)。M2D 树脂的水解稳定性高,反应性较低,氯损小,不泛黄,释放甲醛少,整理性能同 2D 树脂,是优良的耐久压烫整理剂。可用于棉、麻及其混纺织物的整理,整理后织物手感柔软,表面平整,尺寸稳定性好,具有优良的防缩防皱性。

② 环氧类化合物。无甲醛释放和吸氯问题,耐水解稳定性和抗皱性能较好,特别适用于丝绸类织物的防皱整理,但整理后织物手感较差。用于棉织物整理时,效果不如 2D 树脂。

③ 乙二醛。常与其他化合物复合进行整理，可提高抗皱效果，改善织物白度，无甲醛释放问题。如与二醇缩合，可防止泛黄，提高 DP 等级；与水解淀粉结合，可明显提高弹性，降低成本；与壳聚糖结合，可降低成本，改善白度，但手感较硬，需添加有机硅柔软剂；与丝素复合，具有协同效应。

④ 含硫化合物。不产生氯、甲醛，应用较多的是 β-双羟乙基砜树脂（BHES）。整理后织物手感柔软，干、湿回弹性好，尺寸稳定性高，免烫性耐久，耐洗性优于 2D 树脂，易于存放，基本无氯损。但焙烘后织物易泛黄，需复漂或加入泛黄抑制剂。

⑤ BHES-50。BHES-50 由双-β-羟乙基砜组成。在碱性催化剂作用下，和纤维素上的羟基反应，在邻近的纤维素分子间交联，形成网状立体结构，赋予织物优良的防缩防皱性、免烫性、柔软性。它不含甲醛，也不产生甲醛。

⑥ 水溶性聚氨酯。水溶性聚氨酯大分子链上的异氰酸酯端基，可与纤维中含有活泼氢的基团发生共价交联，酰胺基具有捕捉甲醛的作用。整理后织物手感丰厚、滑爽，富有弹性，防缩防皱性能好，耐磨，不污染环境。可部分或全部代替 2D 树脂。除用于织物的防缩防皱整理外，还可用于织物的防污、抗静电、柔软、防水透湿和仿麂皮整理。

⑦ 多元羧酸（PCA）。PCA 借助于酐中间体，与纤维素纤维上的羟基发生交联反应，将纤维素分子连接起来，使纤维素分子间形成酯交联的三维网络，从而赋予棉织物耐久的抗皱和免烫性能。

a. 1,2,3,4-丁烷四羧酸（BTCA）。免烫整理效果好，无甲醛释放，其 DP 等级、白度、耐洗性、手感、强力保留率和耐久性都较好，某些指标甚至超过 2D 树脂，但价格太高。

b. 柠檬酸（CA）。价格便宜，原料易得，无毒性，无甲醛释放，防皱性和耐洗涤性比 BTCA 差，单独处理棉织物易泛黄。可在整理液中加入特殊的添加剂（如三乙醇胺、硼酸等），以改善织物的泛黄现象。

c. 混合酸。不同的酸聚合-交联与纤维素酯化结合，能明显提高织物的 DP 级，整理效果耐久性优异，耐洗涤性良好，强力保留率高。如马来酸（MA）、丙烯酸、乙烯醇的三元共聚物（TPMA）、TPMA/CA、BTCA/CA、马来酸与衣康酸（ITA）的聚合物、CA/酒石酸等。

为了消除甲醛的影响，除了使用上述低甲醛、无甲醛整理剂外，可采用 J-Wash 的纤维加工新技术，即将纤维素纤维以高压水蒸汽进行形状记忆加工，处理后便可提高棉织物的防缩性、免烫性，同时获得速干性、悬垂性、润湿柔软性。

3. 催化剂

为了在织物的树脂整理过程中促使树脂与纤维素大分子迅速发生反应，降低反应温度，缩短反应时间，改善织物的耐久压烫性能，提高织物的折皱回复角，改善耐磨性和强度，降低甲醛的释放量，整理液中必须加入合适的催化剂。一般要求催化剂无毒、无味、无腐蚀性，在整理液中具有良好的稳定性、相容性、树脂焙固促进性和不降低织物原有的物理机械性能等。树脂整理常用的催化剂有酸类、铵盐、烷基胺盐、金属盐类、碱式氯化铝、羟基甲磺酸、相分离型催化剂、协同催化剂等。其中，金属盐如氯化镁、氯化锌、硝酸锌、硫酸铝以及它们的混合体系，是当今树脂整理中最重要的催化剂。采用 N-羟甲基酰胺类整理剂时，可采用的催化剂有酸类、铵盐类、金属盐类、混合催化剂（如氯化镁系统、铵盐系统、碱式氯化铝系统）。采用多元酸类整理剂时，适用的催化剂包括：含磷催化剂，如次磷酸钠、磷酸二氢钠、亚磷酸二氢钠；无磷催化剂，如含氮化合物咪唑系列、氨腈、硝酸钠等，以及羟基酸盐（柠檬酸盐、苹果酸盐、酒石酸盐)和不饱和二元酸盐(马来酸盐、富马酸盐、衣康酸盐)等。

4. 添加剂

为了提高整理效果或改善织物的性能(如手感、外观、强力、耐磨性等),整理液中还需加入一些添加剂。如:可使织物手感柔软或平滑,并能提高织物的撕破强力和耐磨性的柔软剂;使整理液易于渗入纤维内部,保证交联键均匀分布的渗透剂;防止织物色变或泛黄的添加剂,如多元醇类;改善织物强力保留率的添加剂,如多羟基化合物等。

5. 快速树脂整理

快速树脂整理主要利用较稳定的树脂及高效催化剂,提高焙烘温度,缩短焙烘时间,使树脂反应较完全,且服用过程中不易水解,交联状态稳定。与一般整理相比,快速树脂整理后不用水皂洗,使工艺程序简化,生产成本降低,生产效率提高。其工艺流程为:浸轧树脂液→预烘→拉幅烘干→焙烘(180 ℃,25~30 s)。

6. 树脂整理中的一些问题

(1)整理后织物上的树脂含量

树脂整理后,在纤维大分子或基本结构单元间引入在一定程度上比较稳定的交链,增加了大分子之间的结合力,降低了纤维受外力而发生形变的能力,即纤维基本结构单元之间的滑动受到了阻碍。因此树脂含量增多,防皱抗变形能力增加,机械强力、延伸度、耐磨性、撕破强力下降,有时还会有吸氯泛黄或氯损现象。可通过加入添加剂如柔软剂、聚丙烯酰胺乳液、聚氨酯树脂等改善织物机械性能。

(2)甲醛含量

树脂整理时,如果初缩反应不完全或投料不合适、织物上初缩体交联不完全或初缩体水解或整理品在加工、储存及测定过程中水解、甲醛移染(即含有甲醛的织物与原来不含有甲醛的织物放在相邻的空间和相互接触时,甲醛会通过空气和接触而使原来不含有甲醛的织物也含有甲醛)等,都会造成织物上产生游离甲醛。

甲醛的存在会引起多种过敏症,刺激人的黏膜和皮肤,使免疫功能异常等。因而整理时需选用合适的整理剂,控制好焙烘温度、选取高效催化剂、添加助剂、加强整理后的皂洗和水洗、对整理后织物进行蒸汽处理、控制半制品的含碱量,以及在洗液中加入甲醛捕捉剂等,对残留甲醛含量的降低都有一定的作用。

7. 树脂整理效果评定

树脂整理效果的测试标准主要有两个部分:一是与织物(或服装)服用性能相关的标准;二是与树脂整理生态有关的标准,其中最重要的是纺织品甲醛含量的相关标准。

服用性能标准见我国国家标准《免烫纺织品》(GB/T 18863 - 2002);生态标准见我国国家标准《生态纺织品技术要求》(GB/T 18885 - 2002)或《纺织品甲醛含量的限定》(GB 18401 -2001)。

任 务 三　毛 织 物 整 理

知识点

1. 毛织物的湿整理;

2. 毛织物的干整理；

3. 毛织物的特种整理。

技能点

1. 会根据毛织物的品种选用适当的常规整理方法；

2. 会根据毛织物的用途选用合适的特种整理方法。

一、概述

毛织物的品种很多,按加工工艺不同可分为精纺(梳)毛织物和粗纺(梳)毛织物两类。毛织物的整理包括湿整理、干整理和特种整理。精纺(梳)毛织物整理后要求织物表面平整、光洁,织纹清晰,光泽悦目,手感丰满、有弹性且滑爽挺括,注重呢面光洁、手感及弹性。因而精纺(梳)毛织物的整理主要有煮呢、洗呢、拉幅、干燥、刷毛和剪毛、蒸呢及电压等。粗纺(梳)毛织物整理后要求织物紧密厚实,柔润滑糯,表面覆盖一层均匀整齐的绒毛,绒毛不脱落、不露底、不起球,注重绒面丰满、厚实。所以粗纺(梳)毛织物的整理主要有缩呢、洗呢、拉幅、干燥、起毛、刷毛和剪毛及蒸呢等。

二、湿整理

毛织物的湿整理主要包括烧毛、洗呢、煮呢、缩呢、烘呢定幅等。

1. 烧毛

其目的和原理同棉织物烧毛。织物以平幅状态迅速通过高温火焰,利用织物本身与绒毛升温速度的不同,烧去织物表面的短绒毛,从而使织物呢面光洁、织纹清晰。主要用于加工精纺的纯毛及混纺织物,特别是轻薄品种。可减少起毛起球现象,并获得滑爽、挺括的外观风格。与棉织物不同的是,毛织物烧毛后不需要灭火。原因是羊毛离开火焰后,燃烧现象会自行熄灭,但需加强水洗,以去除毛纤维燃烧后嵌于织纹中、不易脱落的球形灰烬。

2. 洗呢

毛织物在洗涤液中洗除杂质的加工过程称为洗呢。洗呢是利用洗涤剂溶液润湿毛织物,并渗透到毛织物内部,经过机械的挤压、揉搓作用,使纺纱、织造时上的和毛油、抗静电剂等物质与烧毛时留下的灰屑及其他过程中沾染的污垢脱离织物,使织物洁净。洗呢时要保持毛织物原有的优良品质,保持一定的含油率,防止呢面毡化。其工艺条件根据呢坯含杂情况和产品风格而定。

常用的洗涤剂有肥皂、净洗剂 LS、洗涤剂 209 等阴离子型净洗剂和洗涤剂 105 等非离子型净洗剂。肥皂洗呢时 pH 值在 9~10,合成洗涤剂洗呢时 pH 值在 7~9。洗呢时,精纺毛织物浴比为 5∶1~10∶1,粗纺毛织物浴比为 5∶1~6∶1。洗呢时间,精纺毛织物 45~90 min,粗纺毛织物 30~60 min。洗呢后用温水(40~50 ℃)冲洗 5~6 次,每次 10~15 min,直至洗净织物,呢坯出机时应接近中性。

毛织物洗呢时要求水质硬度小于 100 ppm。因为若硬度过高,肥皂洗呢时易形成钙、镁皂沉淀,降低净洗能力,且黏附在呢面上,造成染色时的色花或呢面不清。

毛织物洗呢所使用的设备有绳状洗呢机、平幅洗呢机和连续洗呢机,常用绳状洗呢机。

3. 煮呢

毛织物以平幅状态,在一定的张力和压力下,于热水中处理的过程,称为煮呢。煮呢是利用湿、热和张力作用,使羊毛纤维中的分子链受到拉伸,其中的二硫键、氢键和盐式键等逐渐被减弱、拆散,消除织物内部的不平衡应力,随着时间的延长使大分子取向并在新的位置上建立新的稳定的交键,使其达到永久定形,免除后续加工中产生皱纹或不均匀的收缩。煮呢主要用于精纺毛织物,可使织物呢面平整、光洁,外观挺括,手感柔软丰满且富有弹性,并使织物获得良好的尺寸稳定性。

煮呢工序安排有先煮后洗、先洗后煮、染后煮呢。先煮后洗能使织物平整、挺括,在后续加工中不易产生折皱,适合薄花呢、凡立丁、毛华达呢等;先洗后煮整理的织物手感柔软、丰满、厚实,有滑糯感,适宜于中厚花呢、毛哔叽等。

煮呢时,温度高,速度快,定形效果好。但温度过高,易使羊毛纤维损伤,强力下降,手感粗硬,织疵暴露,色坯沾色、变色;温度太低,则效果不良,速度太慢。一般白坯煮呢 $90\sim95\ ℃$,色坯 $80\sim85\ ℃$。pH 值过高,易使羊毛强力降低,手感粗糙,色泽泛黄;过低,又易造成过缩。所以一般白坯选择 pH 值为 $6.5\sim7.5$,色坯 pH 值为 $5.5\sim6.5$。同时必须使用软水,以免织物手感粗糙、色光暗浊。煮呢时间长,定形效果好。但时间太长,羊毛受损较重,强力下降过多,故单槽煮呢控制在 $20\sim30\ min\times2$,或双槽煮呢 $60\ min\times1$。压力、张力大时,呢面平整,光泽好,手感挺爽;压力、张力小时,织物手感柔软、丰满,织纹清晰、活络。一般中厚型织物采用较小压力和张力,若压力、张力过大,会使织物纹路不清,并产生平面光;薄型织物采用较大压力和张力,若压力、张力过小,呢面不平整,薄型平纹织物会产生鸡皮皱现象。

毛织物煮呢所使用的设备有单槽煮呢机、双槽煮呢机和蒸煮联合机等。采用单槽煮呢机,煮后织物平整、光泽好、手感滑挺并富有弹性,因此多用于薄型织物和部分中厚型织物的加工。使用双槽煮呢机,煮后产品手感丰满、厚实、活络,织纹清晰,不易产生水印,但定形效果不如单槽煮呢。使用蒸煮联合机,根据需要可获得不同的手感和光泽。

4. 缩呢

缩呢是毛织物在一定的湿、热和机械力作用下,利用羊毛纤维的定向摩擦效应、卷曲性和高回弹性,产生缩绒毡合的加工过程。在外力的作用下,羊毛纤维分子间相互穿插运动;而去除外力、纤维回弹时,由于鳞片作用,使纤维间相互咬合。在外力的反复作用下,织物表面可形成交错毡合面,纤维末端披露于布面,形成绒面织物。缩呢主要用于粗纺毛织物,可使织物产生缩绒现象,在织物表面覆盖一层绒毛,从而遮盖织物组织,改进织物外观,使织物的厚度增加,强力提高,手感丰满、柔软、厚实,弹性、保暖性更好。对于需要呢面有轻微绒毛的少数精纺产品,可进行轻缩呢。

缩呢方法根据所用缩呢剂的不同,可分为酸性缩呢、碱性缩呢和中性缩呢等。羊毛织物在 pH 值小于 4 或大于 8 时,鳞片张开,纤维润湿、溶胀,容易伸长,回弹性好,利于缩呢。酸性缩呢采用硫酸 $40\sim50\ g/L$ 或醋酸 $20\sim50\ g/L$,$pH=3\sim4$,温度 $50\ ℃$;碱性缩呢采用肥皂 $50\sim60\ g/L$,纯碱 $12\sim20\ g/L$,$pH=9\sim9.5$,温度 $30\sim40\ ℃$,缩呢后织物手感柔软、丰满,光泽好,常用于色泽鲜艳的高中档产品。在中性至近中性条件下缩呢,纤维损伤小,不易沾色,但缩后织物手感较硬,一般适用于要求轻度缩呢的织物。酸、碱、表面活性剂等缩呢剂均能增大定向摩擦效应,使鳞片张开,利于缩呢。目前使用较多的是采用肥皂或合成洗涤剂,在碱性条件下缩呢。生产过程中,压力大,缩呢快,织物紧密;压力小,缩呢均匀(柔和),织物蓬松。

缩呢设备有辊筒式缩呢机、复式缩呢机和洗缩联合机等。其中最常用的是辊筒缩呢机(图 6-3)。缩呢后，粗纺毛织物的经向缩率为 10%～30%，纬向缩率为 15%～30%；精纺毛织物的经向缩率为 3%～5%，纬向缩率为 5%～10%。

5. 烘呢拉幅

毛织物脱水后，需进行烘呢拉幅，使织物保持一定的回潮率(8%～12%)，便于存放和进行干整理。由于毛织物较厚，烘干所需要的热能较多，所以一般在多层热风针铗拉幅机(图 6-4)上进行。

烘呢的方法有高温快速烘呢法、中温中速烘呢法和低温低速烘呢法等。温度、车速和张力等对烘呢效率、织物手感风格都有一定的影响。加工时，根据需要统筹安

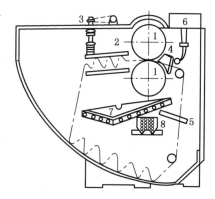

图 6-3　辊筒缩呢机示意图

1—辊筒　2—缩箱　3—加压装置
4—缩呢辊　5—分呢框　6—储液箱
7—污水斗　8—加热器

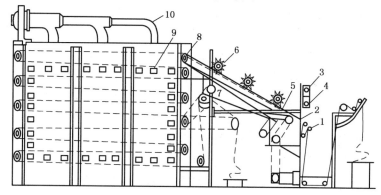

图 6-4　多层热风针铗拉幅机示意图

1—张力架　2—自动调幅、上针装置　3—无级变速调节开关　4—按钮　5—超喂装置
6—呢边上针毛刷压盘　7—调幅电动机　8—拉幅链条传动盘　9—蒸汽排管　10—排气装置

排。温度高，织物含湿率低，烘后手感粗糙，白色和浅色织物易泛黄；温度低，织物含湿率高，烘后手感柔软丰满，但幅宽较不稳定。一般精纺毛织物采用中温中速烘呢，温度为 70～90 ℃，车速为 10～15 m/min；精纺中厚全毛及混纺织物可采用低温低速烘呢，温度为 60～70 ℃，车速为 7～12 m/min；粗纺毛织物采用高温低速烘呢，温度为 85～95 ℃，车速控制在 5～8 m/min。

毛织物烘呢后的回潮率以 8%～12% 为宜。烘呢时，织物经、纬向所受的张力对成品质量和风格有较大影响。精纺薄织物，上机幅宽和张力应大些，使织物烘后具有薄、挺、爽的风格。精纺中厚织物要求丰满厚实，纬向尽量少拉，经向张力也应小些，必要时可超喂。

三、干整理

毛织物在干燥状态下的整理称为干整理，包括起毛、刷毛、剪毛、蒸呢、压呢和搓呢。

1. 起毛

起毛是利用机械作用，将纤维末端拉出来，使织物呢面具有一层均匀、整齐的绒毛，遮盖

织纹,增进美观。起毛一般用于粗纺毛织物,织物松厚柔软,手感丰满,保暖性增强。精纺毛织物要求呢面光洁、织纹清晰,一般不进行起毛。常见的毛织物起毛机有钢丝起毛机和刺果起毛机。生产中先用钢丝起毛机,然后用刺果起毛机,起毛效果较好。

2. 刷毛和剪毛

毛织物剪毛前后,都需要进行刷毛。剪前刷毛,是为了去除织物表面的散纤维以及各种杂质,同时使纤维尖端立起,利于剪毛;剪后刷毛,是为了去除附着在织物表面的被剪下来的短纤维、绒球,并使绒毛梳顺理直,呢面光洁。精纺毛织物剪毛,使呢面洁净,织纹清晰,改善光泽;粗纺毛织物剪毛,可使呢面平整,增进外观。剪毛在剪毛机上进行(图6-5),刷毛在蒸刷机上进行(图6-6)。

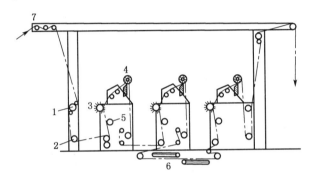

图6-5 三刀剪毛机

1—张力架 2—调节式导呢辊 3—毛刷辊 4—剪毛刀
5—翼片辊 6—呢匹翻身导布辊 7—进呢导辊

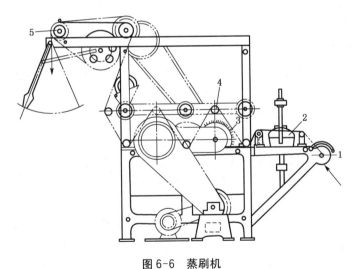

图6-6 蒸刷机

1—张力架 2—汽蒸箱 3—刷毛辊筒 4—导辊 5—出呢导辊

刷毛时,织物先经汽蒸箱汽蒸,使绒毛柔软,易于刷顺,然后经过两个刷毛辊筒刷毛。蒸刷后的织物宜放置几小时,使之均匀吸湿、充分回缩,以降低织物的缩水率。加工粗纺织物,必须沿顺绒毛方向刷毛;精纺织物可不经汽蒸,直接刷毛。

3. 蒸呢

利用羊毛在湿热条件下的定形作用,使织物在一定张力和压力条件下,经过一定时间的汽蒸,使织物呢面平整,光泽自然,手感柔软而富有弹性,稳定织物形态尺寸,降低缩水率。蒸呢和煮呢的原理基本相同,都是使织物获得永久定形。毛织物蒸呢可在开启式的单辊筒蒸呢机、双辊筒蒸呢机和罐蒸机上进行。

(1)单辊筒蒸呢机

其结构如图 6-7 所示。蒸呢机大辊筒为铜制空心辊筒,表面布满许多小孔,轴心可通入蒸汽,进行内蒸汽蒸呢。辊筒外下部有一带孔眼的蒸汽管,可进行外蒸汽蒸呢。蒸呢时,织物与蒸呢衬布一起平整地卷绕在蒸呢辊筒上,辊筒内通入蒸汽,待蒸汽透过织物冒出呢层后,关闭活动罩壳,开始计算蒸呢时间。到达规定时间后,换开外蒸汽,使蒸汽透过织物进入辊筒内部。蒸呢过程中,抽风机把透过呢层的蒸汽抽走。一次蒸呢后,将织物调头再蒸一次,有利于达到均匀蒸呢的目的。蒸呢结束时,关闭蒸汽,开启罩壳,抽空气冷却,退卷,出机。此法蒸呢后,效果好,蒸呢均匀,织物挺爽,光泽强。主要用于薄型织物。

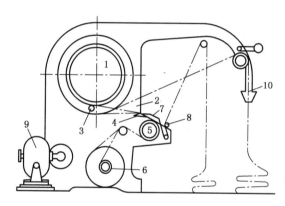

图 6-7　单辊筒蒸呢机

1—蒸呢辊筒　2—活动罩壳　3—压辊　4—烫板　5—进呢导辊
6—包布辊　7—展幅辊　8—张力架　9—抽风机　10—折幅架

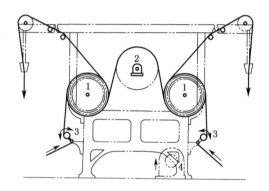

图 6-8　双辊筒蒸呢机

1—蒸呢辊筒　2—包布烘干辊筒
3—张力架　4—抽风机

(2)双辊筒蒸呢机

由两个多孔的蒸呢辊筒组成,见图 6-8。辊筒轴心可通入蒸汽,进行单向喷汽和抽冷。当织物在一个蒸呢辊筒上蒸呢后,需调头翻身再蒸一次。此法蒸呢后,织物手感柔软。

(3)罐蒸机

罐蒸机由蒸罐和蒸辊组成,并由转塔进行卷绕、抽冷和出呢。蒸呢时,织物卷绕在带孔的轴芯上,送入汽蒸罐中,在一定压力下汽蒸一定时间,然后抽去蒸汽,通入空气,开罐,抽入冷风,使织物冷却出机。此法蒸呢后,定形效果好,织物具有永久性光泽,薄织物可获得挺爽手感,中厚织物可获得丰满的外观,但要防止织物强力下降。

在羊毛纤维不受损伤的条件下,蒸汽压力越高,蒸呢时间越长,羊毛的定形效果越好。但蒸汽压力过高,蒸呢时间过长,羊毛织物变黄且强力下降;蒸汽压力过低,蒸呢时间太短,羊毛织物呢面不平,手感粗糙,光泽差。织物卷绕张力大,则呢面平整,光泽自然,手感挺括。抽冷时间一般为 10~30 min,抽冷时间不充分,呢面不平整,手感偏软。

4. 热压、电压

热压又称烫呢,是在一定的温度、湿度、压力、张力和时间的作用下,使织物呢面平整、纹路清晰、手感挺爽、光泽良好(柔和)、身骨坚实的加工过程,但光泽不够自然和持久。适用于结构松弛的织物,不适用于要求贡子饱满、立体感强、手感丰满的品种。一般安排在蒸呢前进行。

电压是将精纺毛织物平幅折叠,并夹在各层纸板之间,在一定的温度、湿度、压力、张力和时间的作用下,使织物呢面平整挺括、光泽悦目、手感柔软滑润、有身骨的加工过程。粗纺毛织物一般要经过烫呢,不需要电压。大部分精纺毛织物(不要求纹路清晰的除外,如华达呢、贡呢)需要进行电压,且常安排在最后一道加工工序。电压温度为 $40\sim60\ ℃$ 时,光泽柔和自然有丝光感;电压温度为 $60\sim70\ ℃$ 时,光泽明亮;温度过高,呢面泛黄,并会产生蜡光和电压纸板印。一般保温时间为 $20\sim30\ min$,冷却时间 $6\sim8\ h$,回潮率控制在 $14\%\sim16\%$。薄型织物要求光泽强,手感平滑挺爽,压力需大些;中厚织物要求手感柔软丰满,织纹清晰,压力宜小。

四、特种整理

毛织物的特种整理包括防缩整理、耐久压烫整理、防水整理、防蛀整理等。

1. 毛织物的防缩整理

由于羊毛纤维的表面覆盖着鳞片层,当在水溶液或潮湿环境下搅动时,纤维与纤维之间会产生定向摩擦效应,使毛织物具有毡化和收缩的自然趋势,影响其尺寸稳定性,因此毛织物防缩整理必不可少。为了保留羊毛纤维的优良弹性,目前采用的毛织物防缩整理方法仍以改变纤维的定向摩擦效应为主。归纳起来有"减法"防毡缩和"加法"防毡缩两类。

(1)"减法"防毡缩

指利用化学试剂适当破坏羊毛纤维表面的鳞片层,使定向摩擦效应降低、鳞片间咬合机会减少的防毡缩方法。

① 氯化防毡缩法。利用含氯的氧化试剂(如 Cl_2,$NaClO$,$NaClO_2$,DCCA 和 TCCA 等),在 pH 值适当的水溶液中,以一定速度产生 HClO,释放出浓度较低的有效氯,与羊毛缓慢反应,使鳞片层氧化、水解,鳞片的尖角被钝化,纤维亲水性得到提高,湿态时鳞片层结构变得柔软,纤维定向摩擦效应减少,达到防毡缩的目的。工艺流程为:氯化处理→水洗脱氯→水洗中和→柔软整理。广泛使用的是二氯异三聚氰酸或其钠盐,防毡缩效果良好,羊毛不泛黄。使用次氯酸钠时,常和高锰酸钾混合使用,防毡缩效果良好,手感柔软,白度略有增加。

② 氧化防毡缩法。用 H_2O_2,$KMnO_4$ 和过硫酸盐等氧化试剂(常用过硫酸盐),与羊毛鳞片层中的胱氨酸发生氧化反应,使角质大分子间的二硫键断裂,羊毛鳞片被剥蚀或变软,因此比较容易变形,摩擦时,纤维之间的接触面积比未处理的纤维大得多,纤维在织物中充分移动的可能性降低,因此羊毛纤维的单向移动受到阻碍,使其毡缩减小。工艺流程为:氧化处理→水洗→还原处理→水洗→皂洗→水洗→中和→水洗。

③ 蛋白酶防毡缩法。蛋白酶易于进入纤维鳞片层和皮质层间,与胞间物质作用,使其催化水解,局部鳞片层凸出、剥离,进而脱落,纤维结构松弛。处理后可充分发挥羊毛特有的柔软风格,减少起毛起球现象,大幅度提高羊毛的保暖性、弹性和色泽鲜艳度,并可避免化学处理产生的环境问题。使用时常和其他防毡缩方法联合使用。工艺流程为:氧化处理→蛋

白酶处理→树脂处理。

（2）"加法"防毡缩

利用树脂或其他高聚物，在羊毛纤维之间引入一些黏结点，使纤维胶合在一起，从而使纤维的自由移动受阻；或在羊毛纤维表面，通过聚合物自身或与其他交联剂发生反应，生成网状结构的薄膜，形成被覆效应，遮盖羊毛纤维表面的鳞片层或者将纤维包裹起来，减少纤维间的定向位移，达到防毡缩的目的。

① 树脂防毡缩法。常用树脂有聚氨基甲酸酯类、聚酰胺表氯醇类、聚醚类、硅酮类防缩树脂、环氧树脂类等。利用树脂中的活性基团与羊毛纤维蛋白质分子中的活性基团发生交联反应，在纤维表面形成网状膜，从而将鳞片的边缘包裹起来，既降低了纤维表面的定向摩擦效应，又阻止了纤维之间的相互移动，具有防毡缩效果。工艺流程为：浸轧树脂整理液→烘干→汽蒸或焙烘。

② 等离子体防毡缩法。等离子体是指电离的气体，在加热、放电、高能射线或强光照射等条件下，部分气体分子成为激发态的高能荷电离子，当电离产生的带电粒子密度超过一定值时，物质呈现新状态——等离子态。这些具有较强化学活泼性的粒子在羊毛表面发生氧化、加成、接枝、聚合等反应，使羊毛鳞片层遭到破坏，表面发生刻蚀，纤维表面的亲水性增加，润湿后鳞片很容易张开，使顺、逆鳞片方向的摩擦阻力都增加，其结果是使摩擦后纤维运动的方向性减小，达到防毡缩目的。等离子体羊毛防毡缩具有高效、无水、无污染、低消耗等优点，目前仍处在试验开发阶段。

不论是"加法"防毡缩，还是"减法"防毡缩，单独使用时，防毡缩效果均不理想，且处理后织物手感粗糙，其风格、色泽、染色性及防水性都会受到影响，所以实际使用时，常联合使用，并加柔软剂进行柔软加工。

2. 防蛀整理

羊毛织物在生产、储存和服用过程中，常因虫蛀而降等或报废，造成严重损失，需经防蛀整理或保藏时使用防蛀药剂。由于食毛类蛀虫是以角蛋白为食料，在干燥低温或阳光照射的条件下很难存活，因此在保存毛织物时，可选择阴凉通风的地方，或在加工过程中进行防蛀整理，使蛀虫不能在织物上生存。常用的防蛀整理方法有羊毛化学变性法、生物干扰法、药物毒杀法等。羊毛化学变性法是通过变性使羊毛的交联结构发生变化，蛀虫幼虫食用后，无法消化吸收，达到防蛀目的。如用巯基醋酸处理羊毛，得到还原羊毛，然后与亚烃基二卤化物反应，使还原羊毛中的二硫键被二硫醚交联键取代，或用 α、β-不饱和醛（如丙烯醛）处理毛织物，在碱性还原条件下使纤维分子间形成稳定的新交联键，达到防蛀目的。生物干扰法是利用生物方法干扰蛀虫的代谢能力或干扰雌虫的繁殖能力，进行防蛀。药物毒杀法是最常用的方法，利用有机或无机防蛀剂处理羊毛织物，当蛀虫与织物接触或食用时，防蛀剂会直接通过皮肤渗透到蛀虫体内，或通过呼吸系统、消化系统，使之中毒而死亡，达到防蛀目的。常用防蛀剂（如防虫剂米 JFF、辛硫磷、欧兰 U33 等）可与织物同浴染色，也可染色后进行防蛀整理。

毛织物防蛀整理效果的测定方法，一般是在织物试样上放一定数量的幼虫，在规定的温湿度条件下，经过一定时间后测定试样的质量损失，计算蛀虫的死亡率。

3. 形态记忆整理

羊毛织物的形态记忆性是指织物、服装在高湿环境（雨天、多汗季节）中所产生的形变及折皱等不良现象,能够在自由状态下和一定的时间内回复原状、易于料理的特性,包括折皱回复性、尺寸稳定性、可缝性、褶裥稳定性、外观保持性等,因而形态记忆加工技术是各性能加工的技术总称。常用的外观保持性整理方法有:还原剂定形法、蒸汽定形法、煮呢定形法。改善折皱回复性的整理方法有:化学修饰法、热处理法、施加高聚物法。尺寸稳定性整理包括降低羊毛的毡缩率和湿润溶胀性。如机可洗要求在规定洗液中按规定洗涤程序,在 40 ℃温度中洗涤 180 min,其面积收缩率低于 8%。"机可洗"精纺羊毛衫工艺流程为:冷水浸泡→洗缩→DCCA 氯化→水洗→脱氯→水洗→树脂整理→脱水→烘干→整烫。

4. 凉爽整理

凉爽整理是指使织物在高温、高湿的气候环境下具有良好的透热、透湿、透气性而产生的干燥舒适的触觉的整理。羊毛纤维的热传导系数较低,与蚕丝相当,具有很好的绝热性能。另外,在任何温度、湿度下,羊毛的吸湿特性都高于常规合成纤维和天然纤维,具备较好的透湿基础。羊毛纤维经过剥鳞片减量加工后,羊毛变细、表面平滑,透气阻力下降,散湿速率增加,吸湿透气性增加,具有很好的凉爽感。

为了进一步改善羊毛织物的清凉感,可采用新的纺织技术,如复合织造法、拉伸细化法,使织物轻薄、凉爽化;或结合纳米陶瓷后整理技术,提高织物的干燥感和凉爽感。

5. 拒油防污整理

利用氟系化合物,在纤维表面形成一层薄膜,改变织物的表面张力,使水和油在其表面难以润湿,从而达到拒油拒水的效果。由于织物的表面比电阻同时降低,所以还具有一定的抗静电和防尘作用。使用时注意,不可加入具有润湿作用的表面活性剂、有机硅类柔软剂和消泡剂等。工艺流程为:浸轧整理液→脱水→烘干。

羊毛织物除了上述整理外,还可进行仿马海毛的光泽整理、毛织物的超卷曲整理、阻燃整理、卫生抗菌整理、抗起球整理、抗静电整理、异形截面整理和光稳定整理等。

任务四　丝织物整理

知识点

1. 机械整理;
2. 化学整理。

技能点

1. 会根据丝织物性能选用合适的整理方法和工艺;
2. 会根据产品用途选用适当的整理方法。

丝织物是指在织物的经线方向含有不少于一根长丝纤维的织物。不管其纬线及其余经线的组合如何,都属于丝织物。如真丝电力纺、无光纺、锦丝缎、富春纺等。其中代表产品是真丝织物。

真丝(蚕丝)织物光泽自然悦目,手感柔软滑爽,质地精细平滑,悬垂性优良,但其湿回弹性很低,易缩水、折皱,为了改善纤维的性能,需对其进行某些整理加工。丝织物整理加工中,应尽可能地避免摩擦,减少张力,以免影响其固有特性。丝织物包括绡、纺、绉、绸、缎、绢、绫、罗、纱、葛、绨等几大类,各类的特点不同,整理的要求也不同。加工时应根据品种而定,一般包括机械整理和化学整理等。

一、丝织物的机械整理

机械整理是指通过物理、机械的方法,改善和提高丝织物外观品质和服用性能的整理,主要包括烘干、定幅、机械预缩、蒸绸、机械柔软处理、轧光等。

1. 烘干

丝织物经脱水机脱水后,布面有折痕,需进行烘干、烫平。一般选用烘筒烘燥机或热风烘燥机进行烘干。烘筒烘燥机为紧式加工,适用于绸面要求平挺光滑的薄型织物。热风烘燥机是松式设备,包括悬挂式热风烘燥机、圆网烘燥机、松式无张力气垫式烘燥机。在悬挂式热风烘燥机中,织物呈环状悬挂在导辊上,并随循环链缓慢地前进烘干,不适用于绸面要求平挺的丝织物。在圆网烘燥机中,织物包绕在圆网上,利用离心抽吸作用,使热风透过织物间隙循环流动烘干,所得织物绸面平整、手感柔软。松式无张力气垫式烘燥机具有超喂装置,可使织物在热风房内上下错位的风嘴的作用下,在气垫中呈波浪形前进烘干,所得织物绸面平整、手感柔软丰满。

2. 定幅

为了消除印染加工中产生的幅宽不匀、纬斜等病疵,需进行定幅整理。在达到规定幅宽的同时,还可通过热或热与其他因素的综合作用,获得所需的手感。丝织物定幅整理可在布铗拉幅机、针板热风拉幅机和布铗针板链热风拉幅定形两用机上进行。

3. 机械预缩

丝织物缩水原因和机械预缩原理,与棉织物相同。机械预缩可在橡胶毯预缩机或呢毯预缩机上进行。整理后,丝织物手感柔软丰满,光泽柔和,缩水率下降。

4. 蒸绸

丝织物蒸绸原理同毛织物蒸呢。整理后织物表面平整,尺寸稳定,缩水率下降,手感柔软,光泽自然,富有弹性。可采用平幅连续汽蒸预缩机和连续蒸呢机联合处理,既可保留丝织物本身手感柔软丰满、光泽柔和的特点,又能克服因机械作用产生的木耳边、鱼鳞皱、表面极光等缺陷。

5. 机械柔软处理

丝织物的机械柔软处理一般在揉布机上进行,经多次揉曲,以改变其硬挺性,并得到适当的柔软度。

6. 轧光、柔光、刮光

为了将织物烫平并获得所需光泽,可选用三辊轧光机进行轧光:热轧光,则织物挺括、平滑,光泽较强;冷轧光,则织物手感柔软,光泽弱。或通过汽蒸机柔光,织物手感柔软、富有弹性,光泽柔和,表面光滑。也可通过刮光获得较强光泽,即将织物通过一排螺旋形的钝口金属刮刀或厚橡皮刮刀,从而使其产生光泽。

二、化学整理

通过各种化学整理剂对丝织物的接枝、交联、沉积或覆盖作用,使其产生物理或化学的变化,以改善丝织物的内在品质和外观效果,并保持丝织物原有的优良性能。

1. 手感整理

和棉织物一样,丝织物的手感整理也包括柔软整理和硬挺整理。常用的柔软剂是长链脂肪族类和有机硅类柔软剂。目前的趋势是采用有机硅的环氧衍生物,可赋予织物超级柔软、光滑的手感,还可改善织物的洗可穿性、抗皱性和抗泛黄性能等。常用的硬挺整理剂有天然浆料和热塑性树脂乳液。使用时,根据织物要求,可在硬挺整理时加入一些柔软剂,以改善丝织物的板结和粗糙感,赋予织物柔软、滑爽的性能;柔软整理时可加入一些硬挺剂,以增强丝织物的身骨和弹性,提高织物的耐磨性和撕破强力,并使之挺括。

2. 增重整理

丝织物脱胶后纤维直径变细,长丝之间的空隙增大,织物变薄、变软,缺乏挺括感。为了弥补丝织物脱胶后的质量损失,提高织物的悬垂性、防皱性和挺括性,需对真丝织物进行增重整理。整理后,纤维变粗,织物质量增加,手感丰满厚实,悬垂性、蓬松性、弹性得以改善,赋予织物更好的洗可穿性能。可采用锡增重、单宁增重、丝素溶液增重和合成树脂接枝聚合增重等方法。目前最为先进的方法是采用聚合物"接枝"的增重方法,如使用甲基丙烯酰胺和过硫酸铵对蚕丝织物进行处理,增重的同时还可改善蚕丝织物的染色性能。但目前仍存在染前或染后进行接枝整理更有利的问题,同时接枝增重的方法需进一步工业化。

3. 砂洗整理

借助化学和物理机械作用,使蚕丝织物表面产生一层均匀纤细的丝绒状绒毛,同时施加柔软、弹性整理。整理后织物手感柔软、丰满、软糯而富有弹性,外观似绒非绒、似绸非绸,悬垂飘逸,抗皱性和悬垂性得到改善,并具有一定的"洗可穿"性和较好的服用性。

4. 防皱整理

与合成纤维相比,蚕丝的易护理性较差,所以需对蚕丝进行褶皱回复整理,以改善其尺寸稳定性、水洗后的褶皱回复性。真丝织物抗皱整理剂包括水溶性聚氨酯、有机硅系列、多元羧酸等。采用干态交联或湿态交联工艺进行防皱整理,可以获得较高的抗皱性,并使蚕丝的干、湿回弹性、撕破强度等得到明显改善。

另外,将拒水、拒油、拒污整理剂施加在织物表面,在纤维周围形成高度有效的分子屏蔽层,以隔绝各种类型的溢溅、沾污和污物,可获得三防效果。用静电消除剂处理织物,提高织物的吸湿性,改善丝纤维的静电积聚性能,使丝织物上聚集的静电量适量减少,得到静电消除效果;或用抗静电剂,降低纤维间、纤维和金属间的摩擦力,可赋予织物抗静电性能。锆、钛或钨的非离子络合物,以及六氯钛、四氯钛和锆氯等,可以作为蚕丝织物的阻燃整理剂,赋予织物良好的阻燃性。

任务五　合成纤维织物的热定形

知识点

1. 热定形机理;
2. 热定形工艺;
3. 热定形设备。

技能点

1. 会根据热定形机理选择加工设备；
2. 会根据产品特性选用适当的加工方法。

热定形是指将织物在适当的张力下保持一定尺寸，并在一定温度下加热一定时间，然后迅速冷却的加工过程。热定形可消除织物上已有的皱痕，提高织物的尺寸稳定性，使其不易产生难以去除的折痕，并能改善织物的起毛起球性和表面平整性，对织物的强力、手感和染色性能也有一定的影响。

一、热定形机理

合成纤维都具有热塑性，但在玻璃化温度以下时，纤维大分子链处于冻结状态，受力作用时，只能发生普弹形变。当温度大于玻璃化温度时，分子链段开始运动，纤维处于高弹态，受力作用时，发生高弹形变。由于合成纤维既有晶区又有非晶区，所以只有在温度大于熔点又大于黏流温度时，纤维大分子链才处于黏流态，可产生塑性形变，否则仍处于高弹态。当合成纤维处于高弹态时，对纤维施加张力，使分子链段沿外力的作用方向进行蠕动重排，并在新的位置上建立起新的分子间作用力，保持张力并冷却，新的状态得以固定，从而达到定形的目的。

二、热定形工艺

热定形可分为干热定形和湿热定形两类。聚酯纤维及其混纺织物常采用干热定形，整理后仅有1%的收缩，防折皱和抗起毛起球效果良好。聚酰胺和聚丙烯腈纤维及其混纺织物常采用湿热定形，整理后，织物手感比干热定形的柔软丰满。热定形根据织物品种、结构、洁净程度、染色方法和工厂条件可进行坯布定形、染色前定形和染色后定形。

1. 干热定形

进行干热定形时，一般是将具有自然回潮率的织物，以一定的超喂进入针铗链，两串针铗链刺住织物布边并调节针铗链间的距离，以控制张力和织物幅宽。一般将织物幅宽拉伸至比成品幅宽要求略大一些，如大 2～3 cm。织物随针铗链进入热风加热室，经一定时间达到热定形温度定形。可根据织物品种和要求、机械设备的工作情况来选择热定形温度。一般而言，涤和涤/棉织物干热定形时，温度控制在 180～210 ℃，处理时间为 20～30 s；锦纶及其混纺织物干热定形的温度控制在 190～200 ℃（锦纶 6）或 190～230 ℃（锦纶 66），处理时间 10～20 s；腈纶及其混纺织物干热定形时，温度控制在 170～190 ℃，处理时间 15～60 s；含氨纶的织物的干热定形温度控制在 150～185 ℃。织物离开热风加热室后，保持定形时的状态进行强制冷却，可采取向织物喷吹冷风或使织物通过冷却辊的方法，使织物布面温度降到50 ℃以下时落布。否则会产生难以去除的皱痕。

2. 湿热定形

经湿热定形的产品比干热定形的手感丰满、柔软，上染率高，定形温度相对较低。含锦纶的织物大多采用湿热定形。湿热定形可在高压汽蒸机上进行，处理温度为 125～135 ℃，时间为20～30 min。

三、热定形的设备

1. 针铗链式热定形机

M-751 型针铗链式热定形机如图 6-9 所示,主要由进布装置、超喂装置、探边器、扩幅装置、加热及风道系统、烘房、出布装置等组成。

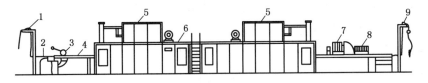

图 6-9　M-751 型针铗链式热定形机示意图

1—进布架　2—操纵台　3—超喂装置　4—针铗链　5—燃烧室
6—烘房　7—冷风吹风口　8—空气冷却装置　9—落布架

针铗链由不锈钢针板连接而成,针板上植有两排不锈钢细针。针板和针铗链见图 6-10,超喂装置见图 6-11。织物在进入针铗链前,先经过一对超喂辊 1 和 1′,1 为主动超喂辊,可变速。织物的两边分别由一对给布橡胶辊送向针铗,并由大橡胶轮 3 外的第一毛刷压布轮 4 将布压向钢针根部。当进入烘房时,处于一定经、纬向张力作用下的织物,受到布面上、下对喷的热风的加热,升温至定形温度而定形。热风温度、风速要严格控制,使织物受热均匀。出布装置包括由喷吹冷风或冷水辊组成的冷却区和落布装置。

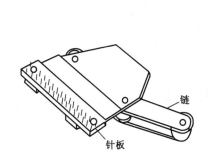

图 6-10　针板和针铗链

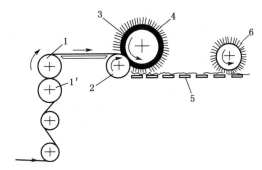

图 6-11　超喂装置

1,1′—超喂辊　2—小橡胶轮　3—大橡胶轮
4—第一毛刷压布轮　5—针板铗链　6—第二毛刷压布轮

2. 高压汽蒸定形机

将织物卷绕在多孔的可抽真空的辊筒上,然后放入汽蒸设备,通入蒸汽进行定形。最适宜于锦纶织物的定形,也可应用于成衣和袜子的定形。

四、影响热定形效果的因素

影响热定形效果的因素主要有温度、时间和张力等。

1. 温度

热定形温度越高,织物的尺寸稳定性越好,在其后的加工中,皱痕变得少而轻,且经过熨烫后易于去除,对染料的吸收率下降。所以加工时要根据纤维品种和成品织物的各项性能来设定定形温度,并使织物受到均匀加热。

2. 时间

热定形时间包括:使织物表面达到热定形温度所需的加热时间;使织物内外各部分纤维具有相同的定形温度所需的热渗透时间;纤维内分子链、分子链段按定形条件进行调整所需的调整时间。若时间过短,定形不充分,尺寸稳定性不高;而定形时间过长,则影响织物白度。所以热定形的时间要根据热源性能、织物结构、纤维粗细和导热性以及织物的含湿率而定。另外,还要注意使织物形态尺寸稳定下来所需的冷却时间的控制。如果冷却区长度不够或车速过快,都将引起织物的进一步变形。

3. 张力

热定形中织物所受的张力对织物的尺寸热稳定性、强力和断裂延伸度都有一定的影响。经向的尺寸热稳定性随着定形时经向超喂量的增大而提高,而纬向的尺寸热稳定性则随门幅拉伸程度的增大而降低;定形后织物的平均单纱强力略有提高;织物纬向的断裂延伸度随着门幅拉伸程度的增大而降低,经向的断裂延伸度随着超喂量的增大而提高。因而热定形时经向应有适量的超喂,纬向伸幅则不应太高。

五、热定形效果评定

定形后的效果可用热收缩率表示,即将试样以松弛状态在一定条件下处理,然后测量其长、宽尺寸变化,以收缩百分率表示(可按经、纬长度分别表示,也可按面积表示)。测试时,可按湿、热条件不同分为干热收缩、沸水收缩、热水收缩、蒸汽收缩和熨烫收缩五种。此法测试简单,能反映织物实际服用时的收缩性能。也可用临界溶解时间(CDT)来测定涤纶或锦纶的热定形效果。

任务六　功　能　整　理

知识点

 1. 防水、拒水整理;

 2. 防污整理;

 3. 阻燃整理;

 4. 抗静电整理;

 5. 蓄热保温整理;

 6. 抗菌防臭整理;

 7. 防紫外线整理;

 8. 电磁波屏蔽整理;

 9. 芳香整理。

技能点

 1. 会根据织物性能选用合适的整理方法和工艺;

 2. 会根据产品用途选用适当的整理方法。

织物的功能整理已有几十年的历史。随着生活水平的不断提高,人们对环境和自身生活质量更加关注。织物的整理加工更加多样化、功能化,多以舒适、清洁与安全为基准,并与其他功能整理相交叉加工。

一、防水、拒水整理

防水整理是在织物表面涂上一层不透水、不溶于水的连续薄膜,堵塞织物孔隙,使水和空气都不能透过的整理。所用的防水剂:一是采用熔融涂层法进行加工的疏水性的油脂、蜡和石蜡;二是采用涂刮、挤压或薄膜熔接等方式加工的亲水性的橡胶、热塑性树脂等。

拒水整理是在织物纤维上施加一层不封闭织物孔隙的拒水性薄膜,使织物不易被水润湿,从而具有拒水又透气的效果。常用的拒水剂有铝盐、季铵化合物、长链脂肪酰胺化合物、含长链脂肪烃的氨基树脂衍生物、金属络合物、有机硅、含氟化合物等。这些拒水剂能改变纤维的表面性能,使纤维表面的亲水性转变为疏水性,水在织物表面成水珠状,不易被润湿,但织物仍有透气性。整理后织物具有防水、透湿、透气、挡风、保暖的性能。用于服装,可自行调节透湿性,将体内产生的汗液及时散发至外界,同时能够抵御外界水的穿透和寒风的侵袭,起到透湿保暖的作用,使人体感觉非常舒适。

二、防污整理

使纺织品具有防污性能的整理称为防污整理。织物在服用过程中:由于静电效应,会吸附环境中干的尘埃或微粒于纤维或织物的表面;通过接触,会被水性污垢和油性污垢润湿而造成沾污;洗涤时,会吸附洗涤液中的污物而产生湿再沾污。因此,织物的防污整理包含两个方面:一是拒污整理,即降低纤维表面能,使之低于油的表面能,更低于水的表面能,减少对油污的吸附,使织物不易被污垢沾污;二是去污整理,即一旦沾污,污垢易洗除,且洗涤时不再沾污。

1. 织物沾污的原因与污垢在织物上的分布

织物沾污的原因一般有物理性吸附、化学性吸附、静电吸附和再沾污等。纺织品上,实际沾污的污垢一般由液体污物和颗粒污物所组成。颗粒状污物主要通过机械吸附而存在于纺织品表面的凹陷处和缝隙中;液体污物则藉机械力、化学力和静电力,通过润湿而在纤维表面铺展,然后通过毛细管效应,向织物内部、纤维之间和纱线之间渗透。

2. 防污整理原理

防污整理包括拒油整理和易去污整理。

(1)拒油整理

一般情况下,织物的表面张力都大于水和油污,因此很容易被沾污。降低织物的表面张力,使液体污渍的表面张力>纤维的临界张力,能在一定程度上提高其抗污性。通过拒油整理,可以降低织物表面张力,使其低于油的表面张力,则油类污垢在织物表面不易铺展。处理后的织物更具有拒水性,可以预防液体污渍沾附。

(2)易去污整理

在疏水性纤维表面引进亲水性基团或用亲水性聚合物对纤维表面进行整理,即通过化学整理改善织物的表面性能,降低其在空气中的表面张力,从而使织物具有干防油污性。洗涤时,易去污整理剂中的亲水性链段会在织物表面定向排列,使其亲水化,使这类织物在水中的表面能降低,纤维的静电力也相应降低,从而污垢易去除,且不易再沾污。

三、阻燃整理

所谓"阻燃",并非指经过整理的织物具有接触火源时不发生燃烧的性能,而是指不同程度地阻碍火焰迅速蔓延,即能防止、减慢或终止有焰燃烧的性能。日常生活中使用的绝大部分天然纤维、化学纤维都是易燃或可燃的,用这些纤维加工的纺织品也极易燃烧。据统计,所有火灾中,由纺织品引起的占 50% 以上。某些特殊用途的织物,如冶金和消防工作服、军用纺织品、舞台幕布、宾馆和航空装饰用织物、仓储用棚盖布、地毯和儿童服装等,要求具有一定的阻燃性能,所以需要进行阻燃整理。

1. 纤维的燃烧性

织物的燃烧性能取决于着火点、极限氧指数、余燃时间、阴燃时间和损毁长度等。纺织品的可燃性可用极限氧指数(Limiting Oxygen Index,简称氧指数)表示,即在规定的试验条件下,使材料恰好保持燃烧状态所需氮氧混合气体中氧的最低浓度,用 LOI 表示。按极限氧指数将纤维分为四类:易燃烧的纤维($LOI \leqslant 20\%$,遇火迅速燃烧,离火续燃至燃尽),有棉、麻、黏胶、腈纶、醋酯纤维、竹浆纤维、大豆蛋白纤维、牛奶蛋白纤维等;可燃烧的纤维($20\% < LOI \leqslant 26\%$,遇火燃烧,离火续燃),有羊毛、涤纶、锦纶、维纶、蚕丝等;难燃烧的纤维($26\% < LOI \leqslant 34\%$,遇火能燃烧或炭化,离火即灭),有芳纶、氟纶、氯纶、改性腈纶、改性涤纶、改性丙纶、改性维纶、改性黏胶、PPS(聚苯硫醚)、海藻纤维等;不燃烧的纤维($LOI > 34\%$,明火不能点燃),有碳纤维、石棉、硼纤维、玻璃纤维、金属纤维、聚酰亚胺纤维等。不燃纤维虽然阻燃效果好,但多数不适宜穿着或家用。人们常用的天然纤维或化学纤维类纺织品都是易燃或可燃的,必须进行改性或后整理,以提高其阻燃性能。

2. 阻燃途径

纤维阻燃的途径是阻止或减少纤维热分解,隔绝或稀释氧气,快速降温,使其终止燃烧。为实现上述目的,一是将阻燃剂通过聚合(如共混、共聚、接技改性等)加入聚合物中进行纺丝,或将阻燃剂与纺丝原液混合后纺丝;二是将阻燃剂通过浸轧法、浸渍法渗入纤维内部,或通过喷雾法、涂层法等将阻燃剂施加在纤维表面而获得阻燃效果。

四、抗静电整理

两种物体相互摩擦时,由于自由电子发生移动,物体表面会产生静电积聚。静电现象在生产和生活中会给人们带来很多麻烦,因而对织物进行抗静电整理十分必要。

织物的抗静电整理可通过以下途径:用表面活性剂对纤维进行亲水化处理;将聚合物与抗静电剂共混纺丝;使用导电纤维与其他纤维进行混纺或嵌织;用抗静电剂对纤维进行表面处理,中和静电负荷,降低表面电阻,减少静电聚集;等等。抗静电剂的种类主要有阳离子型、阴离子型、非离子型、两性型、高分子型等。

抗静电整理的方法比较多,主要有助剂吸附固着法、表面接枝聚合法、低温等离子体表面处理法。常用第一种方法。可采用浸轧、烘干、焙烘或高温高压同浴染色等方式,达到抗静电的目的。

五、蓄热保温整理

服装的蓄热保温有隔热保暖和生热保暖两种途径。隔热保暖就是尽量避免或减少人体的热量损失,可通过采用导热系数小的纤维或调整纤维-空气混合结构,以获得最大静止空气含量来实现。如使用特殊的中空纤维,可先将涤纶制成五孔、七孔中空纤维,再卷成螺旋形,使之有较好的形状保持性;或将中空微胶囊充填在纤维的间隙中和织物的表面,形成一层不流动的空气层,防止热的传递与对流。生热保暖则是利用能够在寒冷环境下不断吸收、储存外界能量,并以某种特定方式传递给人体的材料来达到保暖的目的。整理时,可在纺丝原液中添加特殊的陶瓷粉末再进行纺丝,如碳化锆陶瓷粉末能吸收光能,转而放出热能,还能反射人体所散发的远红外线,保温、蓄热效果很好。另外,可把远红外陶瓷粉、黏合剂和交联剂配制成整理剂,通过涂层、浸轧、干燥和焙烘处理,使纳米陶瓷粉附着于织物表面和纱线之间,具有抑菌、防臭、促进血液循环等保键功能。如远红外保健浆 SL-970,混入印花浆中进行印花或涂层整理,整理后织物具有保温、医疗保健作用;再如远红外整理剂 SL-977 和 SL-988,通过浸轧、烘干可获得保温效果。

六、抗菌防臭整理

抗菌防臭整理是指用抗菌防臭剂或抑菌剂处理织物,使其具有抗菌、防霉、防臭的能力,同时使附着在织物上的微生物不过度繁殖或失去活力,从而预防和减少微生物通过纺织品导致交叉感染的加工过程。

细菌广泛地分布在人类生存的空间中,尤其是靠近人体皮肤的地方。纺织品在人们使用的过程中,会吸收人体汗液、皮脂以及其他各种人体分泌物,为细菌提供了一个良好的生存环境,尤其是在高温潮湿的条件下,各种微生物快速繁殖,分解人体分泌物,不断产生氨等带有异味的物质。为了防止产生刺鼻难闻的气味,必须赋予纺织品抗菌的功能。这样不仅可以避免纺织品因为细菌的侵蚀而受损失,同时可以阻断纺织品传递病菌的途径,阻止致病菌在纺织品上的繁殖,以及细菌分解织物上的污物产生臭味,保证人体的安全健康,使织物获得卫生保健的功能。

1. 抗菌机理

（1）有控释放

指有控制地释放杀菌剂,即在一定温湿度条件下,整理后的织物可以缓慢释放出足以杀死或抑制细菌和真菌繁殖的抗菌剂。如用 5-硝基呋喃基丙烯醛处理聚乙烯醇纤维,在织物表面生成一层缩醛化合物,在一定温度下可缓慢释放出硝基化合物,具有广谱抗微生物作用。另外可采用微胶囊技术,将抗菌剂包在树脂防护层中,在水淋或紫外线照射下,树脂层降解破裂,抗菌剂渗透到外层,杀灭细菌。

（2）再生原理

在织物上加一层化学整理剂,在一定条件下可以不断地再生抗菌剂,达到杀菌的目的。其再生作用是在洗涤或射线照射条件下,引起共价键断裂而产生的。因此,这种模式具有相对无限存储杀菌剂的能力。

（3）障碍或阻塞作用

① 惰性的物理障碍层或涂层,阻止微生物穿过织物。

② 直接有表面接触活性层,能够抑制细菌生长。

使用惰性的物理障碍层或涂层作为防护层,比直接有表面接触活性物质的涂层需多添加一些。

2. 常用抗菌整理剂

（1）金属化合物

利用银离子阻碍电子的传导系统，以及与 DNA 反应，破坏细胞内蛋白质结构而产生代谢阻碍，达到灭菌目的。如抗菌防臭粉 SCJ-120，具有明显的抗菌、消炎、防臭、止痒、收敛作用，对皮肤无刺激，无过敏反应，对人体无毒，可与高聚物熔融纺丝。

（2）铜化合物

借助于铜离子破坏微生物的细胞膜，与细胞内酶的硫基结合，使酶的活性降低，阻碍微生物的代谢机能，抑制其成长，从而灭菌。此外，棉和羊毛等天然纤维，可经化学方法改性后导入铜、锌等金属，同样可产生抗菌防臭性能。

（3）季铵盐

利用表面静电吸附，使微生物细胞的组织发生变化（酶阻碍细胞膜的损伤），从而使酶蛋白质与核酸变性。如抗菌剂 SCJ-875 和 SCJ-877，安全、长效，可采用浸渍法或浸轧法。

（4）有机硅季铵盐

利用季铵盐分子中的阳离子，通过静电吸附微生物细胞表面的阴离子部位，破坏细菌细胞壁，使细胞内物质泄漏出来，从而导致微生物呼吸机能停止，达到灭菌。

（5）二苯基醚及其衍生物

利用抗菌剂进入细菌细胞内，影响脱氧核糖核酸 DNA 和核糖核酸 RNA，并抑制与合成核酸和蛋白质有关的酶的作用和功能，限制了细菌和其他微生物的生长和繁殖。

（6）天然化合物

① 茶树油。也称互叶白千层油，是从茶树植物中提取的一种浓缩性液体，能有效对抗26 种皮癣菌、32 种白色念珠菌和 22 种小芽孢菌。采用微胶囊技术将其包覆起来，通过浸轧、焙烘的方式施加在毛或毛/涤织物上，当织物中的茶树油含量达到 2.8 g/m² 时，抗菌有效。另外，精油分子散发在空气中，对人的情绪有镇静、放松、舒缓的作用，使人头脑清醒、活力充沛，而且有抗沮丧作用。散发的淡淡的森林芳香可净化空气中的细菌、病毒，驱赶蚊虫。

② 甲壳质和脱乙酰甲壳质。甲壳质是节肢类和甲壳类动物的外壳，如蟹、虾等骨骼的主要成分。甲壳质脱乙酰后的脱乙酰甲壳质的结构中有许多羟基和氨基等极性基团，其水合能力极强，保湿性好，可保持皮肤的水分。同时，它的质子化氨基可吸附带负电的微生物离子，从而抑制微生物生长，起到抗菌防臭的作用。通过多官能活性基，将甲壳素与织物连接在一起，整理后的织物具有一定的抗菌耐洗涤性。

③ 艾提取物。艾的提取物中有桉油精和侧柏酮，将其制成微胶囊，通过涂层法、交联法处理棉织物，能抗菌消炎，治疗过敏性皮炎，抑制骚痒症和促进血液循环，对皮肤有保健的功能。

④ 陶瓷超微粒子。用特殊方法将纳米级陶瓷超微粒子与纤维结合，使织物有优良的耐洗性。该织物对有机酸或无机酸有瞬间中和能力，使穿着者的皮肤经常保持弱酸性，对皮肤有益；陶瓷粒子能离解出杀菌金属离子，催化氧，并使之生成具有杀菌和消臭作用的活性氧；对紫外线有屏蔽作用，性能优于有机紫外线吸收剂。由于陶瓷粒子是纳米级超微粒子，不吸收可见光，折射率低，透明度高，所以处理后的染色织物的色光不改变。

3. 整理方法

（1）交联法

利用交联剂，使整理剂与纤维发生化学反应而连接到织物上或沉积在纤维表面，从而使加工后的纺织品具有高效、耐久、耐水洗的抗菌性。

（2）涂层法

将抗菌剂（如纳米级超微粒子锌氧粉）添加到涂层浆中，按常规涂层工艺进行加工，使涂层织物具有紫外线屏蔽功能和抗菌防臭功能。

（3）共混法

将纳米级抗菌整理剂加入纺丝液，通过共混纺丝的方法制取耐久性抗菌纤维。如银沸石、锌铜复合物和二氧化钛等抗菌剂，具有广谱抗菌效果，对人体无害，热稳定性好。

（4）纤维改性

① 对纤维进行接枝改性，如在棉纤维上接枝聚丙烯酸铜、聚丙烯腈，或对其他合成纤维进行接枝处理以引入氰基等，使处理过的织物具有显著的防菌防霉效果，同时具有导电性。

② 通过化学纤维的高分子结构改性，使它们的表面构造具有荷叶效应，赋予织物拒水、拒油、拒污的抗黏附效应，对微生物的生存条件产生负面影响，从而抑制有害微生物生长。

另外可采用微胶囊的形式，如化学消毒剂微胶囊，即将反应性化学消毒剂包裹在半渗透聚合物的壁材中制成微胶囊，使反应性化学消毒剂在微胶囊内部和有毒化学用剂进行反应，以达到消毒的目的。反应性化学消毒剂不仅不会对人体皮肤产生有害的刺激作用，而且可通过树脂整理等方法牢固地固着在织物中，不会被热、湿和光所分解。改变壁材的组成和厚度，可以控制微胶囊抗菌剂的释放速度，延长耐用时间。

经抗菌整理后，织物表面的抗菌剂可使细胞内的各种代谢酶失活，杀灭细菌；抗菌剂与细胞内的蛋白酶发生化学反应，破坏其机能；抑制孢子生成，阻断 DNA 的合成，从而抑制细菌的生长；极大地加快磷酸氧化还原体系，打乱细胞正常的生长体系；破坏细胞内的能量释放体系；阻碍电子转移系统和氨基酸转酯的生成；通过静电场的吸附作用，使细菌的细胞破壁而杀死细菌。

七、防紫外线整理

现代研究表明，适量的紫外线对人体是有益的：它可促进维生素 D 合成，促进骨骼组织发育；成长期的儿童多晒太阳，多在户外活动，有利于防止佝偻病，有利于身体健康。但过量的紫外线对人体是有害的：它会诱发皮肤病，甚至诱发皮肤癌，会降低免疫功能，引起急性角膜炎、慢性白内障等眼疾。由于紫外线的影响具有累积作用，因此，紫外线的长期辐射对人类和生物的危害很大。

1. 防紫外线整理机理

织物的紫外线防护整理，就是在织物表面施加一种能反射或选择性吸收紫外线的物质。该物质将吸收的能量以热能或其他无害低能的辐射方式释放出去，从而避免皮肤损害，防止高分子聚合物因吸收紫外线能量而从稳定的基准态到达活跃的激发态，进而发生光物理和光化学分解。也就是在高分子聚合物与光源之间设置一道屏障，以吸收或反射紫外线，使之在未达到高聚物表面时被吸收或反射，由此阻碍紫外线深入高聚物内部。

2. 防紫外线整理剂

（1）防紫外线整理剂应具备的特点

① 安全无毒，尤其是对皮肤无刺激或过敏反应。

② 具有广谱高效的紫外线吸收能力。

③ 不影响织物原有的色泽、手感、强度、牢度。

④ 对光、热、化学品稳定,耐水洗、干洗。

⑤ 在应用过程中吸收紫外线后不泛黄,不产生有毒气体或固体物质。

⑥ 使用方便,成本低。

（2）防紫外线整理剂的选择

① 紫外线屏蔽剂。也叫紫外线反射剂,是通过对紫外线的散射、反射来阻止物质对紫外线的吸收而达到防紫外线效果的无机物质。它们大多是折射率较高且不具有活性的金属化合物,如二氧化钛、氧化锌、碳化钙、瓷土、滑石粉等,可屏蔽 $84\% \sim 89\%$ 的紫外线。碳黑不仅屏蔽紫外线,而且完全遮断可见光。纳米级陶瓷类（氧化锌或氧化钛）屏蔽剂,同时具有抗紫外线、抗菌防臭和远红外保温功能。

② 紫外线吸收剂。紫外线吸收剂是有机化合物中能自身吸收紫外线,并将其转换为低能量的热能或波长较短、对人体无害的电磁波,使紫外线作用消失的物质。如:二苯甲酮类有光致酮-醇异构现象,吸收光能转换为热能,对 UV-A 和 UV-B 有效,对棉有较高的吸附能力,将其磺化后,具有酸性染料的性质,可用于丝绸的防紫外线整理;苯并三唑类,与分散染料相近,可用于涤纶高温高压同浴染色的紫外线防护整理;脂肪族多元醇类化合物,可用于棉、涤/棉织物的整理;水杨酸酯类化合物,主要吸收 UV-B 区域的紫外线,价格低,但牢度也较低;金属离子化合物,主要用于可形成螯合物的染色纤维。

3. 防紫外线整理的方法

（1）制造防紫外线纤维

使用紫外线吸收剂与屏蔽剂（如 ZnO 和 TiO_2 等）,掺入纤维中进行纺丝,制造防紫外线纤维,织成的织物在风格、耐洗性等方面均优于后整理法。这种纤维能遮蔽 60% 的紫外线,在阳光直射下,服装内的温度可下降 4 ℃。

（2）后整理法

① 高温高压法。选用结构简单、水溶性低的紫外线吸收剂,以高温高压法单独加工,也可与合成纤维织物同浴染色,使紫外线吸收剂融入纤维内部。

② 常压浸渍法。选用具有一定水溶性、能与纤维中的羟基或氨基形成氢键的紫外线吸收剂,按常规染色法处理毛、丝、棉等亲水性纤维织物,亦可同浴染色。如:室温下浸渍防紫外线整理液→离心脱水→烘干（80～110 ℃）。

③ 浸轧法。将不溶于水的紫外线整理剂加入染色浴、柔软整理浴或树脂整理液中,采用浸轧的方式,按常规加工工艺使其固着在纤维表面。如:浸轧防紫外线整理液（二浸二轧,轧余率 75%）→烘干（80～100 ℃）→拉幅（160～170 ℃,30 s）。

④ 微胶囊法。将紫外线吸收剂制成微胶囊,然后利用黏合剂和交联剂将其固着在织物上。处理后,不仅使织物具有较强的吸收紫外线的能力（遮蔽 85% 的紫外线）,对人体产生良好的保护作用,而且可提高染料的日晒牢度和制品的使用耐久性。

⑤ 涂层法。将紫外线吸收剂添加在涂层液中,进行涂层、烘干、焙烘而固着在织物上。一般选用粒径为 5 nm 的紫外线屏蔽剂微粒,最大不应超过 20 nm。

八、电磁波屏蔽整理

随着各种电器、电子产品尤其是电脑的广泛使用和移动电话的普及,在给人们带来诸多便利的同时,也给人们带来了电磁波污染。电磁波污染已成为继空气污染、水污染、噪音污染之后的第四大污染。长期受电磁波辐射会引起脑神经、内分泌、心血管、生殖、免疫等系统的生理病变,危及人体健康。同时,外来电磁波会造成电子设备(如医用仪器设备、飞行仪器设备、心脏起搏器等)错误工作。

1. 电磁屏蔽机理

① 当电磁波到达屏蔽体表面时,由于空气与金属的交界面的阻抗不连续,对入射波产生反射。

② 未被表面反射而进入屏蔽体的能量,在体内传播的过程中,由于被屏蔽材料吸收而衰减。

③ 屏蔽体内尚未衰减的剩余能量,传到屏蔽体的另一面时,遇到阻抗不连续的金属-空气交界面会发生再次反射,并重新返回屏蔽体内。这种反射在两个金属的交界面可能发生多次。

2. 织物防电磁波辐射整理的方法

(1) 在织物表面覆盖屏蔽剂

将纳米级金属银、铜等微粒制成稳定的防电磁波辐射整理剂,对织物进行涂层整理:浸渍纳米级整理剂→二浸二轧(轧余率75%)→预烘(80 ℃)→焙烘(160 ℃,4 min);或采用金属喷镀、真空镀、化学镀等技术,把金属(铁、钴、铜、镍、银及其合金等)镀在腈纶、锦纶或其他纤维表面,因为纤维表面覆盖着一层极薄的均匀的金属薄膜,吸收电磁波的能力很高,可以屏蔽电脑屏幕、移动电话发射的电磁波。由于银的存在,还有抗菌和抗静电的作用,并能反射可见光、微波、红外线、远红外线,因此冬天保暖、夏天凉爽。采用化学镀时,对织物表面进行粗糙化、敏化、活化、解胶、还原等一系列前处理,可以使织物表面具有较好的催化活性和粗糙不平的着力点,提高金属镀层与织物间的结合力。

(2) 在织物中织入金属丝

利用金属(铜、镍、不锈钢和它们的合金或银、铅等)对电磁波的反射功能来屏蔽电磁波。可以将金属丝与纱线混编,或将金属丝拉成纤维状与纱线混纺制成织物,织物中的金属纤维含量越高,反射能力愈强,透射量愈小,屏蔽作用就愈好。但金属丝不宜多用,其屏蔽效果受到限制。

(3) 表面改性导电纤维

对纤维表面进行改性,使其具有导电性,从而屏蔽电磁波。如在还原剂、硫化剂等存在的条件下,使铜盐与聚丙烯腈纤维大分子链上的氰基发生螯合反应,形成具有 P 型半导体性质的导电体,依靠电子跃迁吸收或消耗电磁能,达到屏蔽目的,可杀菌除臭、抗静电、防电磁辐射。

九、芳香整理

香气是由挥发香气的物质(液体、溶液或固体状态的香料)产生的。香气的释放是一个消失的过程。香气既能改善环境气息,又能令人心旷神怡,同时具有杀菌、防腐、醒脑、提神、镇静、减轻疲劳、提高工作效率等心理、生理上的医疗保健作用。利用高分子物的凝聚作用,将芳香剂包容在高分子膜内,制成微胶囊,通过后整理方式添加到纺织品中,可以延缓香味的释放,提高芳香整理的质量和延长使用时间。处理后的织物无毒,对皮肤无刺激、无过敏反应。

香气微胶囊的形式有开孔型和封闭型两种。

（1）开孔型

通过界面凝聚而形成的微胶囊，囊壁上有许多微孔，通过溶解、渗透作用，香气可以缓慢地释放，释放速度随着温度的升高而加快。

（2）封闭型

采用相分离和界面聚合等方法制得微胶囊。在正常情况下，若无外力作用，微胶囊中的香气很少释放，香味可持久保存，永不消失。使用时，在各种外力（如机械压力、摩擦、拍打、揉搓）作用下，微胶囊壁材逐渐破裂而释放出香气，或在热的作用下使壁材熔融或分解，微胶囊破损，香气外溢，即可闻到芬芳的花香。如香味整理剂 SCM，是一种全包裹型微胶囊，通过摩擦等方式释放香气，香味纯正，留香持久，无毒、无刺激、无过敏，适用于棉、毛、丝、麻、化纤织物。

织物上施加微胶囊的方法包括浸渍法、浸轧法、喷雾法、涂料印花等。由于微胶囊与纤维之间没有亲和力，所以需要添加黏合剂、交联剂，以增加其牢度。施加前，最好先用拒水剂（如乳化石蜡）处理织物，使黏合剂不致过多深入织物内部，以减轻对织物手感的不利影响。为了改善产品手感，整理液中可加入柔软剂。某些用聚氨酯弹性体处理的无纺织物和针织物，则不需要用树脂黏合剂。

思考题：

1. 整理的目的是什么？
2. 简述织物硬挺整理的工作液组成与各组分的作用。
3. 织物出厂前为什么要进行拉幅整理？
4. 常见的柔软剂有哪些类型？各有什么特性？
5. 试述轧光、电光整理的作用和原理。
6. 简述三辊橡胶毯预缩机的预缩原理。
7. 棉织物为什么容易产生折皱？
8. 毛织物的后整理有哪些工序？蒸呢和煮呢有什么异同点？
9. 功能整理的类型有哪些？
10. 防污整理有哪些内容？它们之间有什么不同？

模块七

染整清洁生产

【知识点】

1. 清洁生产的定义;
2. 印染清洁生产的特点和意义;
3. 生物酶染整工艺具有的优势和特点;
4. 理想的绿色印染生产工艺技术的要点。

【技能点】

1. 分析和选用印染清洁生产原材料;
2. 分析和选用节能节水、降耗减排的染整设备和设施;
3. 选用节能节水、降耗减排的染整新技术和新工艺。

任务一 清洁生产基本知识

知识点

1. 清洁生产的定义;
2. 生态纺织品的含义;
3. 印染清洁生产的特点;
4. 实施印染清洁生产的意义。

技能点

1. 分析染整产品整个生命周期对环境可能产生的影响;
2. 从生产生态学和处理生态学的角度分析印染清洁生产的要点。

一、清洁生产的概念

清洁生产(Cleaner Production,缩写 CP)是现代工业文明的重要标志。它既有技术问题,又有管理问题。开展清洁生产,有利于提高企业的整体素质和管理水平。清洁生产技术与传统技术相比,资源和能源可得到合理利用,产生的污染物量最小,既节约了生产成本,又减轻了末端治理的负担,是一种双赢的策略。

《清洁生产促进法》中所称的清洁生产,是指不断采取改进设计、使用清洁的能源和原料、采用先进的工艺技术与设备、改善管理、综合利用等措施,从源头消减污染,提高资源利用效率,减少或者避免生产、服务和产品使用过程中污染物的产生和排放,以减轻或者消除对人类健康和环境的危害。

《清洁生产促进法》对工业领域推进和实施清洁生产做了具体规定:从每一个环节研究分析减少污染物产生的可能性,寻找清洁生产的机会和潜力。清洁生产的核心是"节能、节水、降耗、减排",即节约原辅材料、能源和水资源的消耗,减少污染物质的产生,从而实现经济效益、社会效益和环境效益的最大化。它强调的是从原辅材料和能源、技术工艺、设备、过程控制、管理、员工、产品、废弃物等污染物产生的八条途径分析,采取相应措施,即"污染预防"战略,以减少污染物质的产生。

《中国21世纪议程》指出:清洁生产是指既可满足人们的需要,又能合理使用自然资源和能源,并保护环境的实用生产方法和措施。其实质是一种物耗和能耗最少的人类生产活动的规划和管理,将废物减量化、资源化和无害化或消灭于生产过程之中。

清洁生产在不同的发展阶段或者不同国家有不同的称法,如污染预防、废物最小量化、清洁生产等。联合国环境署规划署与规划中心综合各种说法,给出的定义为:清洁生产是指将综合预防的环境策略,持续应用于生产过程、产品和服务中,以减少对人类和环境的风险性。因此,清洁生产的概念不仅含有技术上的可行性,还包括经济上的可盈利性,体现了经济效益、环境效益和社会效益的统一。

清洁生产是一种创新思想。该思想是将整体预防的环境战略持续运用于生产过程、产品和服务中,以提高生态效率,并减少对人类和环境的风险。对生产过程而言,要求节约原材料和能源,淘汰有毒原材料,降低所有废弃物的数量和毒性。对产品而言,要求减少从原材料获取到产品最终处置的全生命周期的不利影响。对服务而言,要求将环境因素纳入设计和所提供的服务之中。

二、清洁生产的有关政策和法规

由于全球性环境污染日益加剧,资源被过度开采和利用,对人类自身的生存环境构成了严重威胁,因此国际社会对清洁生产给予了极大的重视。1989年,联合国环境署决定在世界范围内推行清洁生产。1992年,在巴西里约热内卢召开的联合国"环境与发展大会"上通过的"21世纪议程",提出污染行业必须实施清洁生产工艺的要求,清洁生产是实现可持续发展的关键因素,呼吁世界各国改变传统的生产方式和消费方式,减少污染,保护环境。近些年,联合国多次召开联合国气候大会,旨在控制大气中二氧化碳、甲烷和其他造成"温室效应"的气体的排放,将温室气体的浓度稳定在使气候系统免遭破坏的水平上。

我国在20世纪70年代就提出了"预防为主、防治结合"的方针。1997年4月,国家环保局与国务院经贸委联合颁布了《关于推行清洁生产的若干意见》,出版了一系列关于实施清洁生产的政策、技术指南和清洁生产审计手册等。我国自2003年1月1日起实施的《中华人民共和国清洁生产促进法》,以法律形式对清洁生产进行引导、鼓励和保障。世界银行对国家环保局技术援助项目"推进中国清洁生产"示范工程印染厂的试点取得了明显的效果,将扩大试点。2004年10月1日开始实施《清洁生产审核暂行办法》,鼓励企业开展清洁生产审核。2008年2月4日,国家发展和改革委员会发布了《印染行业准入条件》,对一切新建或改扩建印染项目,从生产企业布局、工艺与装备要求、质量与管理、资源消耗、环境保护与资源综合利用、安全生产与社会责任等方面做出了明文规定。

欧美发达国家的环境保护战略经历了从传统模式(无任何污染治理措施)、末端治理(污染治理)到清洁生产模式(污染预防)的转换。我国的环保战略如今也遵循这一发展模式。在这一过程中,随着各项环保法律、法规的颁布与实施,环境保护走入了正轨并日益受到重视,其中将环境影响评价纳入基本建设程序是我国环境保护的重要策略,标志着我国建设项目的环境管理已日趋成熟。

世界各国尤其是欧美等发达国家陆续制定并出台了相关的环保法规和纺织品环保标准,对进口纺织品实施安全、卫生检测;美国、欧盟相继提出了对非环保染料和助剂等的含量实施严格限制。可以预计,环保纺织品将主宰未来的纺织品市场。这不仅是 WTO 作为非关税限制措施成为发达国家一种新的政策保护武器,而且是当今世界进步的潮流。一些发达国家利用自身的技术和环境优势,将环境保护、安全卫生等当作一种保护本国相关产业的重要手段,使发展中国家的纺织品出口面临严峻挑战。

三、解决工业污染方法的演进

解决工业污染,是随着人类赖以生存和发展的自然环境的日益恶化,以及人们对工业污染原因和本质问题认识的加深,而不断向前发展的。因此,可按历史发展轨迹和其发展特点,把人们解决工业污染的方法的演进划分为以下三个阶段:

1. "先污染,后治理"阶段 (18 世纪末到 20 世纪 60 年代)

此时,人们只注重追求工业发展的速度和数量,把工业污染仅仅看成一个生产技术问题。因此,工业生产并不考虑资源耗费和环境影响。资源的使用以产品为中心决定取舍,只要是当时无利用价值的物质,即被视为废料而弃之于环境,而且除有毒废料外,一般均不处理而直接排入环境。只有当工业污染形成较大危害,才着手进行治理。这就是"先污染,后治理"的模式。

2. "末端治理"阶段 (20 世纪 70 年代初到 80 年代初)

所谓"末端治理"是指对工业污染物产生后集中在尾部实施的物理、化学、生物方法治理。其任务通常包括去除废弃物的毒性和废弃物处理(如废弃物的焚烧、填埋等),其着眼点是企业层次上对生成污染物的治理。我国从 20 世纪 70 年代以来执行的工业污染防治方针,主要是末端治理。

由于"末端治理"没有从工业污染问题产生的根源入手,一方面,花费了大量的人力、物力和财力去治理已产生的污染问题,使之成为国家财政的巨大负担;另一方面,新污染源不断地出现。因而不能从根本上解决工业污染问题。

(三)"污染预防,全程控制"阶段(20 世纪 80 年代以来)

随着经济的迅速发展,环境问题日益严峻,过去几十年排污积累的潜在危害开始显现,气候变化等全球性环境问题引起了全世界的高度重视。在实践中,人们认识到以往的解决工业污染的方法都是治标不治本的方法,彻底的解决方法必须是"将综合预防的环境策略持续地应用于生产过程和产品中,以便减少人类和环境的风险性"。

清洁生产主张从产品设计、原料替代、设备与技术改造、工艺改革、生产管理改进等全过程着手,从生产源头开始考虑节约资源、能源和废物最小化,以尽可能减轻或消除环境污染和过程及产品对人体健康的有害影响,同时降低生产成本,提高经济效益。这种解决方法彻底转变了以大量消耗资源、粗放经营为特点的传统生产模式,变被动治理污染为积极预防污染，也把企业的经济效益与社会效益、环境效益有机地结合在一起，是使工业生产逐渐走上可持续发展道路的有效措施。

四、末端治理与清洁生产的比较

清洁生产是关于产品和产品生产过程的一种新的、持续的、创造性的思维，是指对产品和生产过程持续运用整体预防的环境保护战略。

从清洁生产的含义可以看到：清洁生产是要引起研究开发者、生产者和消费者，即全社会，对工业产品生产、使用全过程及废弃物处理对环境影响的关注，使污染物产生量、流失量和治理量达到最小，资源充分利用，是一种积极、主动的态度。而末端治理把环境责任只放在环保研究、管理等人员身上，仅仅把注意力集中在对生产过程中已经产生的污染物的处理上。具体对企业来说，只有环保部门来处理这一问题，所以总是处于一种被动的、消极的地位。因而，从末端治理到清洁生产，是人类环保思想从"治"到"防"的一次飞跃。

清洁生产优于末端治理，主要体现在以下四个方面：

① 在资源、能源的充分利用和削减污染物产生量方面，清洁生产优于末端治理。

② 在废弃物处理效果方面，清洁生产优于末端治理。

③ 在实施方案所产生的经济效益方面，清洁生产优于末端治理。

④ 在保护企业员工的健康方面，清洁生产优于末端治理。

五、绿色壁垒和生态纺织品标准

自德国实施"蓝色天使"计划率先使用绿色标志以来，世界贸易特别是纺织产品贸易都十分重视环保和生态指标，纷纷推出绿色产品。"节能降耗、减污增效""清洁生产""绿色加工""生态纺织品""生态系统""生态环境""生态平衡""环境保护""环境友好""可持续发展""资源综合利用""开源节流""循环经济""低碳经济"和"环境标志"等环保新概念，已大范围地进入国际纺织品服装贸易领域。综观各国制定的要求，有一个共同点，即纺织品不得含有毒有害和潜在的有害因素，"产品对环境和人体无害"的概念已成为指导生产和消费的主流。

1. 绿色壁垒

在纺织品贸易领域，主要存在两类技术壁垒。一类是针对纺织品从生产到废弃回收的全过程对环境的影响所设置的壁垒，主要指要求企业建立实施环境管理体系，以及对产品实施环境标志的声明，如 ISO 14000 环境管理体系认证；另一类是针对产品本身对消费者的安全和健康的影响，要求纺织品不能对消费者的健康产生不利影响，即所谓的"非生态纺织品"。

"绿色壁垒"的基础是拥有先进的技术。在当今的国际贸易中，绿色贸易壁垒的标准大多是根据发达国家的生产和技术水平制定的。他们凭借其技术优势，通过国际、国内环保立法，制定了内容无所不包的环保法律、法规和标准，筑起"绿色壁垒"：产品不仅质量合格，而且生产、使用、消费和废弃的全过程符合特定的环境保护要求，属"生态产品"，与同类产品相比，具有低毒少害、节约资源等综合环保优势。如德国法令规定，对于用偶氮染料染色的日用进口消费品，一旦检测出含有致癌芳香胺，不仅就地销毁，还必须向厂家索赔。

打破"绿色壁垒"最根本的办法是提高产品质量（特别是印染产品质量）。"绿色壁垒"的挑战不是静态的。它的环保法规和标准处于一个不断提高的过程，随着科学技术的发展而变化。发达国家对某些产品在环保预防技术上解决到什么程度，就会把壁垒筑到什么高度。

"绿色纺织品"所包含的范围相当广泛,除了"环保纺织品"的全部要求外,还包括原料的取用、生产过程中的能源和水资源的利用、产品使用后废弃物的处理、生产过程中产生的废物对环境污染的程度等。尽量减少生产过程中的污染,做到"无过程污染"或"零污染",成为当今"绿色纺织品"的重点发展方向。

生态纺织品有两种观点:其一是狭义的概念,是以德国、奥地利、瑞士等欧洲 13 个国家为代表的有限生态概念,主要目标是使用时不会对人体健康造成危害;其二是广义概念,是欧共体 Eco-Label 所倡导的全生态纺织品概念,其评价标准涵盖某一产品整个生命周期对环境可能产生的影响,即从纤维的种植或生产、纺纱、织造、前处理、染色、印花、后整理,以及纺织终端产品的加工、穿着使用,直至废弃处理的整个过程。如:棉花的种植,种子应是非转基因的,土壤应是无污染的,使用的肥料和农药对环境的破坏作用要小,在纺织、印染及服装制作等加工过程中应是节能节水、降耗减排的,纺织品废弃后应是较易自然生物降解的。

2. 纺织生态学

纺织生态学术语可以按以下三个方面理解:

(1) 生产生态学

指纤维、纺织品、服装的生产和制造过程应该有利于环境保护;同时,对于空气纯度的保持、水纯度的保持、废物的处理,以及无噪音、无放射源污染的保护,都能满足合理的条件。

(2) 人类生态学

这个概念以服装和其他纺织成品对使用者及其周围环境的影响为基础。根据目前的认识,纺织品在正常使用时,导致对人体有害影响的物质浓度必须尽可能低。

(3) 处理生态学

这个概念以纺织品的处理为基础,包括纺织品再循环、分解时不释放有害物质,以及热量消除时不危害空气纯度的保护。

当前,许多企业的环保意识还停留在污染的末端治理,但工业发达国家已从末端治理阶段进入从产品设计到废弃物回收利用再生的整个阶段。印染行业为迎接"绿色壁垒"挑战,应抓紧利用高新技术,实施生产企业的全过程清洁生产,使自己的产品经得起国际卫生安全和生态纺织品标准的检查。从这个角度来说,"绿色壁垒"促进了我国相关行业的优化重组、优胜劣汰,促成一批以优势出口产品为龙头的企业集团,做大、做强我国的纺织印染行业和相关纺织化学品行业(如染料和助剂行业)。

3. 生态纺织品标准与作用

目前,世界上已有数十个国家建立了生态标签。不同的标签,具体规定也不同。如:生态纺织品标准 100(Oeko-Tex Standard 100),分析生态上对人体有害的特殊物质及指定的用量极限,产品符合生态纺织品标准 100 所规定的特殊物质含量,就颁发此标签;M. U. T. 是对生产工艺设定的一种标签,后来并为 M. S. T. ,是污染物含量较低纺织品的一种标签,由德国消费者和生态纺织品协会制定;Gut 为环保安全地毯组织标签;Eu 为欧共体生态标签和生态审核。此外,还有多种生态标签,有的是基于最终产品的,有的是基于生产过程的,而且测试的方法、规定的标准各有差异。

生态纺织品标准 100,对纺织品中的生态毒性物质的限量和相关指标都做了明确的规定,修订后(2012 年版)更强化了安全性要求。该标准规定的主要项目及有害物质包括 pH 值、甲醛、重金属、杀虫剂、五氯苯酚(PCP)、禁用染料、色牢度、有机氯载体及挥发性物质释放等,同时规定产品不得有发霉、高沸点汽油、鱼腥、芳香烃等特殊气味。有可能,自愿遵循的标准被政府作为强制性规定,或增加其他新的指标,或将指标控制得更严。

生态纺织品是指对人体和环境均无害的产品,所以又称为环境友好产品。它属于环境(生态)标志产品。生态标志是产品或包装上的一种印记,表明这类消费品比其他功能类似的产品对环境产生较小的危害。因此,这种标志代表了对产品环境质量的全面评价。

获得 ISO 环保产品认证和生态纺织品认证,将使企业赢得更多商机,有助于提高企业的品牌和知名度,有助于纺织品提升产品档次和附加价值,赢得更多的国际贸易机会。有绿色标志的产品,日益博得消费者的青睐。

生态标签在政府、企业和消费者之间传递着有关环保的信息,实施生态标签有利于调动全社会参与环境保护。产品的生态设计是预防工业污染的源头,包括可回收纺织品的开发、功能性纺织品的开发、防治污染用纺织品开发等。经生态设计的合成纤维、再生纤维,对生态环境不产生不良影响,能有效利用能源和自然资源,而且可循环、再生,保证中间产品无毒、无害,减少生产中的各种危险因素,使纺织品加工过程始终处于清洁生产之中。

六、印染清洁生产

1. 印染清洁生产现状

人类对自然资源疯狂的耗费,以及二氧化碳等的过度排放,已招致气候异常,严重危及人类生存条件。高物耗、高能耗、高污染仍是目前我国染整行业的基本现状。我国已经没有足够的资源来支撑落后的、高能耗的生产方式,也没有充足的环境容量来承载高污染的排放方式和过度浪费的消费方式。纺织印染企业转型升级、节能减排,就是要最大限度地控制不可再生资源的消耗,减少生产过程中废弃物的排放量,从而保护环境。为此,清洁生产、绿色加工、节能减排、降低消耗、保护环境,成为今后染整生产和科技发展的主要目标,也成为经济可持续发展的关键。

2. 印染清洁生产及其特点

(1)印染过程清洁生产

印染的清洁生产,除了在原料、生产工艺和技术上考虑污染预防、环境保护以外,还应向社会提供"绿色"、生态的纺织产品。这种产品从原料到成品最终处置的整个周期,要求对人体和环境不产生污染危害或将有害影响减少到最低限度,在商品使用寿命终结后,能够便于回收利用,不对环境造成污染或潜在威胁。当前流行的绿色加工,就是最大限度地节约资源和能源,减少环境污染和对人体的不良影响,有利于人类生存而使用的各种现代技术、工艺和方法的总称。

(2)印染清洁生产的特点

印染行业的"清洁生产"主要指应用无污染或少污染的化学品与替代技术的工艺,具有以下特点:

① 生产工艺排出的三废少,特别是废水少,甚至无三废排放;排放的三废毒性低,对环境污染轻或易于净化。

② 所用原材料无害或低害。

③ 操作条件安全或劳动保护容易、无危险性。

④ 环境资源消费少或易于回收利用。

⑤ 加工成本低和加工质量及效率高。

⑥ 单位资源的附加价值高。

印染清洁生产强调"清洁的能源""清洁的生产过程"和"清洁的产品"三个方面。强调废物的源头削减,即在废物产生之前予以防止,促进企业从设备选用、厂房及其设施设计、设备选用、产品设计、原料选择、工艺选择和改进、技术进步和生产管理等环节着手,最大限度地将原材料和能源转化为高附加价值的绿色环保产品。此外,清洁生产是一个相对的概念,是一个持续和动态的过程,随着生产的发展和新技术的应用,可能会出现新的问题,必须采用新的方法来解决。

3. 实施印染清洁生产的意义

(1) 清洁生产是落实环保政策法规的根本体现

随着环境管理标准和纺织品生态标准 100 等法规的推出,社会把带来生态环境破坏的生产称作"灰色生产",现实迫使印染企业转换思路,放弃污染环境、破坏生态平衡的生产工艺,转向设计开发并生产有利于环保的产品和工艺。

(2) 清洁生产是印染企业可持续发展的根本

① 清洁生产是企业生存的根本。实施清洁生产方案不仅有效地治理环境,而且能提高生产线的整体水平和职工素质,能取得可观的环境效益、经济效益和社会效益。

② 清洁生产可以提高企业经济效益。清洁生产具有符合经济性的特点,生产全过程的各个环节都从预防出发,降低各种消耗,减少废弃物的产生,节约了资源、能源,减少了由于末端治理的投资和运行而付出的高昂费用,使可能产生的废物消灭在生产过程中,从而提高经济效益。

③ 清洁生产是企业持续发展的动力。清洁生产是预防污染、实现可持续发展的必然选择,也是我国加入世界贸易组织后应对绿色贸易壁垒、增强企业竞争力的重要措施。清洁生产为企业提供了一个新的利润空间,达到经济与环境持续协调发展的"双赢"的理想状态。推行清洁生产,无论从经济角度还是社会环境角度,均符合可持续发展战略的要求。

④ 清洁生产是技术改造和创新的动力。清洁生产一直与新技术的发展联系在一起。在摒弃了传统的污染控制和末端废物处理技术的同时,清洁生产为生产技术的创新和应用创造了机会。清洁技术的发展和工业化,能够促进民族经济的发展,以及环境质量目标的改善,促进改造和改进原有设备或用新的技术和原料取代传统的技术和原料。清洁生产的发展会延伸至鼓励新技术的创新和发展,从而导致更少的废物,更低的物耗、水耗和能耗,以及更少地使用有毒和危险药品。

染整行业是纺织品深加工、精加工,以及提高纺织产品档次和附加值的关键行业,是纺织工业发展和技术水平的综合体现。当前,我国的染整业与发达国家相比,在软硬件技术,以及信息、开发和销售渠道等方面,均存在较大差距。原料、设备、染化料助剂是染整业发展的基础条件,信息化是染整业发展的方向,高质化、差异化、适应性、功能性、仿真性、重现性、快速反应性、环保和生态性能的提高,将为染整业的发展奠定良好的基础。

总之,印染企业的清洁生产作为行业发展的战略目标,具有十分重要和紧迫的现实意义。印染行业实施清洁生产,做到行业发展与环境保护相协调,既为企业的可持续发展创造条件,又为我国的环境保护事业做出贡献。

任务二　采用印染清洁生产原材料

知识点

1. 选择原材料时需注意的四个方面；
2. 绿色生态纺织纤维的概念及其对环保和健康型纤维的要求；
3. 坯布上浆料的分类；
4. 天然染料（天然色素）的来源；
5. 对绿色生态的合成染料的绿色环保健康要求；
6. 活性染料开发和发展的重点；
7. 生物酶染整工艺具有的优势和特点，以及生物酶开发和应用技术的发展趋势。

技能点

1. 分析鉴别绿色生态纺织纤维；
2. 分析坯布上浆料的生态性能；
3. 生物酶助剂用于相关染整加工工序；
4. 选择使用绿色生态的染化助剂。

　　传统的染整行业，是根据现有的机械设备、产品的用途、对产品质量和性能功能的要求，以及成本等技术经济指标，来选用纺织材料、染料、助剂和化工原料的。开展生态纺织品运动以来，选择绿色环保材料是实施印染清洁生产和开发绿色纺织产品的前提和关键因素之一。选择原材料时要注意遵循生产过程的节能节水、降耗减排，以及产品质量的生态环保性、安全健康性和长期连贯稳定性：

　　① 优先选用可再生材料，尽量使用回收材料，提高资源利用率。

　　② 节省能源与原材料等资源的投入。

　　③ 使用环境兼容性好的低污染、低毒性的材料和染化料，所用的材料应当易于再回收、再利用或者容易被生物降解。如使用天然彩色棉产品、无甲醛纺织品、无磷系纺织品、可降解高分子材料等。

　　④ 优先选用在染整生产过程中能节约水资源、能源、原辅材料，以及减少"三废"排放量和毒性的原材料。

一、采用绿色生态的纺织纤维

　　近些年，国际上提出了"绿色生态材料（Ecomaterials）"的概念。它是一种与资源、能源和环境相协调的材料。从生态角度来说，绿色生态纺织纤维是从原料选用、纤维加工、使用和用后弃置四个方面来评判的。

　　理想的绿色生态纺织纤维，是指：生产纤维的原料主要来自再生资源或可利用的废弃物，不会造成生态平衡的失调和掠夺性的资源开发；纤维在加工过程中未受有毒化工原料的污染，特别是未受农药、化肥和重金属等的污染，也不会对人类的生存环境造成不利影响；纤维及其制品对人体具有某种或多种保健作用，至少不会对人体产生不良影响；纤维制成的纺织品在失去使用价值被遗弃后，可回收利用或能在自然条件下降解，不会对生态环境造成危害。

事实上，迄今为止，满足上述所有要求的真正意义上的绿色生态纺织纤维，现实中并不存在。纺织纤维通常只能满足以上其中一项或多项要求。为了便于描述纺织纤维的生态性，通常用纺织纤维生态学指数表示：

$$纺织纤维生态学指数 = 纺织纤维的实际生态学指数/纺织纤维的理想生态学指数=$$
$$纺织纤维的实际生态学指数/30$$

一般将绿色生态纺织纤维定义为实际生态学指数大于或等于 21，即生态学指数大于或等于 0.7 的纺织纤维。

1. 天然纤维

一般来说，天然纤维具有良好的生态学性质，其在生长、生产、消费和废弃过程中，对生态环境的影响较小，容易自然降解。但天然纤维含杂较多，需用化学方法进行预处理和染整前处理加工，不可避免地产生"三废"污染，因而降低了它们的生态性。这类纤维，除了通常采用的棉、毛、丝、麻外，还有通过基因工程生产的天然彩棉和彩色蚕丝、转基因棉花（生态棉花）、兔毛、骆驼毛、牦牛毛（一般不需染色）、鹅绒、鸭绒、通过分子生物学和基因工程生产的含蜘蛛丝的蛋白蚕丝等，以及天然竹纤维（原竹纤维）、构树纤维、菠萝叶纤维、月桃抗菌纤维、香蕉茎纤维、粽叶纤维等新型天然绿色生态纺织纤维。

值得注意的是，即使是同一类天然纤维，因种植和生长方式、方法不同，它们的生态性相差甚远。如：天然彩色棉不需染色，节能、节水、降耗，无"三废"排放，废弃后能在自然环境中降解，真正实现了从纤维到成衣再到废弃全过程的"零污染"；生态棉花的棉株不会生虫，因而无需喷洒农药，且这种棉花只对以棉花为食的昆虫有毒，而对人、畜和益虫无害。

2. 天然再生高分子生态纤维

再生纤维是利用天然原料，经过化学加工制成的纺织纤维，一般会保留原来纤维的一些特性，可大大缓解对石油、天然气和煤炭等不可再生资源的需求，同时纤维容易自然降解，因此其生态学性能优于合成纤维，重点应关注其在加工过程中对生态环境的影响。这类纤维主要有 Lyocell 纤维、莫代尔纤维、甲壳素/壳聚糖纤维、聚乳酸纤维、大豆蛋白质纤维、牛奶蛋白纤维、蚕蛹蛋白纤维、再生竹纤维（竹浆纤维）等。值得注意的是，即使是同一类再生纤维，因种加工方法不同，它们的生态性相差甚远。如黏胶纤维和 Lyocell 纤维都采用天然纤维素为原料，但前者在制取浆粕和磺化过程中使用烧碱和二硫化碳，且工艺路线很长，环境污染严重，物耗、能耗和水耗高；而后者采用有机溶剂（NMMO），溶剂回收率高（高达 99.7%），工艺路线短，生产过程中不发生化学反应，无毒副产品排出，属典型的天然再生高分子绿色生态纤维。

3. 可降解的合成纤维

合成纤维往往利用石油、天然气和煤炭等不可再生资源，加工过程中的能耗、水耗和物耗较大，"三废"排放较多，而且许多合成纤维很难生物降解，对环境的影响较严重。生物合成纤维，如聚羟基脂肪酸酯纤维（PHA）类生物可降解聚酯纤维是一类天然高分子聚酯，作为一种能量和碳的储存介质存在于微生物体内。PHA 类纤维是微生物合成聚酯的总称，包括均聚物和共聚物，在活化的污水污泥中，细菌可以很快地分解。对于常规的非生物降解型合成纤维材料,可采用将淀粉与高分子材料共混熔融纺丝,以及在高分子材料中加入光降解剂和辅助助剂两种方法。

二、采用绿色生态的印染半制品

染整加工用到的半制品范围很广,从半制品的形态分主要有纺织纤维(包括短纤和长丝)、纱线(包括绞纱、筒子纱、经轴纱等)、织物(包括机织物、针织物和无纺织物等)和成衣等。这些半制品可能含有重金属的油污、抗静电剂、棉絮条与丁腈皮辊摩擦带来的有害物质、机织物上的化学浆料和浆料中的添加剂等。其中影响较大的是机织物上的浆料。国家工业和信息化部在《印染行业准入条件(2010年修订版)》中指出:"印染企业要按照环境友好和资源综合利用的原则,选择可生物降解(或易回收)浆料的坯布。"

坯布上的浆料主要有天然浆料、变性浆料和合成浆料。天然浆料主要来自于植物(各类淀粉和植物胶)和动物(主要是动物胶);变性浆料主要是变性淀粉和糊精等。这些浆料易于生物降解,可用生物酶退浆,对环境的危害较小,可替代部分合成浆料。目前用得较多的合成浆料是聚乙烯醇浆料和丙烯酸类浆料。聚乙烯醇浆料因难以生物降解,环境污染较严重,应尽量不用或少用,或者对其进行改性处理,使之成为易于降解的产品。丙烯酸类浆料易于退浆、易于降解,BOD_5/COD_{Cr}值>0.45,具有良好的生态性,有利于环境保护,可以部分或完全替代聚乙烯醇浆料,是绿色环保浆料的发展方向。目前有许多其他新型的绿色环保浆料正在开发和应用中。

经纱上浆时,为改善浆液性能、提高经纱质量,还需要在浆液中加入分解剂、渗透剂、柔软剂、防腐剂、抗静电剂、吸湿剂和消泡剂等助剂,对它们的环保要求是无毒无害、对环境污染少。

三、采用绿色生态的染料和助剂

关注环保、追求健康,是当今社会发展的主题。染料和助剂在染整加工中是不可缺少的,是影响染整生产节能、节水、降耗、减排效果的关键。纺织品中的有毒有害物质及其排放在废水中不利于环境保护的物质,主要来自于纺织印染用化学品,包括染料和助剂。近年来,随着纺织品出口配额的取消和新的贸易保护主义的抬头,国际纺织品进口国相继实施了各种技术性贸易措施,以期在获得更大利益的同时,规避竞争压力。

目前,各国对纺织品和服装在穿着使用过程中的安全性和生态性提出了更高的要求,陆续出台了一系列新的、严格的法律、法规和标准,禁用和限用的范围越来越广,指标越来越严。国际纺织品生态研究和检验协会发布的 Oeko-Tex Standard 100 实际上是一份有关检验纺织品和皮革制品,以及含有纺织品或非纺织品的辅料的有毒有害物质安全性的法律性标准文件,其中主要涉及纺织品中含有的有毒有害的染料和助剂。Oeko-Tex Standard 100 现在是使用最为广泛的纺织品生态标志,目前已成为全世界生态纺织品的基本要求。

因此,应使用符合绿色环保和生态要求,利于降低水资源、能源、各种原材料消耗,能提高生产效率及产品质量、档次和附加价值的染料和助剂。

1. 天然染料

天然染料(天然色素)一般可以自然降解,大部分无毒性和副作用,不污染环境。天然染料的主要来源是植物的根、茎、叶、花、果,以及动物、微生物或天然彩色矿石等,其中主要来源于植物。植物染料不仅使纺织品的染色环保化,而且某些天然染料可赋予纺织品抗菌、消炎等保健功能。21世纪以来,随着经济的高速发展和科技的进步,环境科学迅速发展,人们开始逐渐认识到,一些以合成染料染色加工的传统纺织品对人体的安全健康和人类的生存环境产生的严重损害和破坏,从而青睐和推崇一种有益于人体健康和无害于环境的生态纺织品,于是天然植物染料重新回到人们的视线。天然色素染色也是实现清洁染整和获得生态纺织品的重要途径之一。如以天然矿粉作为着色剂,可以在沸水或常温中染色,不使用任何化学合成助剂,不需要特殊设备,对人体和生态均不会造成危害。

香云纱是表面乌黑光滑,类似涂漆且有透孔小花的丝织物,利用薯莨液(天然植物染料)凝胶涂于绸面,而经后加工而制成,曾经是中国历史上身价很高的一个丝绸品种,具有凉爽、耐汗、易洗、耐晒等优异的服用性能,以及清热化瘀、防霉、除菌、除臭等功效。业内一般认为用香云纱制成的服装也具有相同的"医用"效果。香云纱在失去穿用价值后,可完全降解,不会对环境造成污染。

2. 绿色生态的合成染料

随着人们对生态环境、人体安全健康和可持续发展的日益重视,世界各国出台了许多相关的法律法规,淘汰了许多禁用偶氮染料、致癌染料和致敏染料,开发了许多新型的绿色生态合成染料,以替代非环保的合成染料。自从1994年德国政府颁布《食品及日用消费品法》第二修正案以来,新开发的染料都是绿色环保型染料。它们必须满足下列要求:

① 不含致癌物质。

② 不对人体产生过敏作用。

③ 不含急性毒性反应物质。

④ 不含环境荷尔蒙(或环境激素)。

⑤ 严格限制重金属的品种和含量。

⑥ 不含对环境有污染的化学物质。

⑦ 不含持续性有机污染物。

⑧ 严格限制甲醛的含量。

⑨ 不含对染色性能产生较大不利影响的化学物质。

⑩ 印染加工节能节水,降耗减排。

如活性染料开发和发展的重点集中在"五高一低",即高固着率、高色牢度、高提升性、高匀染性、高重现性和低盐染色,包括高亲和力和高固色率的活性染料、易洗除的活性染料、低盐染色的活性染料、低碱染色的活性染料、含活性基的分散染料等。

3. 绿色生态的染化助剂

染化助剂是在染整加工中为了改善加工效果,简化工艺流程,提高生产效率,节能节水,降耗减排,降低加工成本,提高纺织品质量、附加价值和服用性能而加入的一些辅助化学品。染化助剂是染整加工过程中必需的重要添加剂,也是影响纺织品生态安全指标的重要因素,虽然其用量不大,但对整个染整生产过程的作用非常大。环保型染化助剂,除具有染整行业所要求的质量与应用性能外,还必须满足具有很好的安全性、低毒或无毒性,具有良好的生物降解性或可去除性等环保质量要求。出于环境保护和人体健康的一般考虑,染化助剂应不含有机挥发物(VOC)、甲醛(FA)、危险性化学物质(DS)、可吸附有机卤化物(AOX)、环境激素(EH)、全氟辛烷磺酸盐和全氟辛烷磺酰基化合物(PFOS)与全氟辛酸(PFOA),全面限制烷基酚聚氧乙烯醚（APEO）的含量。APEO 包括：壬基酚聚氧乙烯醚（NPEO），占 80%~84%；辛基酚聚氧乙烯醚（OPEO），占 15% 以上；十二烷基酚聚氧乙烯醚（DPEO）和二壬基酚聚氧乙烯醚（DNPEO），各占 1%。

（1）生物酶助剂

随着以基因工程和蛋白质工程为代表的分子生物学技术的不断发展和生物酶应用领域的不断扩大，酶制剂产业进入了一个全新的发展时期。生物酶是具有生物活性的蛋白质。酶制剂是一种生态型的高效催化剂，具有温和、高效、专一、安全、生态、环保、节能、节水、降耗、减排等特点。酶制剂给现代纺织印染业带来的效益可归纳为 4E，即效益（Efficience）、效果（Effectiveness）、经济（Economy）和生态（Ecology）。应用酶制剂对纺织品进行处理，是一种清洁生产工艺，具有显著的社会效益、环境效益和经济效益。酶制剂产业已成为 21 世纪最有希望的新兴产业之一。

生物技术是一项重要的高新技术，被认为是一项绿色环保技术，已广泛应用于酶制剂的制备。随着人们对环境保护的日益重视，节能减排、对环境友好和可自然降解的生物酶制剂，正在纺织印染加工过程中发挥着愈来愈重要的作用。生物酶在改进染整加工工艺、节约能源、降低环境污染、提高产品质量、增加产品档次和附加价值，以及开发新型原料等方面，都具有独特的优势，受到了纺织印染界和生物工程界的普遍关注，具有广阔的应用前景。

酶制剂是通过微生物发酵后，经特殊的后提取技术加工而成的生物制品。生物酶是一种生物催化剂，与传统工艺相比，生物酶染整工艺具有以下优势和特点：

① 温和性。在常温、常压、近中性等温和条件下就能发挥作用，反应安全，容易控制，不需特殊设备，可大量节约能源，降低生产成本，降低用水量，减少排污量，改善工作环境。

② 高效性。酶的催化效率大大高于一般催化剂，催化反应速度快，一般能在 50~60 ℃ 下反应，能在 1 s 内实现成千上万次的催化作用，可节约大量能源，工艺步骤减少，工艺时间缩短，设备的利用率提高。

③ 选择性（或专一性）。一种酶制剂一般只能作用于一种物质或物质结构类似的物质，并进行催化、水解、裂解或其他特定的化学反应，因此具有安全性，在去杂过程中可避免损伤纺织材料，改善手感，降低强度损失。

④ 环保性。酶本身是蛋白质，易生物降解，无毒无害，对环境友好，属绿色环保型助剂。

目前，生物酶已广泛用于染整加工的前处理、后处理、印染废水的生化处理等工序，主要用于纤维改性、真丝脱胶、原麻脱胶、纺织材料的退浆和精练、漂白后去氧、皂洗、光洁整理等工序。目前已开发并应用于前处理的生物酶制剂品种主要有淀粉酶、纤维素酶、果胶酶、蛋白酶、木聚糖酶、过氧化氢酶、漆酶、葡萄糖氧化酶等。

在纺织印染方面，生物酶开发和应用技术的发展趋势为：

① 开发纺织用酶的复配技术，提高酶的应用效果。根据天然纤维所含杂质的多样性，研究各种酶在退浆、精练和漂白过程中的应用特性、作用机理和动力学模型，以及最佳处理效果，以增加稳定性为目标，进行复合酶和酶复配组分的探讨，进行不同规模的酶的应用研究。

② 开发去除聚乙烯醇和聚丙烯酸类浆料的专用酶制剂。

③ 开发用于纺织印染废水生化处理的高效复合酶制剂，以去除纺织印染废水中的纤维屑、染料色度等，以降低废水中的 COD。

（2）表面活性剂

染化助剂中，80％左右的产品以表面活性剂为原料，有些染化助剂主要由表面活性剂配制而成。因此，表面活性剂是各类染化助剂的重要组成部分。表面活性剂，除了满足上述对染化助剂的总体要求外，还应具备改善加工工艺、提高生产效率、节能节水、降耗减排、降低加工成本、提高纺织品质量和服用性能、对皮肤无刺激性（刺激性小），以及无致畸性、致变异性和致癌性等性能。

（3）前处理助剂

近年来开发的绿色生态型前处理助剂主要包括：退浆、煮练和漂白的生物酶制剂，节能、节水、降耗、减排的前处理助剂，如适用于高效短流程的前处理助剂，适用于低温处理的退浆、煮练助剂，适用于冷轧堆处理的精练剂，高效、低泡、耐碱和双氧水的环保型精练剂，高效的双氧水稳定剂，能除氧、染色一浴的双氧水分解酶，高效精练剂，无（低）污染氧漂稳定剂，一浴精练漂白染色助剂，新的多功能前处理剂，耐强碱的双氧水稳定剂和螯合剂（如聚羧酸型分散螯合剂），双氧水低温漂白助剂（双氧水活化剂），PVA 退浆剂，退煮漂一浴处理的无碱前处理剂，低温下发挥最佳效果的净洗剂，等。

（4）染色、印花助剂

主要有：活性染料代用碱，高性能分散匀染剂，涂料染色助剂，低温染色助剂，羊毛快速染色助剂，不含联苯氯化物及芳烃类有害物质的涤纶染色载体，节水型的还原清洗剂，低温节水皂洗剂，常温洗涤剂，提高染色牢度的助剂，棉纤维生坯染色助剂，活性染料低温全吸收免皂洗染色助剂，多道工序合一的助剂，各种染色增深剂，仿生染色助剂，低温焙固型黏合剂，纳米级印花黏合剂，无醛黏合剂，天然糊料，无火油乳化糊，等。

（5）整理助剂

主要有：无醛固色剂，无醛（低醛或超低醛）抗皱整理剂，无醛防水整理剂，无醛和无溴阻燃整理剂，不含某些重金属（如砷、锑、铅、汞、镉等）的阻燃整理剂，无醛柔软整理剂，新型氨基改性的有机硅柔软剂，无毒副作用且生物降解性好的阳离子柔软剂，安全健康、高效耐久的抗菌抗臭整理剂，新型无醛防水拒油整理剂，安全无毒的抗紫外线整理剂，安全无毒的涂层整理剂，天然抗菌整理剂，等。

任务三　采用节能节水、降耗减排的染整设备和设施

知识点

1. 染整设备技术发展总趋势；
2. 节能节水、降耗减排的前处理设备；
3. 节能节水、降耗减排的印染设备；
4. 节能节水、降耗减排的后整理设备；
5. 节能节水、降耗减排的通用设施。

技能点

1. 选择节能节水、降耗减排的前处理设备；
2. 选择节能节水、降耗减排的印染设备；

3. 选择节能节水、降耗减排的后整理设备；

4. 选择节能节水、降耗减排的通用设施。

目前，染整设备技术发展的总趋势是环保节能、降耗减排、省时高效、短流程，重视无水加工技术、无版印花技术、低温等离子处理等新技术。染整设备和设施是实现染整加工节能节水、降耗减排的重要手段，是染整工业能否向前发展的重要因素之一。先进的染整工艺和技术，必须有先进的染整设备才能得以实施。因此，印染设备是确保印染产品质量的稳定性、再现性，达到节能、降耗、低成本、安全、可靠、少污染的清洁生产的关键，以提高印染企业的综合技术实力和市场竞争能力。

染整设备，一是以现代电子信息技术、自动化技术、生物技术为手段，推广高效短流程、无水或少水印染技术和设备，提高生产自动控制水平，重点解决印染行业自动化程度低、能耗和水耗高、环境污染严重等问题；二是增加新产品和高附加值产品的开发生产；三是重点淘汰落后生产工艺设备。

一、前处理设备

前处理设备向着高速、高效、优质、短流程、节能降耗、环境友好的方向发展。烧毛机采用高效节能的火口和无烟尘污染的烧毛单元装置，自动控制火焰宽度和调整最佳油气比。练漂设备采用高效短流程退煮漂联合机、前处理碱氧冷堆一浴设备、冷轧堆练漂设备、连续式酶精练设备、超声波前处理设备、电化学前处理设备、低浴比前处理设备、均匀渗透及高给液装置、湿短蒸前处理设备、用于针织物的低张力高效平幅连续练漂设备。丝光设备采用松堆丝光机、湿布丝光机、热碱丝光机等。

二、印染设备

印染设备主要采用气流染色机、低浴比筒子纱（经轴）染色机、冷轧堆染色机、湿短蒸染色机、超临界 CO_2 介质染色设备、电化学染色机、微波染色设备、轧卷染色机、小批量连续轧染机、超声波染色设备，以及数码印花机、冷转移印花机、静电印花机、高效节能节水的平网印花和圆网印花设备、自动印花调浆系统、电脑一体化喷墨制网系统、激光制网系统、喷蜡或喷墨制网系统、快速蒸化机等。

三、整理设备

整理设备主要采用低给液设备（如输液带给液、凹版给浆辊、刀辊给液轧车、泡沫整理设备）、节能环保型的拉幅定形机、高性能的物理机械整理设备、无液氨（或少液氨）泄露的液氨整理设备等。

四、节能节水、降耗减排的通用设施

主要采用工艺参数的在线自动检测、在线自动控制和故障诊断设施，实现可编程控制器的智能化控制装备，减压抽吸和加压吹散的气体脱水设备、射频烘燥设备、微波烘燥设备、远红外加热设备，新型低轧余率轧辊、高效轧车、单面给液辊系统、模块化组合的轧洗烘蒸通用单元机，振荡水洗单元设备、强力喷射水洗单元设备、超声波水洗设备、低水位和逆流水洗设备、循环水洗设备、高压抽吸式水洗设备,高温湍流式、转鼓式、水刀式、滚轴式、交替式、旋转式、打击喷淋式水洗机,控制染料和碱剂比的比例计量泵、染化料自动称料及配送系统、印花调浆/染色配液系统、自动调色系统,印染中水回用装置、冷凝水和冷却水回收装置、废热水热量回收装置、热泵能量提升装置、废气热量回收装置、高效能丝光淡碱回收蒸浓装置、新能源利用装置(如太阳能、地热能)、印染废水深度处理及回用装置等,蒸汽管道及高温设备的高效保温设施、染整排水的清污分流设施、高效热交换器、节能型照明设施等。

任务四　采用节能节水、降耗减排的染整新技术和新工艺

知识点

1. 理想的绿色染整生产工艺技术要点;
2. 节能节水、降耗减排的染整新技术和新工艺;
3. 节能节水、降耗减排的染整通用技术。

技能点

能根据企业具体情况选择和设计节能节水、降耗减排的染整新技术和新工艺。

理想的绿色印染生产工艺技术,应该是:生产过程对生态环境无害;排放废弃物对人类生存环境无害;操作环境对劳动者无害;成品在服用过程中对人体无害。所着眼的不是消除污染引起的后果,而是消除造成污染的根源,把污染防御的理念运用到印染产品开发设计和清洁生产加工中。染整加工各生产工序应在生态良好的条件下进行,在空气的净化、噪音的降低、污水和废固的处理上,都达到生态标准。

绿色清洁生产技术是发达国家产业界共同追求的技术,是指在印染产品的生产中,加大科技投入,尽可能等同采用国际标准,掌握纺织品有毒、有害物质残留指标的设置和限量变化信息,以便采取相应措施,采用绿色材料,通过绿色设计、绿色制造、绿色包装,生产出节能节水、降耗减排的环境友好型产品。

一、前处理技术

无水或非水前处理工艺技术,如极小浴比或泡沫浴精练工艺、溶剂精练工艺、低温等离子体前处理技术、超临界二氧化碳退浆技术、离子溅射前处理技术、激光前处理技术、超声波前处理技术和紫外线辐射前处理技术等。

合并或缩短工艺流程的工艺技术,如退煮漂一浴法、退煮一浴+漂白法、退浆+煮漂一浴法、练漂-染色一步法工艺、染色-整理一步法工艺等。

低碱或无碱退煮漂工艺,如生物酶退浆工艺、生物酶煮练(精练)工艺、蚕丝和麻纤维的生物酶脱胶工艺、生物酶漂白工艺、生物酶减量处理技术等

其他生态环保的前处理工艺技术,如冷堆前处理工艺、气相漂白技术、光照漂白新工艺、低温活化漂白工艺、针织物平幅连续前处理技术、松堆丝光技术、湿布丝光技术、热碱丝光技术、生态环保的涤纶碱减量技术等。

189

二、染色技术

无水、节水或低浴比的染色工艺技术，如新型涂料染色技术、织物变性涂料连续染色新技术、超临界二氧化碳染色技术、有机溶剂反相胶束溶液介质染色技术、离子介质液体染色技术、一缸水的漂染新工艺、负压条件下的气相或升华染色工艺、喷雾低给液染色技术、泡沫染色技术、针织物平幅染色新技术等。

降耗和减排的染色工艺技术，如天然染料染色技术、仿生染色技术、活性染料受控染色技术、交联染色和聚合染色技术、催化染色技术、活性染料低盐或无盐染色工艺、活性染料染色的代用碱工艺、中性或低碱染色工艺、FRT（一次性成功）染色技术、纤维改性染色技术、电磁场静电染色技术、助剂增溶染色工艺、微胶囊染料和涂料染色技术、染色增深技术、微悬浮体染色技术、物理和物理化学法增强染色技术、紫外线和激光固色技术、多组分纤维的节能环保染色等。

节能的染色工艺技术，如活性染料冷轧堆染色技术、阳离子化改性冷轧堆染色技术、常温载体染色技术、涂料低温染色技术、低温等离子体染色技术、生物酶皂洗技术、适用于还原染料的经济环保型电化学染色工艺、短流程染色技术、超声波染色技术、微波远红外染色技术、活性染料湿短蒸染色技术等。

三、印花技术

无水、节水和节能的印花工艺技术，如新型涂料印花工艺、涂料低温印花技术、转移印花技术（包括天然纤维的分散染料、活性染料和涂料等转移印花和其他纤维的转移印花）、无纸热转移印花工艺、冷转移印花技术、喷雾低给液技术、泡沫印花技术、光电成像印花技术、静电成像印花技术、离子成像印花技术和磁性成像印花技术等。

降耗和减排的印花工艺技术，如活性染料两相法印花工艺、微胶囊印花技术、紫外线或激光辐射印花技术、电子照相印花技术、新印花糊料印花技术等。

四、整理技术

无水、节水和节能的整理工艺技术，如高性能的物理机械整理技术、新型涂层整理技术、喷雾低给液整理技术、泡沫整理技术、超声波整理技术、微胶囊整理技术、涂层和膜复合技术等。

降耗和减排的整理工艺技术，如生物酶整理技术（包括抛光、酵素洗、石磨、超级柔软整理、羊毛防缩）、无醛后整理技术、液氨整理技术、纳米整理技术、功能整理技术（包括保健、卫生、舒适、防护、环保、易保管）等。

五、染整通用技术

染整用水循环利用技术、清污分流和分质用水技术、印染中水回用技术、冷凝水和冷却水回收技术、废热水热量回收技术、废气热量回收技术、新能源利用技术、高温工序节能技术、高效水洗技术、印染废水中物料回收利用技术、印染废水深度处理及回用技术等。

染整生产的节能节水、降耗减排是一项庞大的系统工程，牵涉到国家的行业政策、总体规划与设计、企业管理、原材料和染化料及设备的选用，以及新工艺和新技术的应用等方面。

从产品看,涉及印染产品的整个寿命周期;从印染加工过程看,涉及印染加工的各道工序。因此,染整生产的节能节水、降耗减排具有全员参与的、全面的和全过程的"三全"属性,必须从绿色生态纺织纤维、印染半制品、染料和助剂的选用,以及采用节能节水、降耗减排的染整设备和染整新技术等方面进行全面的考虑,才能达到染整生产节能节水、降耗减排的综合效果。

思考题:

1. 名词解释

   清洁生产　生态纺织品

2. 清洁生产优于末端治理主要体现在哪些方面?

3. 我国的印染清洁生产现状如何?

4. 印染清洁生产有何特点?

5. 实施印染清洁生产有何意义?

6. 生物酶染整工艺具有哪些优势和特点?

7. 理想的绿色印染生产工艺技术应该是怎样的?

参 考 文 献

1. 张洵栓. 染整概论. 北京：纺织工业出版社，1989.
2. 宋心远. 新合纤染整. 北京：中国纺织出版社，1997.
3. 陶乃杰. 染整工程（第一册）. 北京：中国纺织出版社，1991.
4. 王菊生，孙铠. 染整工艺原理（第一册）. 北京：纺织工业出版社，1982.
5. 杭伟明. 纤维化学及面料. 北京：中国纺织出版社，2005.
6. 朱红. 纺织材料学. 北京：纺织工业出版社，1990.
7. 姜怀. 纺织材料学. 2 版. 北京：中国纺织出版社，2005.
8. 严洁英. 织物组织与纹织学（上册）. 2 版. 北京：中国纺织出版社，2005.
9. 蔡陛霞. 织物结构与设计. 2 版. 北京：中国纺织出版社，2003.
10. 贺庆玉. 针织概论. 2 版. 北京：中国纺织出版社，2003.
11. 乔绪乐. 针织物组织与设计. 山东：山东科学技术出版社，1985.
12. 郭秉臣. 非织造布学. 北京：中国纺织出版社，2002.
13. 马建伟. 非织造布技术概论. 北京：中国纺织出版社，2004.
14. 柯勤飞. 非织造学. 上海：东华大学出版社，2004.
15. 王菊生，孙铠. 染整工艺原理（第二册）. 北京：中国纺织出版社，2001.
16. 宋心远. 新型纤维及织物染整. 北京：中国纺织出版社，2006.
17. 周庭森. 蛋白质纤维制品的染整. 北京：中国纺织出版社，2002.
18. 林细娇. 染整技术（第一册）. 北京：中国纺织出版社，2005.
19. 冯开隽，薛嘉栋. 印染前处理. 北京：中国纺织出版社，2006.
20. 罗巨涛. 染整助剂及其应用. 北京：中国纺织出版社，2006.
21. 阎克路. 染整工艺学教程（第一分册）. 北京：中国纺织出版社，2005.
22. 徐谷仓. 染整织物短流程前处理. 北京：中国纺织出版社，1999.
23. 朱世林. 纤维素纤维制品的染整. 北京：中国纺织出版社，2007.
24. 邢凤兰. 印染助剂. 北京：化学工业出版社，2002.
25. 梅自强. 纺织工业中的表面活性剂. 北京：化学工业出版社，2001.
26. 范雪荣. 纺织品染整工艺学. 2 版. 北京：中国纺织出版社，2006.
27. 罗巨涛. 合成纤维及混纺纤维制品的染整. 北京：中国纺织出版社，2007.
28. 郑光洪. 印染概论. 2 版. 北京：中国纺织出版社，2005.
29. 沈志平. 染整技术（第二册）. 北京：中国纺织出版社，2005.
30. 刘森. 纺织染概论. 2 版. 北京：中国纺织出版社，2008.
31. 盛慧英. 染整机械. 北京：中国纺织出版社，1999.
32. 宋心远，沈煜如. 新型染整技术. 北京：中国纺织出版社，1999.
33. 徐克仁. 染色. 北京：中国纺织出版社，2007.
34. 胡平藩. 织物染整基础. 北京：中国纺织出版社，2007.

35. 陶乃杰. 染整工程(第二册). 北京:中国纺织出版社,1990.

36. 余一鹗. 涂料印染技术. 北京:中国纺织出版社,2003.

37. 陶乃杰. 染整工程(第三册). 北京:中国纺织出版社,1991.

38. 李晓春. 纺织品印花. 北京:中国纺织出版社,2002.

39. [美]R·W·李. 纺织物转移印花技术. 王秀玲译. 北京:纺织工业出版社,1984.

40. 姚依辰. 计算机在现代印花技术中的应用. 江苏丝绸,2000(6):13～14.

41. 李志光. CAD/CAM 系统在印花生产中的应用. 印染,2000(1):40～43.

42. 彭志忠. 棉织物活性染料防印印花工艺. 印染,2006(1):19～20.

43. 曹菊英. 纯棉织物活性防活性印花. 印染,2006(4):28～29.

44. 胡平藩. 活性染料防拔染印花工艺. 印染,2008(5):20～23.

45. 彭惠. 在涂料/活性拔染印花上的应用. 染整技术,2002(3):31～32.

46. 叶锦华,吴湘文. 棉织物防染和拔染印花. 染整技术,2002(6):23,33.

47. 杨安心. 涤纶仿真丝防拔染印花工艺. 印染,2004(14):21～22.

48. 王宏. 染整技术(第三册). 北京:中国纺织出版社,2005.

49. 魏玉娟,王永宏. 纺织品数码喷墨印花研究现状. 针织工业,2006(5):39～42.

50. 李淑华,邱红娟. 数码印花技术进展. 纺织科技进展,2006(1):13～15.

51. 胡海霞,孟家光. 数码喷墨印花技术综述. 染整技术,2005(10):9～11.

52. 李宾雄. 涂料印花. 北京:纺织工业出版社,1989.

53. 王授伦. 纺织品印花实用技术. 北京:中国纺织出版社,2002.

54. 胡平藩. 筛网印花. 北京:中国纺织出版社,2005.

55. 唐增荣. 特种印花技术的新发展. 上海丝绸,2006(2):2～7.

56. 陈克宁,董瑛. 织物抗皱整理. 北京:中国纺织出版社,2005.

57. 姚金波. 毛纤维新型整理技术. 北京:中国纺织出版社,2000.

58. 齐文玉. 织物用抗紫外整理剂综述. 上海丝绸,2001(1):14～17.

59. 黄茂福. 紫外线吸收剂作用机理及其应用. 染整科技,2001(2):46～53.

60. 宋肇棠. 21 世纪织物的功能整理. 印染助剂,2001(2):1～6.

62. 杨栋梁. 纤维用抗菌防臭整理剂. 印染,2001(3):47～52.

63. 刘昌龄. 丝织物整理. 印染译丛,2000(6):43～47.

64. 何中琴. 纤维加工新技术"J-Wash". 印染译丛,2000(4):87～91.

65. 何中琴. 赋予纤维产品舒适性功能的整理加工. 印染译丛,2000(3):81～89;2000(4):94～101.

66. 蔡再生. 染整概论. 2 版. 北京:中国纺织出版社,2007.

67. 刘宏喜. 染整生产节能节水降耗减排技术. 染整技术,2011(1).

68. 吴赞敏. 纺织品清洁染整加工技术. 北京:中国纺织出版社,2007.

69. 陈立秋. 染整工业节能减排技术指南. 北京:化学工业出版社,2009.

70. 奚旦立. 纺织工业节能减排与清洁生产审核. 北京:中国纺织出版社,2008.

71. 刘宏喜. 广东染整生产节能节水、降耗减排技术现状及发展方向. 化纤与纺织技术,2010(4).